T0220437

# Realitätsbezüge im Mathematikunterricht

Mathematisches Modellieren ist ein zentrales Thema des Mathematikunterrichts und ein Forschungsfeld, das in der nationalen und internationalen mathematikdidaktischen Diskussion besondere Beachtung findet. Anliegen der Reihe ist es, die Möglichkeiten und Besonderheiten, aber auch die Schwierigkeiten eines Mathematikunterrichts, in dem Realitätsbezüge und Modellieren eine wesentliche Rolle spielen, zu beleuchten. Die einzelnen Bände der Reihe behandeln ausgewählte fachdidaktische Aspekte dieses Themas. Dazu zählen theoretische Fragen ebenso wie empirische Ergebnisse und die Praxis des Modellierens in der Schule. Die Reihe bietet Studierenden, Lehrenden an Schulen und Hochschulen wie auch Referendarinnen und Referendaren mit dem Fach Mathematik einen Überblick über wichtige Ergebnisse zu diesem Themenfeld aus der Sicht von Expertinnen und Experten aus Hochschulen und Schulen. Die Reihe enthält somit Sammelbände und Lehrbücher zum Lehren und Lernen von Realitätsbezügen und Modellieren.

**Herausgegeben von**
Prof. Dr. Werner Blum, Universität Kassel
Prof. Dr. Rita Borromeo Ferri, Universität Kassel
Prof. Dr. Gilbert Greefrath, Universität Münster
Prof. Dr. Gabriele Kaiser, Universität Hamburg
Prof. Dr. Katja Maaß, Pädagogische Hochschule Freiburg

Rita Borromeo Ferri • Gilbert Greefrath
Gabriele Kaiser (Hrsg.)

# Mathematisches Modellieren für Schule und Hochschule

Theoretische und didaktische Hintergründe

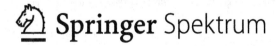

Springer Spektrum

*Bandherausgeber/innen*

Prof. Dr. Rita Borromeo Ferri
Universität Kassel, Deutschland
borromeo@mathematik.uni-kassel.de

Prof. Dr. Gabriele Kaiser
Universität Hamburg, Deutschland
gabriele.kaiser@uni-hamburg.de

Prof. Dr. Gilbert Greefrath
Universität Münster, Deutschland
greefrath@uni-muenster.de

ISBN 978-3-658-01579-4         ISBN 978-3-658-01580-0 (eBook)
DOI 10.1007/978-3-658-01580-0

Die Deutsche Nationalbibliothek verzeichnet diese Publikation in der Deutschen Nationalbibliografie;
detaillierte bibliografische Daten sind im Internet über http://dnb.d-nb.de abrufbar.

Springer Spektrum
© Springer Fachmedien Wiesbaden 2013

*Planung und Lektorat*: Ulrike Schmickler-Hirzebruch | Barbara Gerlach

Gedruckt auf säurefreiem und chlorfrei gebleichtem Papier

Springer Spektrum ist eine Marke von Springer DE. Springer DE ist Teil der Fachverlagsgruppe Springer
Science+Business Media.
www.springer-spektrum.de

# Vorwort

Realitätsbezüge und Modellierung spielen in der didaktischen Diskussion zu einem innovativen Mathematikunterricht schon seit Jahrzehnten eine bedeutende Rolle. In den letzten Jahren haben Realitätsbezüge aber auch verstärkt in die Curricula und Bildungsstandards für den Mathematikunterricht aller Schulstufen sowie in die Unterrichtspraxis Einzug gehalten.

Entsprechend gibt es seit vielen Jahren eine Fülle von Unterrichtsvorschlägen zur Realisierung eines auf Realitätsbezüge und Modellierung ausgerichteten Mathematikunterrichts, unter anderem seit 20 Jahren im Rahmen der ISTRON-Reihe. Aber auch empirische Untersuchungen, sowohl qualitativ als auch quantitativ orientiert, werden seit vielen Jahren durchgeführt, sodass es zunehmend empirische Evidenzen zu den Möglichkeiten, aber auch den Schwierigkeiten der Integration von Realitätsbezügen in den Mathematikunterricht gibt.

Die Darstellungen dieser empirischen Studien und ihrer theoretischen Hintergründe sind jedoch häufig in Sammelbänden, Zeitschriften und insbesondere in Dissertationen zu finden, die oft nur in der spezialisierten Fachdiskussion zur Kenntnis genommen werden. Die mit diesem Band eröffnete Reihe *Realitätsbezüge im Mathematikunterricht* bietet die Möglichkeit, diese Studien und ihre Hintergründe einem breiteren Publikum zugänglich zu machen, d. h. in der Lehreraus- und -fortbildung Tätigen, Promovierenden, aber auch engagierten Studierenden. Dabei bemüht sich diese Reihe, über den engeren Kreis der bereits mit Realitätsbezügen im Mathematikunterricht vertrauten Wissenschaftlerinnen und Wissenschaftlern hinaus, weitere Kreise in die Diskussion einzubinden. Insbesondere für die Lehrerbildung sind die theoretischen Grundlagen und die vorhandenen empirischen Studien, aber auch unterrichtliche Erfahrungen geeignet, Anregungen zu geben.

Der erste Band beginnt mit einem Übersichtsartikel, der in die Diskussion zu Realitätsbezügen und Modellierung einführt und sie von anderen didaktischen Ansätzen abgrenzt sowie die grundlegenden Begrifflichkeiten darstellt. Im Weiteren finden sich empirische Studien zu verschiedenen Aspekten des Lehrens und Lernens von mathematischem Modellieren sowie unterrichtliche Beispiele auf Grundlage von einschlägigen Erfahrungen.

Wir hoffen, dass die im Band abgedruckten Beiträge vielfältige Einsichten in das Lehren und Lernen von Realitätsbezügen und Modellierung im Mathematikunterricht bereithalten und die Leserschaft auf die weiteren Bände, die in lockerer Reihenfolge zu verschiedenen Aspekten aus diesem Themenbereich erscheinen sollen, neugierig machen.

Die Herausgeberinnen und Herausgeber der Reihe

Werner Blum
Rita Borromeo Ferri
Gilbert Greefrath
Gabriele Kaiser
Katja Maaß

# Inhaltsverzeichnis

# Einführung: Mathematisches Modellieren Lehren und Lernen in Schule und Hochschule

Rita Borromeo Ferri, Gilbert Greefrath und Gabriele Kaiser

Mathematisches Modellieren in Schule und Hochschule ist ein noch relativ junges Forschungsfeld, das aber in der nationalen und internationalen mathematikdidaktischen Diskussion seit einigen Jahren besondere Beachtung findet.

Bereits in der Mitte des 19. Jahrhunderts entsteht das Sachrechnen als didaktische Richtung  und erste Ansätze zur Integration von Anwendungen der Mathematik in den Unterricht gibt es seit Anfang des zwanzigsten Jahrhunderts (z. B. im 1924 erschienen Band III der Methodik des mathematischen Unterrichts von Walter Lietzmann, für Details siehe Kaiser-Meßmer, 1986, Bd. 1), aber systematische wissenschaftliche Untersuchungen zur empirischen Umsetzung dieser Ansätze in den Mathematikunterricht finden sich in größerem Umfang erst seit Mitte der 70er Jahre des 20. Jahrhunderts, im Wesentlichen im angelsächsischen Raum. Vor allem das Shell Centre in Nottingham führte kleinere qualitativ orientierte empirische Studien durch (Treilibs 1979, Treilibs, Burkhardt und Low, 1980). Dort wurde insbesondere die Phase der Aufstellung der realen und mathematischen Modelle untersucht, unter anderem mit Ingenieursstudierenden, um daraus erste Konsequenzen für das Lernen und Lehren von Modellierung zu entwickeln. Kaiser-Meßmer hat bereits 1986 in ihrer umfassenden Studie eine historische Aufarbeitung der Entwicklungsstränge des mathematischen Modellierens geleistet, auf die an dieser Stelle verwiesen werden soll. Daran anknüpfende Weiterentwicklungen und aktuelle Perspektiven stellen einen wichtigen Bestandteil dieses Buches dar.

Nimmt man das aktuelle Jahr 2013 in den Blick wird deutlich, dass sich nicht nur in Deutschland, sondern weltweit das Interesse für das Lehren und Lehren von mathematischem Modellieren enorm gesteigert hat, was sich nicht zuletzt in der Fülle von Publikationen zeigt. Seit dem Jahr 2000 verzeichnet die Datenbank „Mathematics Education Database" über 1000 Publikationen mit *Modellieren* im Titel. In den letzten Jahren wurden auch viele neue theoretische Ansätze und Überlegungen zur Integration von Anwendungen und Modellierung in den Mathematikunterricht entwickelt, die neben vielen qualitativen und quantitativen Studien zum Lernen und Lehren in diesem Bereich das

Forschungsgebiet *Modellierung im Mathematikunterricht* entscheidend vorangetrieben haben. Diese Arbeiten wurden und werden national und international auf Konferenzen präsentiert, insbesondere auf der alle zwei Jahren stattfindenden International Conference on the Teaching and Learning of Mathematical Modelling and Applications (ICT-MA), deren Proceedings den jeweils aktuellen Stand der internationalen Diskussion abbilden. Die einschlägige ICMI Study zu „Modelling and Applications in Mathematics Education" (Blum et al., 2007) verdeutlicht, wie stark sich die wissenschaftliche Diskussion in diesem Feld inzwischen weiter entwickelt hat. Auch der Hauptvortrag von Blum mit dem Titel „Quality teaching of mathematical modelling – what do we know, what can we do?" auf dem 12th International Congress on Mathematical Education 2012 in Seoul zeigt auf, dass Modellierung im Mathematikunterricht inzwischen ein anerkanntes und spannendes Forschungsfeld der Mathematikdidaktik geworden ist.

Im deutschsprachigen Bereich gibt es seit 1991 die ISTRON-Gruppe. Zu den Aktivitäten der Gruppe gehören neben der Herausgabe einer Schriftenreihe die Dokumentation und Entwicklung von schulgeeigneten Materialien zum realitätsorientierten Lehren und Lernen von Mathematik sowie alle Arten von Initiativen, solche Materialien in die Schulpraxis einzubringen.

Mathematisches Modellieren ist deutschen Mathematiklehrkräften vor allem durch die Einführung der Bildungsstandards im Jahr 2003 (siehe Blum et al. 2006) als eine der allgemeinen mathematischen Kompetenzen bekannt geworden. Obwohl mathematisches Modellieren als ein wichtiges Thema von der Grundschule bis zur Hochschule wahrgenommen wird, gibt es dennoch viele Vorbehalte, Hindernisse und Unsicherheiten, wie diese wichtige Kompetenz im Unterricht eingeführt und behandelt, wie als Lehrperson interveniert oder wie Modellierungsprozesse adäquat benotet werden können (Maaß 2008, Borromeo Ferri/Blum, im Druck). Blum hat in vielen Vorträgen und Publikationen oft die provokante und berechtigte Frage gestellt, ob mathematisches Modellieren „zu schwer für Schüler und Lehrer?" ist (Blum 2007). Resümierend beantwortet er – anstelle aller, die in diesem Bereich forschen und lehren, die Frage auf folgende Weise: „Mathematisches Modellieren kann gelernt und gelehrt werden! Die Lehrpersonen müssen die für das Modellieren wichtigen und spezifischen Kompetenzen erwerben, so dass die Anwendung von Mathematik somit zu einem natürlichen Bestandteil des Unterrichts wird (Blum, im Druck)"

Die spezifischen Kompetenzen, die Lehrpersonen zum Unterrichten von mathematischer Modellierung erwerben und dann anwenden sollen, sind zwar theoretisch bereits in einem Kompetenzmodell beschrieben (Borromeo Ferri/Blum 2009) und durch empirische Erfahrungen ergänzt (Kaiser/Schwarz 2010, Maaß/Mischo 2010), aber noch nicht operationalisiert. Das stellte ein Forschungsdesiderat dar, das in aktuell geplanten Projekten angegangen werden soll. Dieses Kompetenzmodell zum Lehren und Lernen von mathematischem Modellieren bildet die Grundlage für die Gliederung dieses Buches und soll im Folgenden kurz dargestellt werden:

Das Kompetenzmodell umfasst vier Dimensionen, eine theoretische Dimension, eine aufgabenbezogene Dimension, eine unterrichtsbezogene Dimension sowie eine diagnostische Dimension.

Die *theoretische Dimension* beinhaltet die Kompetenz, dass Lehrende die Ziele des Modellierens (siehe unter anderem Kaiser-Meßmer 1986, Blum 1985, Maaß 2004) kennen und diese auch in ihrem Unterricht erreichen wollen, und zwar in den jeweils unterrichteten Altersstufen auf verschiedenen Ebenen. Von großer Bedeutung ist das Wissen über den Modellierungskreislauf samt dessen einzelnen Phasen. Dabei gibt es in der einschlägigen Diskussion weder national noch international einen Konsens über einen Modellierungsbeispielen zugrundeliegenden Modellierungskreislauf, vielmehr werden unterschiedliche Modellierungskreisläufe im Hinblick auf die Zielsetzung für den Unterricht oder die Forschung unterschieden (Borromeo Ferri 2006). Da das Wissen und die Verinnerlichung dieser idealtypischen Kreisläufe auch für die weiteren Dimensionen, vor allem die aufgabenbezogene und die diagnostische Dimension, zentral ist, sollten Lehrenden zumindest zwei Kreislauftypen bekannt sein. Unverzichtbar erscheint das Wissen über einen siebenschrittigen Kreislauf (siehe unter anderem Blum/Leiß 2005, Borromeo Ferri 2011), da dieser bezüglich diagnostischer Kompetenzen bedeutsam ist sowie über einen vierschrittigen Kreislauf (etwa Kaiser-Meßmer 1986, Maaß 2004, Ortlieb et al., 2009), um diesen als Instrument zur Förderung metakognitiver Aktivitäten der Lernenden im Unterricht einzusetzen. Ergänzend ist noch der von Greefrath (2011) beschriebene Modellierungskreislauf zu nennen, der vor allem den Einsatz von Technologien beim Modellieren berücksichtigt.

Im theoretischen Teil dieses Buchs (Kapitel I) wird auf die eben genannten Hintergründe zu Zielen, Kreisläufen und Perspektiven des Modellierens eingegangen. Des Weiteren rückt in einer theoretischen Auseinandersetzung, eingebettet in eine empirische Studie, noch der Begriff der Modellierungskompetenz in Verbindung mit „Mathematical Literacy" in den Fokus. Verstärkt wurden in der internationalen Diskussion zum mathematischen Modellieren Gemeinsamkeiten und Unterschiede mathematischen Problemlösens und mathematischen Modellierens diskutiert (siehe Lesh/Doerr 2003, Lesh/Zawojewski 2007). In dieser Einführung in theoretische und didaktische Hintergründe werden diese beiden Konzepte bzw. Kernkompetenzen nochmals aus einer gemeinsamen Perspektive betrachtet und tragen so zu einem verstärkten Hintergrundwissen für Lehrende bei.

Zur *aufgabenbezogenen Dimension* soll die Kompetenz der Lehrenden gehören, auf der Basis vielfältiger eigener Erfahrungen selbstständig einfache und komplexe Modellierungen durchführen zu können. Nur wer selbstständig unterschiedliche Probleme aus vielfältigen Kontexten modelliert hat, kann später im Unterricht oder in Universitätsseminaren reflektiert und erfahrungsreich mit den Lernenden umgehen. Modellierungsaufgaben – ob in Schule oder Lehrerausbildung verwendet – können im Allgemeinen gut entlang der Phasen des Modellierungskreislaufs analysiert und beurteilt werden. Die Entwicklung von eigenen neuen Aufgaben oder die Weiterentwicklung zu Modellierungsaufgaben z. B. aus geschlossenen Schulbuchaufgaben bilden eine weitere wichtige

Kompetenz für Lehrende. Deutlich wird bei dieser Dimension, welche Bedeutung das theoretische Wissen dabei hat, was zuvor beschrieben wurde.

In Kapitel 2 des Buches liegt der Fokus auf Ergebnissen empirischer Studien, in denen auch Aufgabenformate eine grundlegende Rolle spielen – generell sind gute Modellierungsaufgaben zentral für qualitätsvollen Unterricht und für Forschungszwecke, beispielsweise für die Rekonstruktion kognitiver Prozesse der Lernenden oder für die Untersuchung des Interventionsverhaltens der Lehrpersonen. Realitätsnahe Probleme sind durch die unterschiedlichsten Kontexte geprägt. In welchem Maße solche realen Kontexte das Modellierungsverhalten von Lernenden beeinflussen können, wird in dem zweiten Kapitel durch eine Studie verdeutlicht. Dabei wird ersichtlich, wie sensibel die Lehrperson bei der Auswahl von Kontexten sein sollte und andererseits, welche – teils völlig unerwarteten – Reaktionen auf bestimmte Kontexte von der Seite der Lernenden erfolgen können, die völlig unerwartet waren. Es gibt viele Modellierungsaufgaben, die auf breites Interesse bei Schülerinnen und Schüler stoßen, etwa aus dem Bereich des Sports. Dem widmet sich ein Artikel, der nicht nur eingehend eine Analyse dieser (Tennisschläger-)Aufgabe vornimmt, was wiederum die Bedeutung dieser Kompetenz für Lehrende hervorhebt, sondern auch Ergebnisse der unterrichtlichen Umsetzung in verschiedenen Jahrgängen aufzeigt. Von Interesse war dabei unter anderem die Frage, ob sich Unterschiede bei den Modellierungskompetenzen der einzelnen Jahrgänge messen lassen. Die Untersuchung von Modellierungskompetenzen bei Lernenden und Lehrenden ist immer noch ein weites Forschungsfeld und es sind noch viele Fragen offen. In einem weiteren Beitrag in Kapitel 2 wurde untersucht, ob sich Effekte kurzzeitiger Interventionen auf die Entwicklung von Modellierungskompetenzen messen lassen, d. h. ob bei Lernenden der Klasse 9 nach drei Modellierungstagen bereits eine Förderung von Modellierungskompetenzen zu verzeichnen ist. Bei dieser empirischen Studie, in der im Rahmen des Lehramtsstudiums Studierende Kleingruppen von Schülerinnen und Schülern betreuten, nahmen die behandelten Modellierungsprobleme ebenfalls eine zentrale Stellung ein. Diese komplexen Beispiele mussten von den Studierenden erst fachlich durchdrungen und schließlich im Hinblick auf mögliche Lehrerinterventionen aufbereitet werden. Die aufgabenbezogene Dimension muss also in direktem Zusammenhang mit der unterrichtsbezogenen Dimension stehen.

Die *unterrichtsbezogene Dimension* umfasst zwei zentrale Kompetenzen: die Planung und die Durchführung von realitätsbezogenem Unterricht. Welche Bedeutung eine Modellierungsaufgabe innerhalb eines qualitätsvollen Unterrichts haben sollte, wurde bereits angedeutet, doch die jeweiligen Ziele, die damit verfolgt werden, müssen auch einen adäquaten methodisch-didaktischen Rahmen mit einschließen. Die Ergebnisse vieler empirischer Studien (siehe etwa DISUM oder LEMA) verdeutlichen die Schwierigkeiten von Lehrenden, einen solchen Unterricht durchzuführen. Diesen Aspekten, die mittlerweile in der universitären Lehrerausbildung und der Lehrerfortbildung thematisiert werden, wird sich vor allem der zweite Band dieser Reihe widmen.

Im vorliegenden Buch wird im dritten Teil die Praxis in den Fokus gerückt. Die Autorinnen und Autoren der Beiträge diskutieren die Umsetzung bzw. die Einbettung von komplexen Fragestellungen anhand konkret durchgeführter Unterrichtsprojekte oder auch im Rahmen von so genannten Modellierungswochen, die einen stärkeren Projektcharakter haben. Das verdeutlicht gleichzeitig die Spannbreite von realitätsbezogenem Unterricht und die Möglichkeiten, neuere mathematische Themengebiete wie etwa Daten- und Wahrscheinlichkeitsanalyse unter einer Modellbildungsperspektive zu thematisieren oder den Mehrwert des Einsatzes digitaler Werkzeuge beim Modellieren zu verdeutlichen. Lehrende in Schulen können anhand der dargestellten Beispiele direkte Brücken zum Schulalltag schlagen und Ideen für die eigene unterrichtliche Umsetzung erhalten. In ähnlicher Weise können auch in universitären Seminaren diese Praxisbeispiele und deren Reflexionen diskutiert und – falls möglich – selber durchgeführt werden. Diese Vorgehensweise hat sich in didaktischen Seminaren zum Modellieren als erfolgreich erwiesen (Borromeo Ferri/Blum 2009). Studierende, die noch keine unterrichtlichen Routinen wie erfahrene Lehrerinnen und Lehrer besitzen, müssen zunächst generell ein Gespür für Diagnosen und daraus folgende Interventionen entwickeln. Bei der Durchführung mathematischer Modellierungsbeispiele im Unterricht oder während projektartiger Modellierungstage bzw. -wochen sind gesonderte Kompetenzen gefordert, die über die normalerweise im Schulalltag erforderlichen Lehrerkompetenzen deutlich hinausgehen.

Im Sinne des vorliegenden Kompetenzmodells benötigen Lehrende daher innerhalb der *diagnostischen Dimension* einerseits die Kompetenz, kognitive Hürden im Modellierungsprozess zu diagnostizieren, und andererseits die Kompetenz, die einzelnen Phasen des Modellierens unterscheiden zu können. Das ist effektiv und ergebnisorientiert möglich, wenn theoretisches Wissen vorhanden ist. In den meisten Beiträgen in diesem Buch wird die diagnostische Dimension eher implizit diskutiert. Studien zu Lehrerinterventionen beim Modellieren (siehe Leiß 2007) zeigen aber, welch hohe Bedeutung eine gute Balance zwischen den von der Lehrkraft angebotenen und gegebenen Hilfemaßnahmen und dem eigenständigen Arbeiten der Lernenden für erfolgreiches und motivierendes Arbeiten an realitätsbezogenen Fragestellungen beizumessen sind. Diese Aspekte werden ebenfalls im zweiten Band dieser Reihe nochmals stärker im Vordergrund stehen.

Die bisherigen Ausführungen verdeutlichen, dass die Hauptintention dieses ersten Buchs der Reihe die Darstellung theoretischer und didaktischer Hintergründe zum mathematischen Modellieren ist, die Lehrende von der Schule bis in die Hochschule für die Praxis nutzen können. Das beschriebene Kompetenzmodell gibt einen zusätzlichen Rahmen und zeigt zudem die Bedeutung der jeweiligen Aspekte auf, die in den Beiträgen hervorgehoben werden. Ausgehend von diesem ersten Buch, das eine notwendige Basis an Begrifflichkeiten und unterrichtlichen Vorgehensweisen vermittelt, wird dann in einem folgenden Band, auch im Sinne des skizzierten Kompetenzmodells, beispielsweise spezifischer auf Module für die Lehreraus- und -fortbildung eingegangen.

In diesem Buch liegt der Schwerpunkt bezüglich der empirischen Studien oder Praxisbeispiele im Bereich der Sekundarstufen. Der Primarbereich wird in den folgenden Bänden stärker Berücksichtigung finden.

## Literatur

Blum, W., (1985). Anwendungsorientierter Mathematikunterricht in der didaktischen Diskussion. In: Mathematische Semesterberichte, 32 (2), S. 195–232.

Blum, W.; Drüke-Noe , C.; Hartung, R.; Köller, O. (Hrsg.) (2006). Bildungsstandards Mathematik: konkret Cornelsen-Scriptor.

Blum, W.; Galbraith, P. L.; Henn, H.-W.; Niss, M. (Hrsg.) (2007). Modelling and Applications in Mathematics Education. New York: Springer.

Blum, W. (2007). Mathematisches Modellieren – zu schwer für Schüler und Lehrer? Beiträge zum Mathematikunterricht 2007. Vorträge auf der 41. GDM Tagung für Didaktik der Mathematik. Hildesheim: Franzbecker, S. 3–12.

Blum, W.; Leiß, D. (2005): Modellieren im Unterricht mit der „Tanken"-Aufgabe. In: mathematik lehren, 128, S. 18–21.

Borromeo Ferri, R. (2006). Theoretical and empirical differentiations of phases in the modelling process. In: Zentralblatt für Didaktik der Mathematik, 38 (2), S. 86–95.

Borromeo Ferri , R.; Blum, W. (2009). Mathematical Modelling in Teacher Education – Experiences from a Modelling Seminar. In: European Society for Research in Mathematics Education (Hrsg.). *Proceedings of CERME 6*, Lyon , France, S. 2046–2055.

Borromeo Ferri, R. (2011). Wege zur Innenwelt des mathematischen Modellierens – Kognitive Analysen von Modellierungsprozessen im Mathematikunterricht. Wiesbaden: Vieweg+Teubner.

Borromeo Ferri, R.; Blum, W. (im Druck). Barriers and motivations of primary teachers implementing modelling in math lessons. In: European Society for Research in Mathematics Education (Hrsg.). Proceedings of CERME 8, Antalya, Turkey.

Breidenbach, W. (1969). Methodik des Mathematikunterrichts in Grund- und Hauptschulen, Hannover: Schroedel.

Greefrath, G. (2011). Using Technologies: New Possibilities of Teaching and Learning Modelling – Overview, In: G. Kaiser, W. Blum, R. Borromeo Ferri, G. Stillman (Hrsg.): Trends in teaching and learning of mathematical modelling, ICTMA 14, Dordrecht: Springer, S. 301–304

Kaiser-Meßmer, G. (1986). Anwendungen im Mathematikunterricht. Bd. 1 und Bd. 2. Bad Salzdetfurth: Barbara Franzbecker.

Kaiser, G.; Schwarz, B. (2010). Authentic modelling problems in mathematics education – examples and experiences. Journal für Mathematik-Didaktik, 31(1-2), S. 51–76.

Leiß, D. (2007). Hilf mir es selbst zu tun. Lehrerinterventionen beim mathematischen Modellieren. Hildesheim: Franzbecker.

Lesh, R.; Doerr, H. (2003). Beyond constructivism: Models & Modeling Perspectives on Mathematics Teaching, Learning, and Problems Solving. Hillsdale, NJ: Lawrence Erlbaum.

Lesh, R.; Zawojewski, J. (2007). Problem solving and modeling. In F. Lester (Hrsg.), The Second Handbook of research on mathematics teaching and learning, Charlotte, NC: Information Age Publishing, S. 763–804

Lietzmann, W. (1924). Methodik des mathematischen Unterrichts. Bd. III. Leipzig: Quelle & Meyer.

Maaß, K. (2004). Mathematisches Modellieren im Unterricht – Ergebnisse einer empirischen Studie. Hildesheim: Verlag Franzbecker.

Maaß, K. (2008). Mathematisches Modellieren – Aufgaben für die Sekundarstufe I. Berlin: Cornelsen Scriptor.

Maaß, K.; Mischo, C. (2010). Implementing Modelling into Day-to-Day Teaching Practice – The Project STRATUM and its Framework. Journal für Mathematik-Didaktik, 32(1).

Ortlieb, C. P.; v. Dresky, C.; Gasser, I.; Günzel, S. (2009). Mathematische Modellierung. Wiesbaden: Vieweg+Teubner.

Treilibs, V. (1979). Formulation processes in mathematical modelling. Nottingham. Nottingham, University of Nottingham, unveröffentlichte Masterarbeit.

Treilibs, V.; Burkhardt H.; Low, B. (1980). Formulation processes in mathematical Modelling. Shell Centre for Mathematical Education, University of Nottingham, England.

# Teil 1

# Theorie

# Mathematisches Modellieren – Eine Einführung in theoretische und didaktische Hintergründe

Gilbert Greefrath, Gabriele Kaiser, Werner Blum und Rita Borromeo Ferri

## 1.1 Der Begriff des mathematischen Modellierens

### 1.1.1 Mathematisches Modellieren und mathematische Modelle

Mit *mathematischem Modellieren* wird ein bestimmter Aspekt der angewandten Mathematik bezeichnet. Die stärkere Betonung des Modellierungsaspekts im Zusammenhang mit angewandter Mathematik hat vor allem Henry Pollak in den 70er Jahren des letzten Jahrhunderts angestoßen. Er unterscheidet zur Begriffsklärung vier Definitionen von *angewandter Mathematik* (Pollak, 1977, S. 255 f.).

- Klassische Angewandte Mathematik (i. W. physikalische Anwendungen der Analysis)
- Anwendbare Mathematik (unter anderem Statistik, Lineare Algebra, Informatik, Analysis)
- Vereinfachtes Modellieren (einmaliges Durchlaufen eines Modellierungskreislaufs)
- Modellieren (mehrmaliges Durchlaufen eines Modellierungskreislaufs)

Diese vier Sichtweisen von angewandter Mathematik fokussieren auf unterschiedliche Aspekte: die ersten beiden Sichtweisen beziehen sich primär auf mathematische Inhalte, die letzten beiden dagegen auf den Bearbeitungsprozess. Der Begriff *Modellieren* legt also den Fokus auf den *Prozess* des Lösens von Problemen aus der Realität oder, wie Pollak sagt, aus dem „Rest der Welt" außerhalb der Mathematik. Die vier Definitionen von angewandter Mathematik werden von Pollak entsprechend visualisiert (siehe Abb. 1.1). Wir kommen in Abschnitt 1.2 auf solche Kreisläufe zwischen Realität und Mathematik zurück.

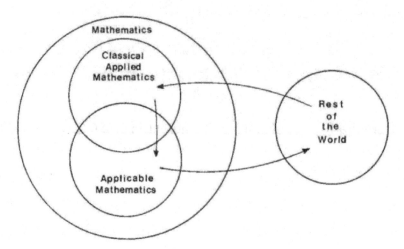

**Abb. 1.1** Sichtweisen auf die angewandte Mathematik nach Pollak (1977)

Mathematisches Modellieren nimmt seit dem 1968 von Hans Freudenthal durchgeführten Symposium „Why to teach mathematics so as to be useful" (Freudenthal, 1968, Pollak 1968) in der internationalen mathematikdidaktischen Diskussion wieder einen hohen Stellenwert ein, auch in Deutschland ist Modellieren seit dieser Zeit wieder stärker in der didaktischen Diskussion beachtet worden (vgl. die Überblicksdarstellungen in Blum 1985, 1996, Blum et al., 2007, Kaiser 1995; für die Darstellung der historischen Diskussion siehe Kaiser-Meßmer, 1986). Seit Mitte der 90er Jahre des letzten Jahrhunderts hat es zunehmend Einzug in Lehrpläne und Standards für den Mathematikunterricht gehalten.

Da beim Modellieren die Konstruktion eines mathematischen Modells stattfindet, soll zunächst dieser Begriff diskutiert werden, bevor wir die Kreisläufe des Modellierens genauer betrachten. Für ein *mathematisches Modell* finden wir in der Literatur viele Charakterisierungen. Einige wichtige Punkte werden im Folgenden genannt.

Für die Bildung des Modells wird ein „Teil der Wirklichkeit … vom Rest der Welt abgetrennt" und „im nächsten Schritt [werden] Subsysteme des Systems … ersetzt" (Ebenhöh, 1990, S. 6). Bei dieser Ersetzung ist es das Ziel, eine gut nachvollziehbare Vereinfachung des Systems zu erreichen und die Anwendung mathematischer Methoden zu ermöglichen. Dabei werden Strukturelemente, die für wesentlich gehalten werden, auf das neue System übertragen (Freudenthal, 1978, S. 130). Ein Modell ist also eine vereinfachende, nur gewisse, hinreichend objektivierbare Teilaspekte berücksichtigende Darstellung der Realität (Henn & Maaß, 2003, S. 2), auf die mathematische Methoden angewandt werden können, um mathematische Resultate zu erhalten. Ganz formal gesehen kann ein mathematisches Modell als ein Tripel (R, M, f) angesehen werden, bestehend aus einem gewissen Ausschnitt R der Realität, einer Teilmenge M der mathematischen Welt und einer geeigneten Abbildung f von R nach M (vgl. Niss, Blum & Galbraith, 2007).

Die Bearbeitung eines realen Problems mit mathematischen Methoden hat auch
Grenzen, da die komplexe Realität nicht vollständig in einem mathematischen Modell
abgebildet werden kann. Dies ist in der Regel auch nicht erwünscht. Ein Grund für das
Erstellen von Modellen ist gerade die Möglichkeit einer überschaubaren Verarbeitung
der realen Daten. Im Rahmen eines Modellierungsprozesses wird deshalb nur ein bestimmter Ausschnitt der Wirklichkeit in eine mathematische Form gebracht (Henn,
2002, S. 5).

Modelle sind nicht eindeutig, da es auf unterschiedliche Weise möglich ist, Vereinfachungen vorzunehmen. Von erkenntnistheoretischer Seite aus wird sogar die Frage gestellt, ob die Realität als solches überhaupt existiert oder ob sie nicht durch den Wahr-
nehmungsakt konstituiert wird (vgl. Ortlieb, 2004). Konsens ist, dass Modelle in sich
widerspruchsfrei, stimmig und zweckmäßig sein sollen. Mit *stimmig* ist in diesem Zusammenhang gemeint, dass wesentliche Beziehungen der realen Situation im Modell
abgebildet werden. Die *Zweckmäßigkeit* eines Modells kann nur mit Hilfe des zu bearbei-
tenden Problems beurteilt werden. Sie kann beispielsweise durch die Sparsamkeit des
verwendeten Modells, aber in einer anderen Situation auch durch den Reichtum der
dargestellten Beziehungen zum Ausdruck kommen (Neunzert & Rosenberger, 1991,
S. 149). Ein neues Problem erfordert unter Umständen eine neue Modellierung; auch
dann, wenn der gleiche Gegenstand betrachtet wird.

Mathematische Modelle können nach ihrer beabsichtigten Verwendung klassifiziert
werden. Es gibt mathematische Modelle, die für gewisse reale Problemsituationen als
„Vorbild" dienen sollen, wie etwa bei der Festlegung von Steuern. Sie werden *normative*
Modelle genannt. Daneben gibt es Modelle, die als „Nachbild" verwendet werden, wie
etwa bei der Beschreibung der Planetenbahnen. Sie heißen *deskriptive* Modelle (Freudenthal, 1978, S. 128). Solche Modelle lassen sich auch für *Vorhersagen* verwenden. Des
Weiteren können Modelle auch Beobachtungen beeinflussen, Axiomatisierungen unter-
stützen, Einsichten fördern und Sachverhalte erklären (Davis & Hersh, 1986, S. 77;
Henn, 2002, S. 6).

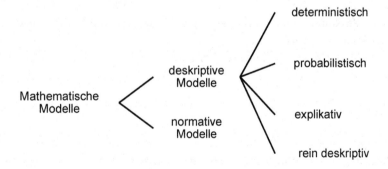

**Abb. 1.2**  Funktionen von Modellen

Deskriptive Modelle sollen einen Gegenstandsbereich aus der Realität nachahmen oder genau abbilden. Dies kann rein beschreibend oder auch bereits erklärend sein mit dem Ziel, die inneren Zusammenhänge des Gegenstandsbereichs besser zu verstehen (Winter, 2004, S. 110; Winter, 1994, S. 11). Beschreibende Modelle sind häufig wenig aussagekräftig, wenn nicht Annahmen über Wirkungszusammenhänge gemacht werden (Körner, 2003, S. 163). Weiter kann man zwischen solchen beschreibenden Modellen, die auf das Verständnis abzielen, und Modellen mit Voraussagecharakter unterscheiden (Burscheid, 1980, S. 66). Diese Voraussagen können sowohl vollständig bestimmt als auch mit gewissen Wahrscheinlichkeiten behaftet sein. Insgesamt lassen sich also deskriptive Modelle, die nur beschreibenden Charakter haben, von solchen unterscheiden, die zusätzlich etwas erklären (explikative Modelle), und von Modellen, die zusätzlich Voraussagen treffen (deterministische und probabilistische Modelle) (siehe Abb. 1.2).

Mathematische Modelle werden auch für Simulationen benötigt. Simulationen sind Experimente mit Modellen, die Erkenntnisse über das im Modell dargestellte reale System oder das Modell selbst liefern sollen. Simulationen mit mathematischen Modellen werden häufig mit dem Computer durchgeführt (Computersimulationen). (Greefrath & Weigand, 2012)

## 1.1.2   Modellierungskreisläufe

Der gesamte Modellierungsprozess wird häufig idealisiert als Kreislauf dargestellt. Ein solcher Modellierungskreislauf ist damit selbst wieder ein Modell des mathematischen Modellierens.

Dabei ist zu berücksichtigen, dass Modellierungskreisläufe zu unterschiedlichen Zwecken erstellt werden. Sie dienen beispielsweise der Veranschaulichung des Begriffs des Modellierens, sie fungieren als Hilfe für Lernende bei der Bearbeitung von Modellierungsaufgaben, insbesondere im Bereich der Metakognition, sie stellen einen eigenen Lerninhalt dar und strukturieren Stoffgebiete, sie dienen auch als Grundlage für empirische Untersuchungen (vgl. Kaiser-Meßmer 1986, Blum 1985). Verschiedene Modellierungskreisläufe können nach den Phasen der Modellentwicklung (Borromeo Ferri & Kaiser, 2008) charakterisiert werden.

Der Kreislaufprozess soll hier zunächst an einem einfachen Beispiel dargestellt werden.

---

**Beispiel**

Soll beispielsweise das Luftvolumen eines Heißluftballons berechnet werden (Herget & Klika, 2003; Greefrath, 2006), so werden zunächst Vereinfachungen vorgenommen. Diese Vereinfachungen können in diesem Beispiel unter anderem darin bestehen, dass man annimmt, der Ballon würde aus einem nahezu halbkugelförmigen oberen Teil und einem ungefähr kegelstumpfförmigen unteren Teil bestehen.

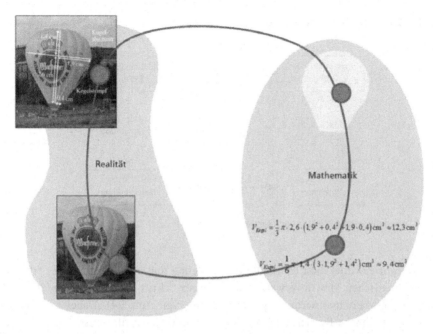

**Abb. 1.3** Als Modellierungskreislauf idealisierter Lösungsprozess einer realitätsbezogenen Aufgabe

Ebenso wird man die Materialstärke des Ballons vernachlässigen und damit Außen- und Innenmaße gleichsetzen. Außerdem ist es sinnvoll anzunehmen, dass der Ballon keine Beulen oder andere Unebenheiten besitzt. Zudem benötigt man Annahmen über die Maße des Ballons, etwa durch Vergleiche mit bekannten Größen auf dem Foto. Beim Übergang in die Mathematik kann man den mit Heißluft gefüllten Teil des Ballons mit einer Halbkugel und einem Kegelstumpf identifizieren. Im Rahmen dieses Modells werden dann Berechnungen durchgeführt, die zu einer mathematischen Lösung führen, die schließlich als das Volumen der Luft interpretiert wird.

Etwas abstrakter betrachtet ist die Frage nach dem Luftvolumen im Ballon ein *Problem in der Realität*. Dieses Problem wird zunächst auf der Sachebene vereinfacht und führt zu einem Modell in der Realität, welches man häufig mit *Realmodell* bezeichnet. Nun folgt der Schritt in die Mathematik, zum *mathematischen Modell*. Mit Hilfe dieses Modells wird dann eine *mathematische Lösung* ermittelt, die schließlich wieder auf das reale Problem bezogen werden muss.

Andere Idealisierungen des Lösungsprozesses dieses Ballon-Problems sind ebenfalls denkbar. So könnte man beispielsweise die Datenbeschaffung noch gesondert ausweisen oder auf den Zwischenschritt auf dem Weg zum mathematischen Modell verzichten. Daher gibt es in der Literatur unterschiedliche Kreislaufdarstellungen des Modellierens. Wir stellen im Folgenden einige davon dar.

## 1.1.2.1   Direktes Mathematisieren

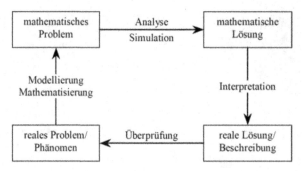

**Abb. 1.4**   Modellierungskreislauf nach Ortlieb (2004, S. 23)

Dieser Kategorie ordnet man Kreisläufe zu, bei denen nur ein Schritt von der Situation zum mathematischen Modell verwendet wird. Dieser Schritt wird bei Ortlieb (2004) mit „Modellierung/Mathematisierung" gekennzeichnet (vgl. Abb. 1.4). Dabei ist *Modellierung* heute die übliche Bezeichnung für den gesamten Kreislaufprozess. Dieser Prozess wurde in der Vergangenheit auch *Modellbildung* genannt. *Mathematisieren* ist, wie bei Ortlieb, die übliche Bezeichnung für den Schritt, der mit der Schaffung des mathematischen Modells endet.

Eine besonders anschauliche Darstellung des direkten Modellierens stammt von Schupp (Schupp, 1988, S. 11). Sein Modell unterteilt in einer Dimension Mathematik und „Welt", wie alle üblicherweise verwendeten Modellierungskreisläufe. Zusätzlich wird noch gleichberechtigt in einer zweiten Dimension zwischen Problem und Lösung unterschieden. Dieses Modell verwenden z. B. auch Danckwerts und Vogel (2001, S. 25), Winter (2003, S. 33) sowie Müller & Wittmann (1984).

Die Sichtweise, von der realen Situation direkt zum mathematischen Modell überzugehen, lehnt sich an Auffassungen aus der angewandten Mathematik an. Diese Gruppe von Kreisläufen wird daher als *Modellierungskreislauf aus der angewandten Mathematik* (Borromeo Ferri & Kaiser, 2008) bezeichnet.

### 1.1.2.2   Zweischrittiges Mathematisieren

Zu dieser Gruppe gehören Modellierungskreisläufe, die einen Zwischenschritt von der realen Situation zum mathematischen Modell berücksichtigen. Ein sehr bekannter Modellierungskreislauf dieses Typs ist in dem Übersichtsartikel aus den 1980er Jahren von Blum (1985, S. 200) beschrieben (siehe Abb. 1.5). In Zusammenarbeit mit Kaiser entstand außerdem eine leicht veränderte Variante (Kaiser, 1995), in der die Phasen *Idealisierung, Mathematisierung, Modelluntersuchung* und *Rückinterpretation* genannt werden. Dieser Kreislauf stellt in gewisser Weise ein Standardmodell des Modellierens für den Unterricht dar. Wie beim Ballon-Problem (siehe Abb. 1.3) wird hier die Vereinfachung in der Realität, das reale Modell, als eigene Station betrachtet.

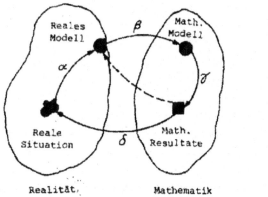

**Abb. 1.5**  Modellierungskreislauf von Blum (Blum, 1985, S. 200)

Es ist auch möglich, den Schritt von den mathematischen Resultaten zur Realen Situation noch detaillierter zu beschreiben. Maaß (2005, S. 117) fügt dazu noch die *Interpretierte Lösung* in den Kreislauf ein und kann somit die beiden Prozesse des *Interpretierens* und des *Validierens* getrennt beschreiben.

Ein solches Modell wird beispielsweise von Greefrath (2006), Henn (1995, S. 56), Humenberger und Reichel (1995, S. 35), Kaiser-Meßmer (1986), Maaß (2002, S. 11) und Borromeo Ferri (2004, S. 109) verwendet. Diese Gruppe von Kreisläufen wird oft auch *Didaktischer Modellierungskreislauf* (Borromeo Ferri & Kaiser, 2008) genannt.

### 1.1.2.3  Dreischrittiges Mathematisieren

Ein neueres Modell des Modellierens, das von Blum und seinen Mitarbeitern im Rahmen des DISUM-Projekts entwickelt wurde und auch von Borromeo Ferri verwendet wird, ist unter kognitiven Gesichtspunkten erstellt worden, um möglichst genau beschreiben zu können, wie Lernende mit Modellierungsaufgaben umgehen (siehe Abb. 1.6). Es wurde im Vergleich zu den bisher diskutierten Modellen vor allem um das so genannte *Situationsmodell* bzw. eine so genannte mentale Repräsentation der Situation erweitert (Borromeo Ferri, 2006, S. 92; Blum & Leiß, 2005). Die Erstellung des mathematischen Modells wird hierbei detaillierter betrachtet, indem der Prozess des Individuums, welches das Modell erstellt, von der Ausgangssituation zu deren mentaler Repräsentation als erster Schritt dargestellt wird. Die Anregung zu dieser Erweiterung kam vor allem aus der Forschung zum Textverständnis (siehe Kintsch & Greeno, 1985; Reusser, 1997).

Solche komplexen Beschreibungen des Modellierungsprozesses, wie sie sich in der aktuellen Diskussion finden und oben beschrieben wurden, haben bereits historische Vorläufer. Bereits 1985 haben Fischer und Malle einen Modellierungskreislauf entwickelt, in dem der Schritt von der Situation zum mathematischen Modell durch *Situationsanalyse*, *Datenbeschaffung* und *Annahmen* detailliert beschrieben wird (Fischer & Malle, 1985).

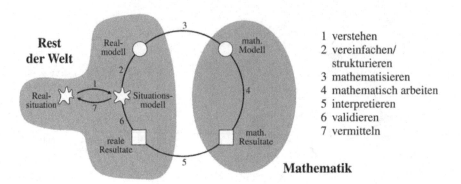

**Abb. 1.6**  Siebenschrittiger Modellierungskreislauf (siehe z. B. Blum, 2010)

Insbesondere das explizite Einfügen der Datenbeschaffung ist hier interessant, denn beispielsweise bei Fermi-Aufgaben, einer besonderen Art von Modellierungsaufgaben, müssen viele Informationen durch Schätzen ermittelt werden.

### 1.1.3  Modellieren als Kompetenz

*Mathematisches Modellieren* ist eine der sechs allgemeinen mathematischen Kompetenzen, die in den Bildungsstandards Mathematik für den Mittleren Schulabschluss als verbindlich ausgewiesen sind und die sich auch in den Bildungsstandards der Primarstufe sowie des oberen Sekundarbereichs finden. Schülerinnen und Schüler sollen an unterschiedlichen mathematischen Inhalten die Fähigkeit erwerben, zwischen Realität und Mathematik in beiden Richtungen *übersetzen* zu können. Etwas genauer wird *Modellierungskompetenz* in Blum et al. (2007) beschrieben als die Fähigkeit, die jeweils nötigen Prozessschritte beim Hin- und Herwechseln zwischen Realität und Mathematik problemadäquat auszuführen sowie gegebene Modelle zu analysieren oder vergleichend zu beurteilen.

Die Diskussion der Kreisläufe in 1.1.2 zeigt, dass es unterschiedliche Beschreibungen des Modellierens gibt. Sie analysieren unterschiedlich detailliert und unterschiedlich akzentuiert die verschiedenen Teilprozesse bei Modellierungstätigkeiten. Man kann die Fähigkeit, einen solchen Teilprozess ausführen zu können, als eine *Teilkompetenz* des Modellierens ansehen (Kaiser, 2007; Maaß, 2004). Diese Teilkompetenzen könnte man, wenn man sich am Kreislaufmodell aus Abb. 1.6 orientiert, wie in Tab. 1.1 charakterisieren. Dabei wird man das innermathematische Arbeiten (die Schülerinnen und Schüler arbeiten mit mathematischen Methoden im mathematischen Modell und erhalten mathematische Resultate) sinnvollerweise nicht als Teilkompetenz des Modellierens ausweisen, da es nicht spezifisch für Modellierungsprozesse ist. Legt man andere Kreislaufmodelle zugrunde, so sind auch anders akzentuierte Teilkompetenzen des Modellierens denkbar.

**Tab. 1.1**  Teilkompetenzen des Modellierens

| Teilkompetenz | Indikator |
| --- | --- |
| Verstehen | Die Schülerinnen und Schüler konstruieren ein eigenes mentales Modell zu einer gegebenen Problemsituation und verstehen so die Fragestellung. |
| Vereinfachen | Die Schülerinnen und Schüler trennen wichtige und unwichtige Informationen einer Realsituation. |
| Mathematisieren | Die Schülerinnen und Schüler übersetzen geeignet vereinfachte Realsituationen in mathematische Modelle (z. B. Term, Gleichung, Figur, Diagramm, Funktion) |
| Interpretieren | Die Schülerinnen und Schüler beziehen die im Modell gewonnenen Resultate auf die Realsituation und erzielen damit reale Resultate. |
| Validieren | Die Schülerinnen und Schüler überprüfen die realen Resultate im Situationsmodell auf Angemessenheit. |
| Vermitteln | Die Schülerinnen und Schüler beziehen die im Situationsmodell gefundenen Antworten auf die Realsituation und beantworten so die Fragestellung. |

Das bewusste Aufteilen des Modellierens in Teilprozesse ist auch ein möglicher Weg, um die Komplexität für Lehrende und Lernende zu reduzieren und geeignete Aufgaben zu erstellen. Insbesondere ermöglicht eine solche Sichtweise auf das Modellieren die Schulung einzelner Teilkompetenzen und so langfristig den Aufbau einer umfassenden Modellierungskompetenz zu ermöglichen.

## 1.2   Ziele und Perspektiven des Modellierens im Mathematikunterricht

### 1.2.1   Ziele des Modellierens

Mit Anwendungen und Modellierungsaufgaben im Mathematikunterricht werden unterschiedliche Ziele auf verschiedenen Ebenen verfolgt. Die Natur des mathematischen Modellierens bringt es mit sich, dass durch die Arbeit an der Schnittstelle von Mathematik und Realität (bzw. Rest der Welt) sowohl interessante Einblicke in die Mathematik als Fach als auch in die Realität möglich sind. Ohne den Begriff *Modellieren* zu benutzen, hat schon Lietzmann (1919, S. 66) ausgeführt: *„Erst das Hin und Wieder zwischen Wissenschaft und Wirklichkeit in beiderlei Richtung erschöpft die Aufgabe, die im materialen Zweck der Mathematik liegt. Ebenso wichtig wie die Anwendung einer mathematischen Tatsache auf die Wirklichkeit, aber ungleich schwerer ist die Aufgabe, in der Wirklichkeit das mathematische Problem zu sehen.“*

Im Folgenden unterscheiden wir inhaltsorientierte, prozessorientierte und allgemeine Ziele des Modellierens (vgl. Blum, 1996; Greefrath, 2010; Kaiser-Meßmer, 1986 sowie im Überblick Nisss, Blum & Galbraith, 2007).

### 1.2.1.1  Inhaltsorientierte Ziele

Zu den inhaltsorientierten Zielen des Modellierens gehört die *pragmatische* Sicht, dass Schülerinnen und Schüler durch die Beschäftigung mit Modellierungsaufgaben sich mit ihrer Umwelt beschäftigen und in der Lage sind, die Umwelt mit mathematischen Mittel zu erschließen. Das Ziel ist – wie auch beim Sachrechnen als dem Modellieren verwandte didaktische Richtung – die Befähigung zur Wahrnehmung und zum Verstehen von Erscheinungen unserer Welt. Dies entspricht auch der ersten der drei Winter'schen „Grunderfahrungen", die jeder Schülerin und jedem Schüler im Mathematikunterricht nahegebracht werden sollte (Winter 1995).

### 1.2.1.2  Prozessbezogene Ziele

Gerade die Auseinandersetzung mit Anwendungen im Mathematikunterricht erfordert auch allgemeine mathematische Kompetenzen, etwa *Problemlösefähigkeiten*. Die im Zusammenhang mit Problemlösen zentralen *heuristischen Strategien* wie Arbeiten mit Analogien oder Rückwärtsarbeiten können bei der Bearbeitung von Modellierungsaufgaben verwendet und gefördert werden. Modellierungsaufgaben im Unterricht ermöglichen zudem auch in besonderer Weise die Förderung des Kommunizierens und des Argumentierens. Diese „formale" Rechtfertigung des Modellierens entspricht auch der dritten der drei Winterschen „Grunderfahrungen".

Ebenfalls auf den Lernprozess bezogen sind *lernpsychologische* Ziele. Diese stellen das bessere Verstehen und Behalten mathematischer Inhalte durch die Arbeit an Modellierungen in den Vordergrund. Auch die *Motivation* durch Anwendungen im Mathematikunterricht ist ein häufig genanntes Ziel im Zusammenhang mit Modellierungsaufgaben, ebenso wie die Weckung und Steigerung von *Interesse* an Mathematik.

### 1.2.1.3  Allgemeine Ziele

Zu den allgemeinen Zielen des Modellierens im Mathematikunterricht zählen insbesondere *kulturbezogene* Argumente. Die Inhalte des Mathematikunterrichts sollen den Schülerinnen und Schülern ein ausgewogenes Bild von Mathematik als Wissenschaft vermitteln. Die Verwendung von Mathematik in der Umwelt ist zentral für die Entwicklung der Wissenschaft Mathematik und der demokratischen Gesellschaft. Dazu zählt auch die Erziehung zum verantwortungsvollen Mitglied der Gesellschaft, das in der Lage ist, verwendete Modelle wie z. B. Steuermodelle kritisch zu beurteilen. Auch *soziale Kompetenzen* können durch die gemeinsame Arbeit an Modellierungsproblemen vermittelt werden.

## 1.2.2   Theoriebezogene Perspektiven des Modellierens

Ausgehend von der Analyse historischer und aktueller Entwicklungen von Anwendungen und Modellierung im Mathematikunterricht können verschiedene theoriebezogene Perspektiven in der internationalen und in der nationalen Modellierungs-Diskussion identifiziert werden.

Kaiser-Meßmer (1986) hat in ihren umfassenden Analysen dazu drei Dimensionen verwendet, eine konzeptionsbezogene Dimension, die sich auf den Stellenwert von Anwendungen innerhalb der Ziele des Mathematikunterrichts bezieht, eine curriculare Dimension, die die Funktion von Anwendungen im Unterricht fokussiert und eine situationsbezogene Dimension, die den Realitätsgehalt von Anwendungen in den Blick nimmt. Ausgehend von dieser Analyse werden unterschiedliche Richtungen der historischen und aktuellen Diskussion zu Anwendungen und Modellierungen unterschieden, die in neueren Arbeiten als Perspektiven zum Modellieren weiter differenziert werden (Kaiser & Sriraman, 2006; Borromeo Ferri & Kaiser, 2008). Diese werden im Folgenden kurz dargestellt.

### 1.2.2.1   Realistisches oder angewandtes Modellieren

Diese Richtung verfolgt inhaltsbezogene Ziele, darunter das Lösen realistischer Probleme, Verständnis der realen Welt und *Förderung von Modellierungskompetenzen*. Diese Position stellt reale und vor allem authentische Probleme aus Industrie und Wissenschaft, die nur unwesentlich vereinfacht werden, ins Zentrum. In diesem Ansatz wird Modellierung verstanden als Aktivität zur Lösung authentischer Probleme. Dabei werden Modellierungsprozesse nicht als Teilprozesse, sondern als Ganzes durchgeführt. Als Vorbild dienen reale Modellierungsprozesse von angewandten Mathematikerinnen und Mathematikern. Der theoretische Hintergrund dieser Richtung ist in der Nähe zur angewandten Mathematik begründet und bezieht sich historisch auf pragmatische Ansätze des Modellierens, wie sie unter anderem von Pollak (1968) zu Beginn der neueren Modellierungsdiskussion entwickelt wurden.

### 1.2.2.2   Kontextuelles Modellieren

Hier stehen inhaltsbezogene und prozessbezogene Ziele im Vordergrund. Die Hintergründe dieser Ansätze sind zum einen die amerikanische *Problemlöse-Debatte*, zum anderen kognitionspsychologische Ansätze des *situierten Lernens*. Diese Richtung ist aktuell weitgehend in dem von Lesh und Doerr (2003) entwickelten Ansatz der ‚Model eliciting activities' (MEA) in den USA verbreitet. Die vorgeschlagenen Beispiele sind vorrangig kontextbezogene Fragestellungen, die durch ihre Realitätsnähe den Lernenden Anreiz zur Bearbeitung und argumentierenden Auseinandersetzung geben sollen. Ziel ist, dass die Lernenden eigene Konzepte entwickeln und diese auf neue Modellierungsbeispiele anwenden können.

### 1.2.2.3   Pädagogisches Modellieren

Diese Richtung verfolgt prozessbezogene und inhaltsbezogene Ziele. Man kann hier genauer zwischen didaktischem Modellieren und konzeptuellem Modellieren unterscheiden.

Das *didaktische* Modellieren beinhaltet zum einen die Förderung von Lernprozessen beim Modellieren und zum anderen die Behandlung von Modellierungsbeispielen zur Einführung und Übung neuer mathematischer Methoden, also eine vollständige Integration des Modellierens in den Mathematikunterricht.

Beim *begrifflichen* Modellieren sollen die Begriffsentwicklung und das Begriffsverständnis der Lernenden innerhalb der Mathematik und in Bezug auf Modellierungsprozesse gefördert werden. Dies beinhaltet auch die Vermittlung von Metawissen über Modellierungskreisläufe und die Beurteilung der Angemessenheit von verwendeten Modellen.

Die beim pädagogischen Modellieren verwendeten Aufgaben werden speziell für den Mathematikunterricht entwickelt und sind daher deutlich vereinfacht.

### 1.2.2.4   Sozio-kritisches Modellieren

Hier werden pädagogische Ziele wie ein kritisches Verständnis der Welt verfolgt. Dabei soll die Rolle von mathematischen Modellen bzw. allgemein der Mathematik in der Gesellschaft hinterfragt werden. Der Modellierungsprozess als solches und eine entsprechende Visualisierung stehen eher nicht im Vordergrund. Hintergrund sind emanzipatorische Perspektiven auf den Mathematikunterricht und sozio-kritische Ansätze.

### 1.2.2.5   Epistemologisches oder theoretisches Modellieren

Dieser Ansatz weist einen stark *theoriebezogenen* Hintergrund auf und geht auf eine wissenschaftlich-humanistische Perspektive beim Modellieren zurück, wie sie unter anderem Freudenthal (1968) zu Beginn der neueren Modellierungsdiskussionen vertreten hat, zurück. Freudenthal bezeichnet Mathematisieren als lokales Ordnen und Strukturieren mathematischer und nichtmathematischer Felder. Er betont dabei stark die klassischen Anwendungen der Mathematik in der Physik. Der Realitätsgehalt der in dieser Richtung verwendeten Beispiele ist weniger bedeutsam, denn es werden sowohl außer- als auch innermathematische Themen vorgeschlagen und die verwendeten Textaufgaben sind oft bewusst künstlich und realitätsfern. Modellierungsbeispiele sollen hier neben der Bearbeitung des Modellierungsproblems zur Entwicklung neuer mathematischer Theorien bzw. Konzepte beitragen. Insgesamt werden beim epistemologischen Modellieren stark *wissenschaftsorientierte* Ziele verfolgt.

### 1.2.2.6   Kognitives Modellieren

Dieser Ansatz stellt eine Art *Metaperspektive* dar, da er *Forschungsziele* in den Mittelpunkt stellt. Es geht darum, die kognitiven Prozesse, die bei Modellierungsprozessen stattfinden, zu analysieren und zu verstehen. Es werden daher unterschiedliche deskriptive Modelle von Modellierungsprozessen entwickelt, wie etwa individuelle Modellierungsrouten von einzelnen Lernenden. Auch *psychologische* Ziele wie die Förderung mathematischer Denkprozesse vor dem Hintergrund der Kognitionspsychologie spielen eine Rolle.

## 1.3 Modellierungsaufgaben

Konkret können Modellierungsprozesse im Unterricht durch geeignete Modellierungsaufgaben angeregt werden. Hier gibt es eine große Spanne von kurzen, weniger realistischen Aufgaben zu nur einer Teilkompetenz des Modellierens bis zu authentischen Modellierungsprojekten, die über einen längeren Zeitraum stattfinden.

Wir stellen im Folgenden einige wichtige Aufgabenkategorien für Modellierungsaufgaben vor. Nicht alle Einordnungen können immer eindeutig vorgenommen werden. Aufgaben können auch zu mehreren Kategorien gehören oder Mischformen darstellen. Außerdem kann die konkrete Unterrichtssituation, die Art der Bearbeitung oder die Person des Lernenden über den Aufgabentyp mitentscheiden. Des Weiteren gibt es in der einschlägigen Diskussion unterschiedliche Bezeichnungen und Klassifikationssysteme. Insbesondere Sachrechnen, auf das hier auch Bezug genommen wird, verfügt über eine lange historische Tradition, ohne dass abschließend geklärt ist, was unter einer modernen Auffassung von Sachrechnen zu verstehen ist und inwieweit es – wie traditionell üblich – auf die Schulformen Grund-, Haupt- und Realschule zu begrenzen ist. Wir gehen auf diese Debatte im Folgenden nicht ein und verweisen auf die einschlägige Literatur (für eine Aufarbeitung der historischen Entwicklungslinien siehe Kaiser-Meßmer, 1986; für eine aktuelle Darstellung siehe Greefrath, 2010).

Wir beschränken uns im Folgenden zunächst auf in der deutschen Diskussion tradierte Einteilungen von realitätsbezogenen Aufgaben, die in der einschlägigen Literatur immer wieder auftauchen. Ein besonders wichtiger Aspekt bei diesen Unterscheidungen ist der *Kontext* der Aufgaben. Im Zusammenhang mit dem Sachkontext von Aufgaben kennen wir traditionell *eingekleidete Aufgaben*, *Textaufgaben* und *Sachprobleme* (Maier & Schubert, 1978). Diese Aufgabentypen, hier klassische Sachaufgabentypen genannt, sind daher auch für die Betrachtung von Modellierungsaufgaben interessant, da sie Aussagen über die Relevanz des verwendeten Kontextes für den Lernenden liefern.

### 1.3.1 Klassische Sachaufgabentypen

#### 1.3.1.1 Eingekleidete Aufgaben

Bei eingekleideten Aufgaben handelt es sich um Rechnungen ohne wirklichen Realitätsbezug. Der Sachkontext spielt für die Lösung der Aufgaben keine Rolle und kann beliebig ausgetauscht werden. Das Ziel eingekleideter Aufgaben ist die Anwendung und

Übung von Rechenfertigkeiten. Eine eingekleidete Aufgabe ist als Modellierungsaufgabe nur sehr bedingt geeignet, da das mathematische Modell bereits implizit in der Aufgabe enthalten ist.

### 1.3.1.2  Textaufgaben

Textaufgaben bestehen aus Aufgaben in Textform – teilweise auch ergänzt durch ein Bild. Die Sache ist – ähnlich wie bei den eingekleideten Aufgaben – im Prinzip austauschbar, und die Realität ist häufig sehr vereinfacht dargestellt. Das Ziel ist die Förderung mathematischer Fähigkeiten. Von einer eigenständigen Erstellung eines mathematischen Modells kann auf Grund des fehlenden echten Realitätsbezugs und der vorgegebenen Vereinfachungen nicht wirklich gesprochen werden. Dennoch besteht ein Hauptproblem für die Schülerinnen und Schüler in der Übersetzung des Textes in die entsprechenden mathematischen Objekte, wie z. B. Terme oder Gleichungen. Aus diesem Grund ist auch die aus der Modellierung bekannte Bezeichnung *Mathematisierung* in diesem Zusammenhang üblich (Schütte, 1994, S. 79). Bei Textaufgaben dominiert das mathematische Problem gegenüber der Einkleidung der Aufgabe. Ein weiterer Schwerpunkt liegt dann – abhängig von der konkreten Aufgabenstellung – in der Interpretation der mathematischen Ergebnisse in der Sachsituation und der Formulierung eines entsprechenden Antwortsatzes.

Die ausgiebige und vor allem die in Bezug auf Sachprobleme oft ausschließliche Behandlung von Textaufgaben im Mathematikunterricht ist stark kritisiert worden. Ein Grund dafür ist der fehlende echte Realitätsbezug. Ein weiterer Grund ist das Verfahren des Einübens mathematischer Sachverhalte an gleichartigen Textaufgaben, sodass noch schneller ein echtes Nachdenken über den verwendeten Kontext überflüssig wird. (Franke, 2003, S. 32 ff.; Krauthausen & Scherer, 2007, S. 84 ff.; Radatz & Schipper, 1983)

### 1.3.1.3  Sachprobleme

Bei Sachproblemen, die oft auch als Sachaufgaben bezeichnet werden, steht ein tatsächliches Problem aus der Umwelt im Vordergrund. Hier wird die von Winter (2003) beschriebene Funktion des Sachrechnens als Umwelterschließung vermittelt. Dabei werden häufig reale Daten vorgegeben, zu denen dann authentische Fragen gestellt werden. Die entsprechenden Probleme können auch im projektartigen Unterricht eingesetzt werden. Ein Beispiel für ein Sachproblem ist etwa die folgende Aufgabe:

Sonja hat zum Geburtstag ein 21-Gang-Fahrrad bekommen. Kritisch fragt sie sich, wie viele Gänge es wohl wirklich hat. Was meint ihr? (Jahnke, 1992; Hinrichs, 2008, S. 164)

Da die bearbeitete Sache eine echte Rolle spielt, müssen auch Informationen über den entsprechenden Sachverhalt eingeholt und verarbeitet werden. Daher ist die Bearbeitung von Sachproblemen auch fachübergreifend bzw. im Idealfall sogar fächerverbindend. In diesem Sinne sind die Sachprobleme auch als Modellierungsaufgaben anzusehen. (Radatz & Schipper, 1983; Krauthausen & Scherer, 2007, S. 84 ff.; Franke, 2003, S. 32 ff.; Maier & Schubert, 1978)

**Tab. 1.2** Klassische Aufgabentypen

|  | Eingekleidete Aufgabe | Textaufgabe | Sachaufgabe |
|---|---|---|---|
| **Schwerpunkt** | rechnerisch | mathematisch | sachbezogen |
| **Ziel** | Anwendung und Übung von Rechenfertigkeiten | Förderung mathematischer Fähigkeiten | Umwelterschließung mit Hilfe von Mathematik |
| **Darstellung** | in einfache Sachsituationen eingekleidet | in (komplexere) Sachsituationen eingekleidet | reale Daten und Fakten bzw. offene Angaben |
| **Kontext** | kein wirklicher Realitätsbezug | kein wirklicher Realitätsbezug | echter Realitätsbezug |
| **Tätigkeiten** | Rechnen | Übersetzen, Rechnen, Interpretieren | Recherchieren, Vereinfachen, Mathematisieren, Rechnen, Interpretieren, Validieren |

Die Unterscheidung in eingekleidete Aufgaben, Textaufgaben und Sachaufgaben ist im Zusammenhang mit Modellierungsaufgaben, die vollständig in die Kategorie der Sachprobleme fallen, nicht detailliert genug. Daher gehen wir im Folgenden auf weitere Aufgabenkategorien ein.

## 1.3.2 Spezielle Aufgabenkategorien für Modellierungsaufgaben

Modellierungsaufgaben können in eine Fülle unterschiedlicher spezieller Aufgabenkategorien eingeteilt werden (siehe z. B. Blum & Kaiser 1984, Greefrath 2010, Maaß 2010). Diese Kategorien sind nur für Aufgaben mit Realitätsbezug sinnvoll.

### 1.3.2.1 Realitätsbezug

Der Realitätsbezug von Aufgaben kann außer durch die Charakterisierung im Rahmen der klassischen Aufgabentypen auch genauer durch Kategorien wie Authentizität, Lebensrelevanz, Lebensnähe und Schülerrelevanz gefasst werden. Zudem kann man hier auch noch zwischen den Annahmen in der Realität und der Aufgabenstellung selbst unterscheiden (Blum & Kaiser, 1984).

Eine zentrale Eigenschaft für Modellierungsaufgaben ist die *Authentizität*. Authentische Modellierungsaufgaben sind Probleme, die genuin zu einem existierenden Fachgebiet oder Problemfeld gehören und von dort arbeitenden Menschen als solche akzeptiert werden (Niss, 1992). Eine authentische Aufgabe ist damit für Schülerinnen und Schüler glaubwürdig und gleichzeitig bezogen auf die Umwelt realistisch. Authentizität hilft Schülerinnen und Schülern, die Aufgabenstellung ernst zu nehmen und somit vordergründige Ersatzstrategien beim Bearbeiten („Entnimm der Aufgabe die Zahlen und rechne mit ihnen nach einem bekannten Schema"; vgl. Abschnitt 1.4.3) zu vermeiden (Palm, 2007).

Vos (2011) weist darauf hin, dass die Verwendung des Begriffs Authentizität in der Mathematikdidaktik nicht unbedingt meint, dass ein Original vorliegt, sondern dass als authentisch bezeichnete Aufgaben durchaus eine gute Kopie einer realen Situation darstellen können. Für Mathematikaufgaben ist hier außerdem wichtig, dass sie den Bezug der Mathematik zur Realität echt wiedergeben. Die Authentizität von Aufgaben bedeutet noch nicht, dass Schülerinnen und Schüler die entsprechenden Anwendungen tatsächlich benötigen oder dass diese Aufgaben für ihr gegenwärtiges oder zukünftiges Leben tatsächlich wichtig sind.

Eine Aufgabe ist dagegen *relevant*, wenn sie als bedeutsam für das gegenwärtige oder zukünftige Leben von Schülerinnen und Schülern angesehen wird. Wenn eine Aufgabe aus Sicht der Schülerinnen und Schüler bereits gegenwärtig als bedeutsam angesehen wird, sprechen wir von *Schülerrelevanz*. Wird eine Aufgabe gegebenenfalls erst in zukünftigen Situationen für Schülerinnen und Schüler relevant, dann sprechen wir von *Lebensrelevanz*. Etwas abgeschwächter ist mit *Lebensnähe* lediglich gemeint, dass die entsprechenden Aufgaben mit dem gegenwärtigen oder zukünftigen Leben der Schülerinnen und Schüler in Verbindung stehen, aber nicht unbedingt relevant sein müssen (Greefrath, 2010).

### 1.3.2.2  Bezüge zum Modellierungsprozess

Problemaufgaben können unterschiedliche Schwerpunkte in Bezug auf den Modellierungsprozess haben. Zur Lösung einer Modellierungsaufgabe kann es beispielsweise erforderlich sein, den gesamten Modellierungsprozess zu durchlaufen oder nur einen oder zwei Teilschritte wie das Vereinfachen oder Validieren auszuführen (vgl. Blum & Kaiser, 1984).

Schülerinnen und Schüler können bei der Bearbeitung einer Modellierungsaufgabe an vielen Stellen auf Probleme bzw. eine hohe Komplexität stoßen, wodurch das Anspruchsniveau steigt. Für eine gezielte Förderung oder eine genaue Diagnose von Modellierungskompetenzen kann es daher sinnvoll sein, Modellierungsaufgaben auf Teilaufgaben zu reduzieren, die Teilschritte des Modellierungskreislaufs besonders in den Blick nehmen. Diesen Teilschritten entsprechen die schon angesprochenen Teilkompetenzen des Modellierens (siehe Tab. 1.1). Diese können dann auch für die Kategorisierung von Modellierungsaufgaben verwendet werden.

### 1.3.2.3  Bezüge zur Klassifikation von deskriptiven und normativen Modellen

Aufgaben zu deskriptiven oder normativen mathematischen Modellen können sehr unterschiedlichen Charakter haben. Während deskriptive Modelle verwendet werden, um realitätsbezogene Probleme zu beschreiben und zu lösen, werden beim Umgang mit normativen Modellen mathematische Vorschriften entwickelt, die in bestimmten Situationen für Entscheidungen verwendet werden können. Diese Aufgabenkategorie wird auch von Maaß (2010) verwendet.

Ein Beispiel für eine deskriptive Modellierung ist die Ermittlung der Materialkosten von selbst hergestellter Marmelade. Dazu müssen die Schülerinnen und Schüler zunächst durch die Aufgabe oder durch eine Recherche die Informationen zusammenstellen, die man in diesem Zusammenhang benötigt. Die Kosten können dann auf der Basis entsprechender Annahmen und Berechnungen ermittelt werden, wobei die Berechnungen auch normative Elemente enthalten, u .a. bezüglich des aus gesundheitlichen oder geschmacksbezogenen Vorstellungen entwickelten Verhältnisses von Obst und Zucker (Leuders & Leiß, 2006). Ein Beispiel für eine normative Modellierung ist die Verteilung der Heizkosten in einem Haus mit mehreren Wohnungen. Dies ist ein reales Problem, das von Schülerinnen und Schülern in der Sekundarstufe I verstanden und bearbeitet werden kann. Einen Unterrichtsvorschlag findet man dazu bei J. Maaß (2007). Hier können Schülerinnen und Schüler erkennen, dass unterschiedliche Modelle gleichberechtigte Lösungen dieses Problems sein können und ein Ausschnitt der Realität erst durch das Modell entsteht.

### 1.3.2.4 Weitere umfassende Kategorisierungen von Modellierungsaufgaben

Kaiser, Blum und, Schober (1982) unterscheiden in ihrer umfassenden Dokumentation einschlägiger Beispiele das Niveau der Anwendungen, d. h. routinemäßige Verwendung mathematischer Methoden, verständige Anwendung situationsgemäß modifizierter mathematischer Methoden und darüberhinausgehend die Mathematisierung einer Situation und Entwicklung modelladäquater Begriffe und Methoden. Des Weiteren wird auch der Grad des Realitätsbezugs analysiert, d. h. realitätsnah versus bewusst realitätsverfremdend sowie die Intention bei der Problembehandlung, d. h. Mathematik dient der Problemlösung versus Problemeinbindung dient der Veranschaulichung und Motivation mathematischer Inhalte (S. 8 f.) (vgl. auch Blum & Kaiser, 1984). Eine ähnliche Unterscheidung wird von Burkhardt (1981) vorgeschlagen, der wie folgt differenziert:

> *„situations by which we mean problems arising outside mathematics in whose understanding a variety of mathematical tools may be used, and illustrations which are chosen concisely to illuminate a particular mathematical point by displaying it in a concrete setting."* (S. 5)

In ihrem umfangreichen Klassifikationsschema berücksichtigt Maaß (2010) darüberhinausgehend die Frage, welche Modellierungsaktivitäten die Aufgabe fördert, welche Teile des Modellierungsprozesses durchgeführt werden müssen, die Art des Kontexts und den Bezug zur Realität, die Offenheit der Aufgabe und das kognitive Anspruchsniveau.

### 1.3.3    Allgemeine Analysekategorien für Modellierungsaufgaben

Modellierungsaufgaben können auch in unterschiedliche allgemeine Aufgabenkategorien eingeteilt werden, die ebenso für andere Aufgaben, z. B. innermathematische Aufgaben, verwendet werden können (siehe z. B. Blum & Kaiser 1984, Greefrath 2010, Maaß 2010). Ein besonders wichtiger Aspekt ist die Offenheit einer Modellierungsaufgabe.

#### 1.3.3.1    Offenheit

Es gibt verschiedene Klassifizierungen von offenen Aufgaben. Wir beschränken uns hier auf die Untersuchung der Offentheit nach Anfangszustand, Transformation und Zielzustand (siehe z. B. Bruder 2000, Wiegand & Blum 1999). Diese Klassifizierungen nutzen die aus der Problemlösepsychologie bekannte Beschreibung eines Problems durch *Anfangszustand, Zielzustand* und eine *Transformation*, die den Anfangs- in den Zielzustand überführt (Klix, 1971). *Offene* Aufgaben werden dabei nach Klarheit von Anfangs- und Zielzustand sowie nach der Transformation eingeteilt.

Als Beispiel wollen wir hier eine Aufgabe mit unklarer Ausgangssituation, aber eindeutiger Fragestellung betrachten (siehe Abb. 1.7). In diesem Beispiel ist durch die Fotos nur eine unklare Ausgangssituation gegeben, da genaue Informationen zu dem Problem nicht vorliegen. Die Fragestellung beschreibt allerdings den Zielzustand klar, da genau benannt ist, was bestimmt werden soll. Die Transformation, also der mögliche Weg zum Erreichen des Zielzustandes, wird ebenfalls durch die Aufgabenstellung nur angedeutet und ist somit ebenfalls als unklar zu bezeichnen.

Eine andere Klassifikation offener Modellierungsaufgaben basierend auf Bruder (2003) mit sieben unterschiedlichen Typen findet sich bei Maaß (2010), in der über- und unterbestimmte Aufgaben unterschieden werden.

#### 1.3.3.2    Überbestimmte und unterbestimmte Aufgaben

Aufgabentexte oder Aufgabenstellungen können Angaben enthalten, die zur Lösung der Aufgabe nicht erforderlich sind. In einem solchen Fall spricht man von einer *überbestimmten Aufgabe*. Ein Beispiel für eine solche Aufgabe ist eine Frage zu einem Sachtext, aus dem nur einige Informationen zur Lösung der Aufgabe verwendet werden müssen. Möglich wäre auch noch der Fall, dass die Informationen nicht exakt zueinander passen und je nach Auswahl unterschiedliche Ergebnisse liefern.

Ebenso ist der umgekehrte Fall denkbar, bei dem die Aufgaben nicht alle Informationen enthalten, die zur Lösung benötigt werden. Das ist beispielsweise bei Problemen der Fall, bei denen der Anfangszustand unklar ist. In solchen Fällen spricht man von einer *unterbestimmten Aufgabe*. Dann müssen die fehlenden Informationen beispielsweise durch Alltagswissen, Schätzen oder eine Recherche ermittelt werden.

Es sind darüber hinaus Mischformen aus über- und unterbestimmten Aufgabenteilen oder eine inkonsistente Datenlage möglich. Ebenso ist natürlich denkbar, dass die gegebenen Daten genau zu denen in der Aufgabe benötigten Werte passen (Maaß 2010).

**Abb. 1.7** Beispielaufgabe: *Was kostet das Verputzen dieses Hauses?* (Greefrath, 2004)

## 1.3.4 Fermi-Aufgaben

Fermi-Aufgaben eignen sich besonders für erste Modellierungstätigkeiten. Sie sind im Prinzip unterbestimmte offene Aufgaben mit klarem Endzustand aber unklarem Anfangszustand sowie unklarer Transformation, bei denen die Datenbeschaffung – meist durch mehrfaches Schätzen – im Vordergrund steht. Sie gehen auf den Kernphysiker und Nobelpreisträger Enrico Fermi (1901–1954) zurück. Er war für schnelle Abschätzungen von Problemen bekannt, für die praktisch keine Daten vorliegen.

Das klassische Beispiel für eine Fermi-Aufgabe ist die Frage nach der Zahl der Klavierstimmer in Chicago. Hier liegen zunächst keine Informationen vor. Man kann aber die Größenordnung schrittweise durch sinnvolle Annahmen über die Einwohner von Chicago, die Größe eines Haushalts, den Anteil von Haushalten mit Klavier, den Zeitraum zwischen zwei Klavierstimmungen, die Dauer des Klavierstimmens und das Arbeitspensum eines Klavierstimmers auf etwa 100 schätzen und so die Frage sinnvoll beantworten. Die Antwort wird also durch geeignete Auswahl und sinnvolles Schätzen von Zwischenangaben bestimmt.

Fermi-Aufgaben zeichnen sich außer durch ihre Offenheit auch durch Realitätsbezug und eine besondere Zugänglichkeit aus. Sie sind herausfordernd und können nicht nur weitere Fragen, sondern auch die Verwendung von Mathematik in der Welt anregen.

Der Begriff Fermi-Aufgaben wird auch *im weiteren Sinne* für offene Aufgaben verwendet, bei denen die Aufgabenstellung nur aus einer Frage besteht. Wir bezeichnen Aufgaben wie die Frage nach der Zahl der Klavierstimmer in Chicago, die durch Schätzen von Zwischenangaben gelöst werden, als Fermi-Aufgaben *im ursprünglichen Sinne*. Es handelt sich bei solchen Aufgaben gleichzeitig auch um komplexe Schätzaufgaben.

Beim Einsatz von Fermi-Aufgaben im Mathematikunterricht steht weniger das Rechnen als die anderen Schritte des Modellierungskreislaufs wie das Vereinfachen und das Validieren im Vordergrund. Speziell der Umgang mit Ungenauigkeit, der häufig keinen großen Raum im Mathematikunterricht einnimmt, kann mit Hilfe von Fermi-Aufgaben thematisiert werden. So werden durch eine Fermi-Aufgabe im ursprünglichen Sinne das Schätzen und die Arbeit mit ungenauen Angaben besonders gefördert. Auch der Prozess des Mathematisierens bei (möglichst einfachen) Modellen spielt eine wichtige Rolle.

Durch Fermi-Aufgaben im weiteren Sinne können außerdem das Recherchieren und Experimentieren sowie das Finden verschiedener Wege in den Mittelpunkt gestellt werden. Schülerinnen und Schüler lernen zudem, selbst Fragen zu stellen und mit heuristischen Strategien zu arbeiten (Büchter, Herget, Leuders, & Müller, 2006).

## 1.4    Ausgewählte empirische Forschungsergebnisse zum Lehren und Lernen von mathematischem Modellieren

Zum Lehren und Lernen von mathematischem Modellieren gibt es eine Fülle von empirischen Forschungsergebnissen (vgl. etwa Blum et al., 2007, oder Kaiser et al., 2011). Im Folgenden soll ein kleiner Einblick in einige Aspekte der empirischen Forschung zum Modellieren gegeben werden. Wir konzentrieren uns hier auf Einstellungen von Lernenden und Lehrenden, die so genannten Beliefs, sowie auf einige Untersuchungen von Lernenden bei Modellierungsaktivitäten.

### 1.4.1    Beliefs von Lernenden zu Modellierungsaufgaben

Es gibt offenbar relativ festgelegte Einstellungen zu Modellierungsaufgaben bei Schülerinnen und Schülern. Maaß (2004) hat in ihrer umfassenden Studie zu Modellierung im Mathematikunterricht unterschiedliche Beliefs bei Schülerinnen und Schülern rekonstruieren können. Unter Beliefs versteht man überdauernde, stabile Überzeugungen und Auffassungen. Maaß (2004) hat die Beliefs über das Fach Mathematik sowie das Lehren und Lernen von Mathematik in Anlehnung an die bekannte Klassifikation von Grigutsch, Raatz & Törner (1998) erhoben und unterscheidet prozessorientierte, schemaorientierte, formalismusorientierte und anwendungsorientierte Beliefs. Außerdem rekonstruiert Maaß (2004) in ihrer Langzeitstudie, in der Modellierungsbeispiele im Unterricht eine zentrale Rolle spielten, so genannte nicht-fachspezifische Beliefs mit kognitivem bzw. affektivem Schwerpunkt. Es zeigt sich in dieser grundlegenden Studie, dass Schülerinnen und Schüler mit schemaorientierten, formalismusorientierten oder kognitiv geprägten, nicht fachspezifischen mathematischen Beliefs Modellierungsbeispiele vehement ablehnen, während die anderen Gruppen diesen teilweise positiv oder sehr positiv gegenüber stehen (Maaß, 2003, S. 51 f.; 2005, S. 131 ff.). In der Studie wird außerdem deutlich, dass die Behandlung von Modellierungsbeispielen im Unterricht die Einstellungen der Lernenden dazu positiv beeinflussen kann.

Dass der Unterricht mit Modellierungsaktivitäten die Einstellungen zum Fach Mathematik allgemein günstig beeinflussen kann, wird durch vielfältige Studien bestätigt. So haben unter anderem Galbraith und Clatworthy (1990) in Rahmen einer zweijährigen Studie zum Modellieren festgestellt, dass die durchgeführten Modellierungen die Meinung zum Fach Mathematik deutlich positiv verändert haben (Galbraith & Clatworthy, 1990, S. 156).

## 1.4.2   Beliefs von Lehrenden zu Modellierungsaufgaben

Empirische Studien, unter anderem von Grigutsch, Raatz & Törner (1998) machen deutlich, dass es anscheinend schulformspezifische Unterschiede bei Lehrerinnen und Lehrern zur Einstellung zu Anwendungen und Modellierung im Mathematikunterricht gibt. In ihrer Studie zeigen Grigutsch, Raatz & Törner, dass ein Großteil der Lehrkräfte der Mathematik einen zum Teil starken Anwendungsbezug unterstellte, während nur eine kleine Gruppe keinen Nutzen in der Mathematik sah.. Diese Einstellung war allerdings schulformabhängig. Lehrerinnen und Lehrer an Hauptschulen schätzten die Anwendbarkeit von Mathematik höher ein als Lehrerinnen und Lehrer an Realschulen und Gymnasien (Grigutsch, Raatz, & Törner, 1998).

## 1.4.3   Untersuchung von Lernenden bei Modellierungsaktivitäten

Ein wichtiges Ergebnis zahlreicher empirischer Untersuchungen (in Deutschland wie auch in den vielen anderen Ländern) ist es, dass jeder Schritt im Modellierungsprozess eine potentielle kognitive Hürde für Schülerinnen und Schüler darstellt (für einen Überblick siehe Blum, 2011). Insbesondere der erste Schritt, das Verstehen der Realsituation und das Bilden eines eigenen mentalen Modells der Situation (siehe Abschnitt 1.1.3), macht bereits große Schwierigkeiten, zumal viele Lernende im Laufe ihrer Schulzeit gelernt haben, dies zu umgehen. Sie haben vielmehr gelernt, bei Textaufgaben erfolgreich eine *Ersatzstrategie* anzuwenden, die darin besteht, den Kontext zu ignorieren, nur die gegebenen Zahlen aus der Aufgabe herauszunehmen und dann ein gerade im Unterricht aktuell behandeltes Schema hierauf anzuwenden (für eine Zusammenfassung des Standes der Diskussion siehe Verschaffel, Greer & DeCorte, 2000). Auch das Validieren fällt Schülerinnen und Schülern offenbar schwer. Mehrere empirische Untersuchungen zeigen, dass Lernende ihre Lösungen kaum von selber überprüfen; vielmehr scheint es im Allgemeinen zum „didaktischen Vertrag" zwischen Lehrenden und Lernenden zu gehören, dass für die Überprüfung von Lösungen ausschließlich die Lehrperson zuständig ist.

Es gibt Schülerinnen und Schüler mit unterschiedlichen *Präferenzen* für Anwendungen in der Mathematik. Maaß (2004) unterscheidet vier Typen von Modellierern nach der Einstellung gegenüber der Mathematik bzw. gegenüber Modellierungsbeispielen. Während der „desinteressierte" Modellierer, der weder gegenüber der Mathematik noch gegenüber Modellierungsbeispielen eine positive Einstellung hat, Schwächen in allen Bereichen zeigt, ist es beim „reflektierenden" Modellierer genau umgekehrt. Bei „realitätsfernen" Modellierern liegt eine Schwäche im Bereich der kontextbezogenen Mathematik vor. Sie haben aber eine positive Einstellung zur kontextfreien Mathematik. Umgekehrt liegt bei „mathematikfernen" Modellierern eine Präferenz für den Sachkontext und eine Schwäche beim Bilden und Lösen des mathematischen Modells vor (Maaß 2004). Ähnliche Typen von Lernenden lassen sich beim Umgang mit dem Sachkontext rekonstruieren, wobei Busse (2009) in seiner Arbeit deutlich macht, dass sich sowohl ein gegenüber dem Sachkontext ambivalentes Verhältnis als auch ein den Sachkontext positiv integrierendes oder ablehnendes Umgehen der Lernenden rekonstruieren lässt. Weiter wird in der Studie die starke Situiertheit der Umgangsweisen mit dem Sachkontext und der große Einfluss soziomathematischer Normen deutlich.

Auch die *mathematischen Denkstile* von Schülerinnen und Schülern haben Einfluss auf deren Modellierungsaktivitäten. So konnte Borromeo Ferri (2011) in ihren Fallstudien feststellen, dass die von ihr unterschiedenen mathematischen Denkstile wie folgt Einfluss auf das Verhalten bei Modellierungsprozessen haben: Lernende mit der Präferenz für einen „visuellen" Denkstil, die stärker zu bildlichen Darstellungen und einer eher ganzheitlichen Herangehensweise an mathematische Probleme tendieren, argumentieren stärker aus dem realen Kontext heraus und unter Bezug darauf. Lernenden mit der Präferenz für einen so genannten „analytischen" Denkstil, die formale Darstellungen bevorzugen und Probleme eher zergliedernd lösen, beziehen sich nur kurz auf das reale Problem und argumentieren stärker aus dem mathematischen Modell heraus.

Aber auch das Modellierungsverhalten von Lernenden verläuft nicht so idealtypisch, wie in den Modellierungskreisläufen beschrieben. So konnte Borromeo Ferri (2011) im Rahmen ihrer Fallstudien mit Lernenden der Klasse 10 empirisch individuelle Modellierungsverläufe von Lernenden rekonstruieren (so genannte *„Modelling routes"*), die unter anderem vom präferierten mathematischen Denkstil beeinflusst waren und damit deutlich machen, wie stark individuelle Modellierungsprozesse von den theoretisch entwickelten Modellierungskreisläufen abweichen. Deutlich wird, dass Lernende gewisse Modellierungsphasen mehrfach durchlaufen und/oder andere dafür auslassen. Dabei springen die Lernenden zwischen den einzelnen Phasen in so genannten „Mini-Kreisläufen", d. h. gehen beispielsweise in der Validierungsphase nochmals auf das reale Modell und die bei der Modellerstellung getroffenen Annahmen zurück. Des Weiteren ist die Art und die Häufigkeit des Auftretens solcher Mini-Kreisläufe auch von der Struktur der bearbeiteten Aufgaben abhängig (für Details siehe Borromeo Ferri, 2011).

Die unterschiedlichen Präferenzen für den Sachkontext, den Denkstil sowie das Modellierungsverhalten der Schülerinnen und Schüler müssen im Unterricht berücksichtigt werden. Schülerinnen und Schüler mit ablehnender Haltung gegenüber Modellierungsbeispielen können durch weniger komplexe Modelle in Einstiegsaufgaben langsam herangeführt werden, während reflektierenden Modellierern auch komplexe Probleme angeboten werden sollten. Ebenso sollten die unterschiedlichen Denkstile der Schülerinnen und Schüler im Unterrecht berücksichtigt werden, in dem sowohl für visuell als auch formal arbeitende Lernende angemessene Materialien (z. B. Grafiken, Daten etc.) zur Verfügung stehen. Auch eine Variation der Sachkontexte erscheint nötig, insbesondere um geschlechtsspezifische Verzerrungen zu vermeiden.

### 1.4.4 Förderung von Modellierungskompetenz

Zur Förderung von Modellierungskompetenzen wurden in den letzten Jahren einige Projekte durchgeführt, unter anderem das DISUM[1]-Projekt (siehe dazu unter anderem Blum 2011). Die zentrale Fragestellung war, inwieweit es gelingen kann, die Modellierungskompetenz von Lernenden der Jahrgangstufe 9 durch geeignete Lernumgebungen zu fördern. Im Rahmen des Projekts wurden zwei Lernarrangements miteinander verglichen (vgl. zu allem Folgenden Leiß et al., 2010; Blum, 2011; Schukajlow et al., 2012): Ein stärker selbständigkeitsorientierter („operativ-strategischer") Unterricht und ein eher „herkömmlicher" Unterricht, konkretisiert als „direktive" Lehr-Lernform. Im „operativ-strategischen" Unterricht arbeiten die Lernenden selbständig in Gruppen, von der Lehrkraft individuell-adaptiv unterstützt, mit Plenumsphasen für Vergleiche von Lösungen und rückblickende Reflexionen. Der „direktive" Unterricht ist gekennzeichnet durch ein klar strukturiertes und zielgerichtetes fragend-entwickelndes lehrergesteuertes Vorgehen im Plenum, mit Einzelarbeitsphasen beim Einüben von Lösungsverfahren. Beide Unterrichtseinheiten gingen über 10 Unterrichtsstunden und behandelten dieselben Modellierungsaufgaben in derselben Abfolge. Es zeigte sich, dass die „direktiv" unterrichteten Lernenden ihre Modellierungskompetenz nicht signifikant steigern konnten, im Gegensatz zu den Schülern, die „operativ-strategisch" gearbeitet hatten. Dies deutet darauf hin, dass nur Schüler-Eigenaktivitäten Lernfortschritte beim Modellieren versprechen. Dagegen waren die Lernfortschritte beider Gruppen bezüglich ihrer technischen Kompetenz identisch.

In einer Zusatzstudie mit kleinen und normal großen Klassen konnte gezeigt werden, dass die beschriebene selbständigkeitsorientierte Lehr-Lernform in kleineren Klassen tatsächlich höhere Lernfortschritte erbringt (Schukajlow & Blum, 2011).

Blum schließt aus verschiedenen Untersuchungen, dass Modellierungskompetenz *langfristig* und gestuft aufgebaut werden muss. Dabei sollte sich die Aufgabenkomplexität begleitet von häufigen Übungs- und Festigungsphasen langsam steigern und die Kontexte systematisch variiert werden. Auch heuristische Fähigkeiten müssen parallel aufgebaut werden (Blum, 2007).

## 1.5 Aktuelle Bedeutung und Ausblick

Die Kompetenz des Modellierens hat durch die Bildungsstandards (siehe z. B. KMK, 2004) und die entsprechenden Lehrpläne in den Ländern eine wesentliche Rolle im alltäglichen Unterricht erhalten. Modellieren im Unterricht ist schwer für Lernende und

---

[1] DISUM (Didaktische Interventionsformen für einen selbständigkeitsorientierten aufgabengesteuerten Unterricht am Beispiel Mathematik) war von 2005 bis 2012 ein Kooperationsprojekt zwischen Mathematikdidaktik (W. Blum), Erziehungswissenschaft (R. Messner, beide Kassel) und Pädagogischer Psychologie (R. Pekrun, München).

Lehrende – schafft aber neue und unverzichtbare Möglichkeiten. Dennoch ist noch nicht alles erreicht. So hat an vielen Orten die vollständige Implementation von fachlichen und didaktischen Inhalten zum Modellieren in die Lehreraus- und Lehrerfortbildung noch nicht stattgefunden. Auch der langfristige Kompetenzaufbau zum Modellieren von Lernenden und das Zusammenspiel mit den anderen Kompetenzen muss noch weiter erforscht werden. Insgesamt gibt es aber eine Fülle von Aktivitäten, die Modellieren im Mathematikunterricht umsetzen, auf größerer oder kleinerer Ebene und zahlreiche empirische Evaluationen dazu, so dass das Forschungsfeld „Modellieren im Mathematikunterricht" als ein sich stark entwickelnder didaktischer Ansatz zur Veränderung des Mathematikunterrichts angesehen werden kann.

## 1.6    Literatur

Blum, W. & Kaiser, G. (1984). Analysis of Applications and of Conceptions for an Application-Oriented Mathematics Instruction. In: Berry, J. S., D. Burghes, I. Huntley, D. James & A. Moscardini (Hrsg.), *Teaching and applying mathematical modelling* (S. 201–214). Chichester: Horwood.

Blum, W. & Leiß, D. (2005). Modellieren im Unterricht mit der „Tanken"-Aufgabe. *mathematik lehren*, 128, 18–21.

Blum, W. (1985). *Anwendungsorientierter Mathematikunterricht in der didaktischen Diskussion.* 32(2), 195–232.

Blum, W. (1996). Anwendungsbezüge im Mathematikunterricht – Trends und Perspektiven. In G. Kadunz, H. Kautschitsch, G. Ossimitz & E. Schneider (Hrsg.), *Trends und Perspektiven* (S. 15–38). Wien: Hölder-Pichler-Tempsky.

Blum, W. (2007). Mathematisches Modellieren – zu schwer für Schüler und Lehrer? *Beiträge zum Mathematikunterricht*, 3–12.

Blum, W. (2010). Modellierungsaufgaben im Mathematikunterricht. Herausforderung für Schüler und Lehrer. *Praxis der Mathematik*, 34(52), 42–48.

Blum, W. (2011). Can modelling be taught and learnt? Some answers from empirical research. In: G. Kaiser, W. Blum, R. Borromeo Ferri & G. Stillman (Hrsg.), *Trends in the teaching and learning of mathematical modelling (ICTMA14)* (S. 15–30). Dordrecht: Springer,

Blum, W., Galbraith, P., Henn, H.-W. & Niss, M. (Hrsg.). (2007). *Modelling and Applications in Mathematics Education.* New York: Springer.

Borromeo Ferri, R. & Kaiser, G. (2008). Aktuelle Ansätze und Perspektiven zum Modellieren in der nationalen und internationalen Diskussion. In: *Materialien für einen realitätsbezogenen Mathematikunterricht. Bd. 12 (ISTRON). Die Kompetenz Modellierung. Konkret oder kürzer* (S. 1–10). Hildesheim: Franzbecker.

Borromeo Ferri, R. (2004). Vom Realmodell zum mathematischen Modell – Analyse von Übersetzungsprozessen aus der Perspektive mathematischer Denkstile. *Beiträge zum Mathematikunterricht*, 109–112.

Borromeo Ferri, R. (2006). Theoretical and empirical differentiations of phases in the modelling process. *Zentralblatt für Didaktik der Mathematik*, 38, 86–95.

Borromeo Ferri, R. (2011). *Wege zur Innenwelt des mathematischen Modellierens – Kognitive Analysen von Modellierungsprozessen im Mathematikunterricht.* Wiesbaden: Vieweg+Teubner

Bruder, R. (2000). Akzentuierte Aufgaben und heuristische Erfahrungen. Wege zu einem anspruchsvollen Mathematikunterricht für alle. In: L. Flade & W. Herget (Hrsg.), *Mathematik lehren und lernen nach TIMSS: Anregungen für die Sekundarstufen* (S. 69–78). Berlin: Volk und Wissen.

Bruder, R. (2003). Konstruieren – auswählen – begleiten. Über den Umgang mit Aufgaben. In: Friedrich-Jahresheft „Aufgaben. Lernen fördern – Selbstständigkeit entwickeln", Friedrich Verlag, 12–15.

Büchter, A., Herget, W., Leuders, T. & Müller, J. H. (2006). *Die Fermi-Box. Lebendige Mathematik für Alle.* Seelze: Friedrich.

Burkhardt, H. (1981). *The real world and mathematics.* Glasgow: Blackie.

Burscheid, H. (1980). Beiträge zur Anwendung der Mathematik im Unterricht. Versuch einer Zusammenfassung. *Zentralblatt für Didaktik der Mathematik,* 12, 63–69.

Busse, A. (2009). Umgang Jugendlicher mit dem Sachkontext realitätsbezogener Mathematikaufgaben. Ergebnisse einer empirischen Studie. Hildesheim: Franzbecker.

Danckwerts, R. & Vogel, D. (2001). Milchtüte und Konservendose – Modellbildung im Unterricht. *Der Mathematikunterricht,* 47, 22–31.

Davis, P. & Hersh, R. (1986). *Erfahrung Mathematik.* Basel, Boston, Stuttgart: Birkhäuser Verlag.

Ebenhöh, W. (1990). Mathematische Modellierung – Grundgedanken und Beispiele. *Der Mathematikunterricht,* 36(4), 5–15.

Fischer, R. & Malle, G. (1985). *Mensch und Mathematik.* Mannheim: Bibliographisches Institut.

Franke, M. (2003). *Didaktik des Sachrechnens in der Grundschule.* Berlin: Spektrum.

Freudenthal, H. (1968). Why to teach mathematics so as to be useful. Educational Studies in Mathematics, 1, 1/2, 3–8.

Freudenthal, H. (1978). *Vorrede zu einer Wissenschaft vom Mathematikunterricht.* Oldenbourg: München & Wien.

Galbraith, P. L. & Clatworthy, N. J. (1990). Beyond standard Models – Meeting the Challenge of Modelling. *Educational Studies in Mathematics,* 21, 137–163.

Greefrath, G. & Weigand, H.-G. (2012). Simulieren – mit Modellen experimentieren. *mathematik lehren,* 174, 2–6.

Greefrath, G. (2004). Offene Aufgaben mit Realitätsbezug. Eine Übersicht mit Beispielen und erste Ergebnisse aus Fallstudien. *mathematica didactica,* 2(27), 16–38.

Greefrath, G. (2006). *Modellieren lernen mit offenen realitätsnahen Aufgaben.* Köln: Aulis.

Greefrath, G. (2010). *Didaktik des Sachrechnens in der Sekundarstufe.* Heidelberg: Spektrum.

Grigutsch, S., Raatz, U. & Törner, G. (1998). Einstellungen gegenüber Mathematik bei Mathematiklehrern. *Journal für Mathematikdidaktik,* 19(1), 3–45.

Henn, H.-W. & Maaß, K. (2003). Standardthemen im realitätsbezogenen Mathematikunterricht. In: *Materialien für einen realitätsbezogenen Mathematikunterricht.* Bd. 8 (ISTRON) (S. 1–5). Hildesheim: Franzbecker.

Henn, H.-W. (1995). Volumenbestimmung bei einem Rundfass. In: G. Graumann, T. Jahnke, G. Kaiser & J. Meyer (Hrsg.), *Materialien für einen realitätsbezogenen Mathematikunterricht* Bd. 2 (ISTRON) (S. 56–5). Hildesheim: Franzbecker.

Henn, H.-W. (2002). Mathematik und der Rest der Welt. *mathematik lehren,* 113, 4–7.

Herget, W. & Klika, M. (2003): Fotos und Fragen. Messen, Schätzen, Überlegen – viele Wege, viele Ideen, viele Antworten. *mathematik lehren,* 119, 14–19

Hinrichs, G. (2008). Modellierung im Mathematikunterricht. Heidelberg: Springer.

Humenberger, H. & Reichel, H.-C. (1995). *Fundamentale Ideen der Angewandten Mathematik.* Mannheim: BI Wissenschaftsverlag.

Jahnke, Th. (1992): Wie viele Gänge hat ein 21-Gang-Fahrrad. *Didaktik der Mathematik* 20(4), 249–260.

Kaiser, G. (1995). Realitätsbezüge im Mathematikunterricht – Ein Überblick über die aktuelle und historische Diskussion. In: G. Graumann, T. Jahnke, G. Kaiser & J. Meyer (Hrsg.), *Materialien für einen realitätsbezogenen Mathematikunterricht.* Band 2 (ISTRON) (S. 66–84). Hildesheim: Franzbecker.

Kaiser, G. (2007). Modelling and modelling competencies in school. In C. P. Haines, P. Galbraith, W. Blum & S. Khan (Hrsg.), *Mathematical Modelling (ICTMA 12): Education, Engineering and Economics* (S. 110–119). Chichester: Horwood Publishing.

Kaiser-Meßmer, G. (1986). *Anwendungen im Mathematikunterricht.* Bad Salzdetfurth: Franzbecker.

Kaiser, G., & Sriraman, B. (2006). A global survey of international perspectives on modelling in mathematics education. ZDM, 38(3), 302-310.Kaiser, G., Blum, W. & Schober, M. (unter Mitarbeit von Stein, R.) (1982). Dokumentation ausgewählter Literatur zum anwendungsorientierten Mathematikunterricht. Karlsruhe: Fachinformationszentrum Energie, Physik, Mathematik.

Kaiser, G., Blum, W., Borromeo Ferri, R. & Stillman, G. (2011). *Trends in Teaching and Learning of Mathematical Modelling (ICTMA 14).* Dordrecht: Springer.

Kintsch, W., Greeno, J. G. (1985). Understanding and Solving Word Arithmetic Problems, Psychological Review, 92 (1), 109–129

Klix, F. (1971). *Information und Verhalten.* Bern: Huber.

KMK (2004). *Bildungsstandards im Fach Mathematik für den Mittleren Bildungsabschluss.* München: Wolters Kluver.

Körner, H. (2003). Modellbildung mit Exponentialfunktionen. In: H.-W. Henn & K. Maaß (Hrsg.), *Materialien für* einen *realitätsbezogenen Mathematikunterricht Bd. 8 (ISTRON)* (S. 155–177). Hildesheim: Franzbecker.

Krauthausen, G. & Scherer, P. (2007). *Einführung in die Mathematikdidaktik.* Heidelberg: Elsevier, Spektrum

Leiss, D., Schukajlow, S., Blum, W., Messner, R. & Pekrun, R. (2010). The role of the situation model in mathematical modelling – task analyses, student competencies, and teacher interventions. *Journal für Mathematik-Didaktik,* 31(1), 119–141

Lesh, R. & Doerr, H. (Hrsg) (2003). *Beyond Constructivismen – Models and Mod-eling Perspectives on Mathematics Problem Solving, Learning and Teaching.* Mah-wah: Erlbaum.

Leuders, T. & Leiß, D. (2006). Realitätsbezüge. In: W. Blum, C. Drüke-Noe, R. Hartung & O. Köller (Hrsg.), *Bildungsstandards Mathematik: konkret* (S. 194–206). Berlin: Cornelsen Scriptor.

Lietzmann, W. (1919). *Methodik des mathematischen Unterrichts, I. Teil.* Leipzig: Quelle & Meyer.

Maaß, J. (2007). Ethik im Mathematikunterricht? Modellierung reflektieren! In: G. Greefrath & J. Maaß (Hrsg.), *Materialien für einen realitätsbezogenen Mathematikunterricht. Band 11 (ISTRON).* (S. 54–61). Hildesheim: Franzbecker.

Maaß, K. (2002). Handytarife. *mathematik lehren,* 113, 53–57.

Maaß, K. (2003). Vorstellungen von Schülerinnen und Schülern zur Mathematik und ihre Veränderung durch Modellierung. *Der Mathematikunterricht,* 49 (3), 30–53.

Maaß, K. (2004). *Mathematisches Modellieren im Unterricht – Ergebnisse einer empirischen Studie.* Hildesheim: Franzbecker.

Maaß, K. (2005). Modellieren im Mathematikunterricht der Sekundarstufe I. *Journal für Mathematikdidaktik,* 26, 114–142.

Maaß, K. (2010). Classification Scheme for Modelling Tasks. *Journal für Mathematik-Didaktik,* 31, 285–311.

Maier, H. & Schubert, A. (1978). *Sachrechnen. Empirische Befunde, didaktische Analysen methodische Anregungen.* München: Ehrenwirth.

Müller, G. & Wittmann, E. (1984). *Der Mathematikunterricht in der Primarstufe.* Braunschweig, Wiesbaden: Vieweg.

Neunzert, H. & Rosenberger, B. (1991). *Schlüssel zu Mathematik.* Econ.

Niss, M. (1992). Applications and Modelling in School Mathematics – Directions for Future Development. Roskilde: IMFUFA Roskilde Universitetscenter

Niss, M., Blum, W. & Galbraith, P. (2007). Introduction. In W. Blum, P. L. Galbraith, H.-W. Henn & M. Niss (Hrsg.), *Modelling and applications in mathematics education* (S. 3–32). New York: Springer.

Ortlieb, C. P. (2004). Mathematische Modelle und Naturerkenntnis. *mathematica didactica* 27 (1), 23–40

Palm, T. (2007). Features and impact of the authenticity of applied mathematical school tasks. In Blum, W., Galbraith, P., Henn, H.-W. & Niss, M. (Hrsg.). (2007). *Modelling and Applications in Mathematics Education* (S. 201–208). New York: Springer.

Pollak, H. O. (1977). The Interaction between Mathematics and Other School Subjects (Including Integrated Courses). In H. Athen & H. Kunle (Hrsg.), Proceedings of the Third International Congress on Mathematical Education (S. 255–264). Karlsruhe: *Zentralblatt für Didaktik der Mathematik.*

Pollak, H.O. (1968). On some of the problems of teaching applications of mathematics. *Educational Studies in Mathematics,* 1, 1/2, 24–30.

Radatz, H. & Schipper, W. (1983). *Handbuch für den Mathematikunterricht an Grundschulen.* Hannover: Schroedel.

Reusser, K. (1997). Erwerb mathematischer Kompetenzen. Literaturüberblick. In F. E. Weinert & A. Helmke (Hrsg.), *Entwicklung im Grundschulalter* (S. 141–155). Weinheim: Beltz/Psychologie Verlags Union.

Schukajlow, S. & Blum, W. (2011). Zum Einfluss der Klassengröße auf Modellierungskompetenz, Selbst- und Unterrichtswahrnehmungen von Schülern in selbständigkeitsorientierten Lehr-Lern-Formen. *Journal für Mathematik-Didaktik* 32, 2, 133–151

Schukajlow, S., Leiss, D., Pekrun, R., Blum, W., Müller, M. & Messner, R. (2012). Teaching methods for modelling problems and students' task-specific enjoyment, value, interest and self-efficacy expectations. *Educational Studies in Mathematics,* 79, 2, 215–237

Schupp, H. (1988). Anwendungsorientierter Mathematikunterricht in der Sekundarstufe I zwischen Tradition und neuen Impulsen. *Der Mathematikunterricht,* 34(6), 5–16.

Schütte, S. (1994). *Mathematiklernen in Sachzusammenhängen.* Stuttgart: Klett.

Verschaffel, L., Greer, B. & DeCorte, E. (2000). *Making Sense of Word Problems.* Lisse: Swets & Zeitlinger.

Vos, P. (2011). What is 'Authentic' in the Teaching and Learning of Mathematical Modelling? In: G. Kaiser, W. Blum, R. Borromeo Ferri und G. Stillman (Hg.): *Trends in Teaching and Learning of Mathematical Modelling (ICTMA 14)* (S. 713–722). Dordrecht: Springer.

Wiegand, B. & Blum, W. (1999). Offene Probleme für den Mathematikunterricht – Kann man Schulbücher dafür nutzen? Beiträge zum Mathematikunterricht, 590–593.

Winter, H. (1994). Modelle als Konstrukte zwischen lebensweltlichen Situationen und arithmetischen Begriffen. *Grundschule,* 3, 10–13.

Winter, H. (1995). Mathematikunterricht und Allgemeinbildung. In: Mitteilungen der Gesellschaft für Didaktik der Mathematik 61, 37–46. Wiederabgedruckt in: H.-W. Henn & K. Maaß (2003). *Materialien für einen realitätsbezogenen Mathematikunterricht. Bd. 8 (ISTRON)* (S. 6–15). Hildesheim: Franzbecker

Winter, H. (2003). Sachrechnen in der Grundschule. Berlin: Cornelsen Scriptor.

Winter, H. (2004). Die Umwelt mit Zahlen erfassen: Modellbildung. In G. H. Müller, H. Steinbring & E. C. Wittmann (Hrsg.), *Arithmetik als Prozess* (S. 107–130) Seelze: Kallmeyer.

# Teil II

# Empirische Studien zum mathematischen Modellieren

In diesem Teil liegt der Fokus auf empirischen Studien zum mathematischen Modellieren, die Einblicke in unterschiedliche – für das Lehren und Lernen von Modellierung bedeutsame – Phänomene geben. In den folgenden fünf Beiträgen werden demnach die bereits im Theorieteil nur kurz erwähnten Aspekte wie beispielsweise Modellierungskompetenz, die Bedeutung des Sachkontext oder generell die Bearbeitung von komplexen realitätsbezogenen Problemen noch weiter vertieft.

Im ersten Beitrag von *Susanne Grünewald, Gabriele Kaiser und Rita Borromeo Ferri* wird der Frage nachgegangen, ob eine Förderung der Modellierungskompetenzen von Lernenden bereits durch eine kurzzeitige Intervention, d. h. durch eine dreitägige Modellierungsaktivität, erreicht werden kann. Im Rahmen eines Modellierungsprojektes mit Schülerinnen und Schülern eines gesamten neunten Jahrgangs eines Gymnasiums wurden mit Hilfe eines Pre- und Posttests sowie zusätzlichen Interviews Effekte der Entwicklung von Modellierungskompetenzen gemessen. Generell bietet der Beitrag einen Einblick in so genannte „Modellierungstage", bei denen Lernende drei Tage in Kleingruppen an einer komplexen realen Aufgabe arbeiten und von Studierenden der Universität betreut werden, die wiederum mathematisch fachlich, didaktisch und methodisch darauf vorbereitet werden.

*Stanislaw Schukajlow* untersucht die Modellierungskompetenz unter dem Blickwinkel der „Lesekompetenz". In seinem Beitrag untersucht er durch die Analyse von Leseaktivitäten beim Modellieren, welche Schwierigkeiten dabei für Schülerinnen und Schüler entstehen und wie diese gefördert werden können. In dem Beitrag wird ebenfalls die Wirksamkeit von Strategien bei Modellierungsprozessen beleuchtet und in welchem Zusammenhang diese zur Lesekompetenz stehen. Konkret für die Unterrichtspraxis beschreibt der Autor einen möglichen Arbeitsablauf zur Leseförderung im Mathematikunterricht. Nicht nur für Lehrerinnen und Lehrer gibt dies Anhaltspunkte im Unterrichtsgeschehen, sondern auch für Studierende, die Modellierungsaufgaben bezüglich dieses Aspektes näher betrachten sollten, können ihre Sensibilität bei der Entwicklung eigener Aufgaben bzw. im Umgang mit diesen bei Modellierungsaktivitäten steigern.

Neben der Berücksichtigung der Lesekompetenz im Rahmen des Lehren und Lernens von mathematischem Modellieren, darf ein weiterer Aspekt nicht unterschätzt werden: der Sachkontext von Aufgaben. *Andreas Busse* stellt Ergebnisse seiner empirischen Studie über den Einfluss bzw. den Umgang von realitätsbezogenen Kontexten in der Sekundarstufe II dar. Die Analysen zeigen, wie enorm sich der Kontext auf die Aufgabenbearbeitung auswirken kann, teilweise so stark, dass bei einigen Lernenden keine Modellierung stattfindet. Gleichwohl verdeutlicht dies die Sonderstellung von realitätsbezogenen Aufgabenstellungen im Gegensatz zu anderen Formaten und somit die Herausforderung für Lehrende, die verschiedenen Realkontexte ernst zu nehmen und ihre Wirksamkeit auf Schülerinnen und Schüler zu überdenken.

Einen interessanten und fächerübergreifenden Realkontext bietet *Matthias Ludwig* mit seinem Beitrag zum mathematischen Modellieren im Sport, in dem es um die Frage „Wie lang ist die Saite eines Tennisschlägers?" geht. Lehrerinnen und Lehrer erhalten dadurch nochmals explizit Ideen, wie die Fächer Mathematik und Sport verbunden werden können. Des Weiteren werden die Lösungsprozesse der Aufgabe anhand des siebenschrittigen Modellierungskreislaufs dargelegt und können somit nochmals eine gute Übung für Studierende sein, wenn sie sich mit dieser Aufgabe auseinandersetzen. Ludwig ließ die Aufgabe von Lernenden der Klassen 6–11, insgesamt 300 Schülerinnen und Schüler, bearbeiten, da neben unterschiedlichen Lösungswegen unter anderem auch der Zusammenhang zwischen der Modellierungskompetenz der Probanden und den dokumentierten Lösungsansätzen untersucht werden sollte. Dabei zeigen sich interessante Ergebnisse über die Jahrgangsstufen hinweg.

Der Beitrag von *Sebastian Kuntze* behandelt den Nutzen von Darstellungen in statistischen Kontexten. Dabei geht der Autor unter anderem der Frage nach, ob die hierarchische Struktur des mit von ihm entwickelten Kompetenzmodells für statistische Kontexte für das Nutzen von Modellen und Darstellungen empirisch belegt werden kann. Die Ergebnisse verdeutlichen, dass es Hinweise auf inhaltsspezifische Charakteristika des Modellierens in statistischen Kontexten gibt.

# Effekte kurzzeitiger Interventionen auf die Entwicklung von Modellierungskompetenzen

2

Rita Borromeo Ferri, Susanne Grünewald und Gabriele Kaiser

## 2.1 Einführung und theoretischer Rahmen

Mathematische Modellierung hat in den letzten Jahren insbesondere als eine der Kernkompetenzen innerhalb der nationalen Bildungsstandards Mathematik (Blum et al. 2006) und somit als Bestandteil von Lehr- und Rahmenplänen vermehrt Aufmerksamkeit erlangt. Trotz der intensiven didaktischen Diskussion spielen Modellierungsaufgaben im Mathematikunterricht noch immer eine geringe Rolle. Auf welche Art und Weise mathematische Modellierung in den alltäglichen Mathematikunterricht integriert werden und eine Förderung der Modellierungskompetenzen der Schülerinnen und Schüler erreicht werden kann, ist daher eine drängende Frage, insbesondere da immer wieder betont wird, dass die Entwicklung von Modellierungskompetenzen nur durch eigenständige Modellierungsaktivitäten realer Probleme möglich ist (siehe unter anderem Bracke, Geiger, 2011).

Gegenstand unserer im Folgenden dargestellten Untersuchung ist, ob und wenn ja, wie weit eine Förderung der Modellierungskompetenzen von Lernenden bereits durch eine kurzzeitige Intervention, d. h. in unserem Fall durch eine dreitägige Modellierungsaktivität, erreicht werden kann. Dazu wurden im Rahmen eines Modellierungsprojektes mit Schülerinnen und Schülern eines gesamten neunten Jahrgangs eines Gymnasiums mit Hilfe eines Pre- und Posttests sowie zusätzlicher Interviews Effekte der Entwicklung von Modellierungskompetenzen gemessen. Des Weiteren haben wir untersucht, ob die Entwicklung von Modellierungskompetenzen mit dem Geschlecht oder den allgemeinen mathematischen Leistungen der Schülerinnen und Schüler zusammenhängt. Eine weitere Frage war, ob sich bestimmte Teilkompetenzen mathematischer Modellierung stärker entwickeln als andere.

**Abb. 2.1**  Übersetzungsprozesse
zwischen Realität und Mathematik

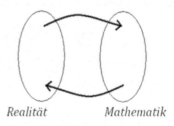

*Realität*          *Mathematik*

Im Folgenden werden zunächst zentrale Aspekte des theoretischen Hintergrunds von Modellierungskompetenzen und Teilkompetenzen dargestellt, um anschließend in den weiteren Kapiteln das Design der Studie und ihre Ergebnisse zu beschreiben.

Mathematisches Modellieren wird in der Mathematikdidaktik als Prozess verstanden, bei dem das Individuum Übersetzungsprozesse zwischen Realität und Mathematik durchführt, während es realitätsbezogene Probleme bearbeitet (vgl. Abb. 2.1).

Dieser Übersetzungsprozess erfordert eine bestimmte Kompetenz, genauer: die so genannte Modellierungskompetenz.

In der nationalen und internationalen mathematikdidaktischen Diskussion zum Modellieren steht die Modellierungskompetenz schon seit einiger Zeit im Zentrum der Forschung und wird beispielsweise folgendermaßen charakterisiert: „Modellierungskompetenzen umfassen die Fähigkeiten und Fertigkeiten, Modellierungsprozesse zielgerichtet und angemessen durchführen zu können sowie die Bereitschaft, diese Fähigkeiten und Fertigkeiten in Handlungen umzusetzen" (Maaß 2004, 35).

Verschiedene Untersuchungen hauptsächlich aus dem englischsprachigen Bereich (z. B. Haines, Crouch & Davis 2001, Haines 2005), im deutschsprachigen Raum Maaß (2004), haben sich in den letzten Jahren mit der Förderung von Modellierungskompetenzen von Lernenden auseinandergesetzt und dabei auch deren Fortschritte im Kompetenzerwerb gemessen. Bei all diesen Studien (siehe exemplarisch Blum/Kaiser 1997, Haines/Izard 1995, Ikeda/Stephens 1998) wurden Tests zum Messen der Modellierungskompetenz entwickelt.

Der Begriff der Modellierungskompetenz umfasst jedoch eine Reihe von Kompetenzen, die in die so genannte globale Modellierungskompetenz und die Teilkompetenzen unterteilt werden können. Globale Modellierungskompetenzen beziehen sich nicht auf einzelne Phasen des Modellierungskreislaufs, sondern auf den gesamten Modellierungsprozess, der wie in Abb. 2.2 nach Kaiser (1986) dargestellt werden kann.

Globale Modellierungskompetenzen können auch als allgemeine Kompetenzen beschrieben werden, wie etwa die Fähigkeit, strukturiert und zielgerichtet an eine Aufgabe heranzugehen und basierend auf dem durchgeführten Modellierungsprozess mündlich und schriftlich begründet zu argumentieren. Dazu zählen unter anderem so genannte metakognitive Modellierungskompetenzen, d. h. über den Modellierungsprozess selber zu reflektieren und dieses Metawissen schließlich bei der Aufgabenbearbeitung einzusetzen. Fähigkeiten zur Arbeit in der Gruppe oder zur Kommunikation können nach Kaiser und Schwarz (2006, 1) als allgemeine Kompetenzen der globalen Modellierungskompetenz zugeordnet werden.

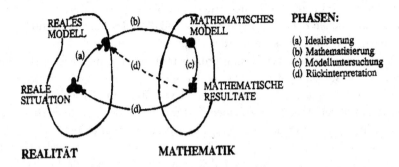

**Abb. 2.2** Modellierungskreislauf nach Kaiser (1986), nach Blum & Kaiser (1997)

Teilkompetenzen mathematischer Modellierung hingegen sind Kompetenzen, die benötigt werden, um einzelne Schritte des Modellierungskreislaufs durchführen zu können. Das genaue Verständnis von Teilkompetenzen mathematischer Modellierung hängt von der Auffassung des entsprechenden Modellierungskreislaufs ab (siehe Borromeo Ferri/Kaiser 2008). Im Sinne des Kreislaufs von Kaiser und nach Blum & Kaiser (1997) sowie Maaß (2004) können folgende Teilkompetenzen in einem normativen Sinne unterschieden werden:

- Kompetenz zur Vereinfachung und Strukturierung des realen Problems und somit zur Aufstellung eines realen Modells,
- Kompetenz zum Aufstellen eines mathematischen Modells aus einem realen Modell,
- Kompetenz zur Interpretation mathematischer Resultate in der Realität,
- Kompetenz zur Validierung des Ergebnisses und gegebenenfalls zur Durchführung eines neuen Modellierungsprozesses.

In unserer empirischen Studie haben wir des Weiteren die nachstehenden Teilkompetenzen mathematischer Modellierung untersucht:

1. Fähigkeit zum Vereinfachen eines Problems,
2. Fähigkeiten zur Ermittlung des (erreichbaren) Zieles,
3. Fähigkeit zur Beschreibung des Problems,
4. Fähigkeit zur Identifikation zentraler Variablen und ihrer Beziehungen,
5. Fähigkeit zur Formulierung adäquater mathematischer Beschreibungen des Problems,
6. Fähigkeit zur Interpretation von Lösungen innerhalb des realen Problemkontextes,
7. Fähigkeit zur Validierung der Angemessenheit der Lösungen.

In der bereits erwähnten sehr frühen Studie von Kaiser-Meßmer (1986) sowie der weiterführenden Studie von Maaß (2004) konnte rekonstruiert werden, dass eine Förderung der Modellierungskompetenzen von Lernenden durch die Beschäftigung mit Modellierungsaufgaben möglich ist.

Modellierungskompetenzen können unterschiedlich gemessen werden. Grundsätzlich ist das in mündlicher oder schriftlicher Form möglich. Mündliche Testungen finden etwa in Form von Interviews statt, indem Schülerinnen und Schülern eine Modellierungsaufgabe vorgelegt und der Lösungsprozess protokolliert und ausgewertet wird. Bei schriftlichen Messungen gibt es offene und geschlossene Formate. Letztere umfassen Fragebögen im Multiple-Choice Format. Vor allem Haines und Crouch (2001) und später Houston und Neill (2003) haben einen Test mit verschiedenen Items entwickelt, die einzelne Teilkompetenzen mathematischer Modellierung testen sollten.

Wie bereits erwähnt wird in der Modellierungsdiskussion immer wieder betont, dass die eigene Auseinandersetzung mit Modellierung die Basis für die Entwicklung von Modellierungskompetenzen bildet. Dennoch ist noch nicht vollständig geklärt, inwieweit auch das theoretische Wissen zur mathematischen Modellierung dabei förderlich sein kann. Maaß (2004) rekonstruierte in ihrer empirischen Studie einige Aspekte, die sich als unterstützend für die Entwicklung von Modellierungskompetenzen erwiesen. So weist sie auf die Verbindungen zwischen metakognitiven Wissen der Lernenden über den Modellierungsprozess und deren tatsächliche Modellierungskompetenzen hin. Die mathematischen Kenntnisse bzw. Fähigkeiten erwiesen sich ebenfalls als einflussreich für die Entwicklung von Modellierungskompetenzen. Nicht zuletzt, und das konnte Maaß (2004) eingehend in ihrer Studie zeigen, kann eine positive Einstellung zur Mathematik zudem förderlich für das Modellierungsverhalten sein, aber selbst eine negative Einstellung hatte nur wenig nachteilige Effekte auf die Entwicklung bestimmter Modellierungskompetenzen.

In unserer Studie soll nun – wie bereits erwähnt – die Entwicklung der mathematischen Modellierungskompetenz von Lernenden im Rahmen eines mehrtägigen Modellierungsprojektes untersucht werden. Folgende Forschungsfragen bilden die Grundlage unserer Studie:

- Können Modellierungskompetenzen der Schülerinnen und Schüler durch kürzere Interventionen im Rahmen von Modellierungstagen gesteigert werden, und wenn ja, wie?
- Wie hängt die Entwicklung der Modellierungskompetenzen während eines Modellierungsprojekts mit dem Geschlecht und den allgemeinen mathematischen Leistungen der Lernenden zusammen?
- Gibt es Unterschiede in der Entwicklung einzelner Teilkompetenzen und wenn ja, welche?

## 2.2  Design der Untersuchung

In diesem Kapitel werden die Methodologie und das Design der Untersuchung dargestellt. Zunächst soll kurz auf das Modellierungsprojekt und die Schülergruppen eingegangen werden, die an dem Modellierungsprojekt teilgenommen haben.

## 2.2.1  Das Modellierungsprojekt

Das dreitägige Modellierungsprojekt fand an einem Hamburger Gymnasium statt. Eines der Hauptziele war die Förderung der Modellierungskompetenzen von Gymnasialschülerinnen und -schülern. An dem Modellierungsprojekt nahm der gesamte Jahrgang dieser Schule teil, d. h. alle sechs 9. Klassen der Schule. Die Schülerinnen und Schüler arbeiteten in Kleingruppen an selbstgewählten Modellierungsaufgaben, die im nächsten Abschnitt dargestellt werden.

Die Schülergruppe umfasste insgesamt 136 Lernende (63 Schülerinnen und 73 Schüler), die sowohl den Pre- und Post-Fragebogen ausfüllten, so dass im Folgenden diese Schülerschaft betrachtet wird. Den Lernenden wurden zu Beginn der Modellierungstage vier Modellierungsaufgaben zur Auswahl vorgestellt, die wir hier kurz skizzieren:

Aufgabe 1)  Optimale Stationierung von Rettungshubschraubern
In einem Skigebiet in Südtirol stehen drei Rettungshubschrauber für die Bergung von bei Skiunfällen verunglückten Menschen zur Verfügung. Bekannt sind: Anzahl der Skipisten, Lage der Orte, Skipisten, Anzahl der Unfälle. Es sollte eine optimale Stationierung für die drei Rettungshubschrauber gefunden werden, wobei nicht vorgegeben war, was „optimale Stationierung" bedeutet (siehe Kaiser et al., 2004).

Aufgabe 2)  Ermittlung von Konfektionsgrößen
Ziel dieser Problemstellung war, anhand von im Vorfeld durchgeführten Messungen nach selbstentwickelten Kriterien neue Konfektionsgrößen für T-Shirts und Hosen festzulegen. Problematisch war, dass die im Vorfeld durchgeführten Messungen durch Studierende nicht einheitlich waren, so dass die Daten nur bedingt aussagekräftig waren.

Aufgabe 3)  Optimale Positionierung von Wassersprinklern
Das Unternehmen Gardena stellt unterschiedliche Wassersprinkler her, so genannte Turbinen-Versenkregler, wobei sich die einzelnen Sprinklertypen in verschiedene Radien und Winkelbereiche einstellen lassen. Ziel bei diesem Problem war, eine selbst gewählte Gartenfläche optimal zu bewässern. Auch stellt sich die Frage, was unter „optimal" zu verstehen ist (siehe Kaiser & Schwarz, 2010).

Aufgabe 4)  Telekommunikationstarife
Es gibt viele Angebote für Festnetztelefon, Handy und Internet, die unterschiedliche Preise und Leistungen anbieten. Ziel bei dieser Aufgabe war, einen optimalen Tarif für diese Kommunikationsnetze zu entwickeln. Um die Aufgabe etwas einzuschränken, sollten sich die Lernenden in die Lage eines Mitarbeiters bzw. einer Mitarbeiterin hineinversetzen, der die Angebote aller Anbieter vertreibt. Für unterschiedliche Kundinnen und Kunden soll der jeweils optimale Tarif gefunden werden.

## 2.2.2   Methodologie und Aufbau der Untersuchung

Die Studie umfasst qualitative und quantitative Forschungselemente. Der Hauptteil der Untersuchung lag auf quantitativen Aspekten. Es wurden Fragebögen im Multiple-Choice-Format basierend auf dem von Haines und Crouch (2001) entworfenen Fragebogen entwickelt. Ergänzt wurden die Fragebögen durch halboffene Interviews. Diese wurden anhand eines Interviewleitfadens durchgeführt, um eine möglichst große Vergleichbarkeit der Antworten der Schülerinnen und Schüler zu erreichen.

Zur Beantwortung der zentralen Forschungsfrage, inwieweit eine kurzzeitige Intervention im Sinne einer Modellierungseinheit die mathematischen Modellierungskompetenzen der Lernenden fördert, wurden im Rahmen eines Pre- und Posttestdesigns die Schülerinnen und Schüler am ersten Tag des Modellierungsprojekts nach der Vorstellung der einzelnen Modellierungsprobleme und der Einteilung bezüglich ihrer Modellierungskompetenzen in Kleingruppen getestet. Zu diesem Zeitpunkt hatten sich die Lernenden noch nicht mit dem gewählten Problem auseinandergesetzt. Der Post-Test wurde am Projektende, d. h. am dritten Tag des Projekts, nach der Bearbeitung der Aufgaben und während der Erstellung der Präsentationen der erarbeiteten Lösungen ausgefüllt. Für die Beantwortung der Fragebögen standen jeweils 30 Minuten zur Verfügung. Im Anschluss wurden jeweils fünf ausgewählte Schülerinnen und Schüler einzeln zu den bearbeiteten Fragebögen interviewt. Beim zweiten Interview wurde ebenfalls der während des Modellierungsprojektes durchgeführte Modellierungsprozess thematisiert und das Projekt im Allgemeinen angesprochen. Die Interviews hatten eine Dauer von etwa 15 Minuten.

Durch das Pre- und Posttestdesign sollte eine größtmögliche Vergleichbarkeit der beiden schriftlichen Befragungen erreicht werden, was durch den identischen Aufbau und einander weitgehend äquivalente Items gewährleistet wurde. Das Multiple-Choice-Format der einzelnen Items der Fragebögen sowie das Teilpunktesystem wurden von Haines und Crouch (2001) sowie Izard et al. (2003) übernommen. Etwa die Hälfte der von Haines und Crouch entwickelten Fragen wurden verwendet bzw. entsprechend dem mathematischen und außermathematischen Niveau einer 9. Klasse verändert. Unsere entwickelten Pre- und Posttestfragebögen umfassen jeweils zehn Multiple-Choice-Fragen die in Teil A und Teil B gegliedert sind, wobei jeweils eine Antwortoption anzukreuzen war. In Teil A werden mit zwei Fragen das Geschlecht und die Mathematiknote des letzten Halbjahreszeugnisses abgefragt. In Teil B („Fragen zu Modellierungsaufgaben") geht es um Fragen zu verschiedenen Modellierungsproblemen, die jeweils in einer bestimmten Bearbeitungsphase dargestellt werden. Getestet werden dadurch mit jeweils einem Item die in Kapitel 1.1 genannten Teilkompetenzen mathematischer Modellierung. Jedes Item formuliert ein konkretes Modellierungsproblem in einer bestimmten Phase des Lösungsprozesses. Die Lernenden sollten bei der Bearbeitung des Items den jeweils nächsten angemessenen Arbeitsschritt ermitteln. Dafür werden pro Item vier mögliche Varianten des möglichen Vorgehens angegeben. Jeweils eine Antwort wurde als richtig angesehen, eine als teilweise richtig und zwei Möglichkeiten wurden als falsch angesehen. Die Befragung wurde anonym durchgeführt, wobei durch einen persönlichen Code die Ergebnisse des Pre- und des Posttests zueinander in Beziehung gesetzt wurden.

Schon bei den bereits entwickelten Tests bei Haines and Crouch (2001) und so auch bei unseren Tests stellt sich die Frage, inwieweit es die einzelnen Items tatsächlich vermögen, die jeweiligen Teilkompetenzen zu messen. Die Bearbeitung der Items erfordert weitere Kompetenzen, wie beispielsweise Lesekompetenzen oder dem Sachkontext entsprechendes außermathematisches Wissen. Unsere Untersuchung wollte dennoch im Blick haben, welche Veränderungen es zwischen den Lösungen der Items der beiden Fragebögen gegeben hat, da es um eine mögliche Entwicklung der Modellierungskompetenz geht. Da die Items der beiden Fragebögen sich weitgehend entsprechen, erfordern sie vergleichbare Kompetenzen neben den zu testenden Teilkompetenzen mathematischer Modellierung. Wir gehen daher davon aus, dass Veränderungen zwischen den Resultaten nach den beiden Testzeitpunkten wenig von den genannten anderen Faktoren beeinflusst werden, Daher müssten Leistungszuwächse auf eine Entwicklung von Teilkompetenzen mathematischer Modellierung schließen lassen. Im Folgenden zeigen wir zwei Items zur Teilkompetenz (Vereinfachen des Problems) aus Test A und B (siehe Abb. 2.3 und Abb. 2.4).

Die halboffenen Interviews (vgl. Flick 2000, 94) dienten zur Erhebung der Modellierungskompetenzen und vor allem der metakognitiven Modellierungskompetenz. Zur Untersuchung der Entwicklung der Modellierungskompetenzen wurden zu Beginn und am Ende des Modellierungsprojektes jeweils die gleichen Lernenden befragt. Bei der Auswahl der zwei Schülerinnen und drei Schüler wurde darauf geachtet, dass ein breites Leistungsspektrum repräsentiert war.

### 2.2.3 Auswertung der Daten

Auf der Basis der Auswertung der Tests sowie der Interviews wurde die Entwicklung der mathematischen Modellierungskompetenz der Lernenden insgesamt und in Bezug auf das Geschlecht und die allgemeinen mathematischen Leistungen erhoben. Die Auswertung der Fragebögen sollte ebenfalls die Analyse der prinzipiellen Eignung der einzelnen Items zur Erhebung von Modellierungskompetenzen ermöglichen. In einem ersten Schritt wurden die in den Tests angekreuzten Antworten mit Excel analysiert und anschließend mit den ausgewerteten Interviews in Beziehung zu den jeweiligen Fragebögen gesetzt.

Wie bereits erwähnt wurden die einzelnen Antwortmöglichkeiten der Items entsprechend des verwendeten Teilpunktesystems unterschiedlich bewertet. Jeweils eine Auswahlmöglichkeit der Items war richtig und wurde mit 2 Punkten gewertet. Jeweils eine Antwort war teilweise richtig und wurde mit 1 Punkt und je zwei Antworten waren falsch und wurden mit 0 Punkten bewertet. Bei Ankreuzen mehrer Möglichkeiten bei einem Item wurde diese Frage als falsch beantwortet gewertet. Somit beträgt die höchste zu erreichende Punktzahl bei den einzelnen Fragebögen 16 Punkte.

---

*An einer geraden Straße in einem Neubaugebiet soll eine neue Bushaltestelle platziert werden. Wo sollte die Haltestelle eingerichtet werden, damit möglichst viele Leute den Bus nutzen?*

Du möchtest das Problem mathematisch beschreiben. **Welchen** der folgenden Aspekte hältst Du für **den wichtigsten**?

| (A) | Zusätzlich zum normalen Fahraushang wird an der Haltestelle angezeigt, in wie vielen Minuten der nächste Bus kommt. | ☐ |

| (B) | Der Bus fährt alle 20 Minuten. | ☐ |

| (C) | Die Fahrgäste wollen nicht weit zur Haltestelle gehen. | ☐ |

| (D) | Die Haltestelle muss für den Busfahrer rechtzeitig zu sehen sein. | ☐ |

**Abb. 2.3**  Item 3 (Test A)

---

*Für eine stark befahrene Straße ist die Einrichtung einer Fußgängerampel vorgeschlagen worden. Die Straße ist gerade und einspurig. Ist eine Fußgängerampel wirklich notwendig?*

Du möchtest das Problem mathematisch beschreiben. **Welchen** der folgenden Aspekte hältst Du für **den wichtigsten**?

| (A) | Der Verkehrsfluss ist gleich bleibend. | ☐ |

| (B) | Die Straße wird sowohl von Autos als auch von LKW befahren. | ☐ |

| (C) | Fußgänger sind nicht bereits, weit zu laufen, um die Straße zu überqueren. | ☐ |

| (D) | Alle Fußgänger benötigen die gleiche Zeit zur Überquerung der Straße. | ☐ |

**Abb. 2.4**  Item 3 (Test B)

---

Ausgehend von dieser Datengrundlage wurden zunächst der von den Lernenden erreichte Mittelwert der erzielten Gesamtpunktzahlen sowie die bei den einzelnen Aufgaben durchschnittlich erzielten Punktzahlen berechnet. Die durchschnittlichen Punktzahlen wurden ebenfalls für die Schülergruppen differenziert nach Geschlecht und mathematischer Leistung ermittelt. Des Weiteren wurde untersucht, wie viele Lernende sich im Post-Test verbesserten, verschlechterten oder eine gleichbleibende Punktzahl erlangten.

Für die einzelnen Aufgaben wurde schließlich die Anzahl der gegebenen richtigen, teilweise richtigen und falschen Antworten berechnet. Die Verteilung der Punkte innerhalb des Pre- und Post-Testes sowie die Veränderungen zwischen den Ergebnissen nach beiden Testzeitpunkten wurden mit Signifikanztests auf ihre Aussagekraft überprüft.

Die Auswertung der Transkripte der Interviews erfolgte anhand von Leitfragen. Die Analysen wurden anschließend dahingehend betrachtet, wie sich die Ergebnisse und Aussagen der Lernenden in Beziehung zu den Items der Fragebögen und den Teilkompetenzen setzen lassen und ob die Schülerinnen und Schüler metakognitive Modellierungskompetenzen entwickeln konnten.

## 2.3 Ergebnisse der Studie

Zunächst werden die Ergebnisse des quantitativen Teils dargestellt. Dabei werden die Gesamtpunktzahlen des Pre- und Posttests miteinander verglichen und eventuelle Zusammenhänge zum Geschlecht bzw. der aktuellen Mathematiknote untersucht. Anschließend werden die bei den einzelnen Aufgaben der Fragebögen durchschnittlich erreichten Punktzahlen sowie die Verteilung der Antwortmöglichkeiten genauer betrachtet und ebenfalls in Beziehung zum Geschlecht und zur Mathematiknote gesetzt.

### 2.3.1 Quantitative Ergebnisse

Im Pre-Test wurde von den Lernenden eine durchschnittliche Gesamtpunktzahl von 10,96 Punkten erreicht, im Post-Test 12,57 Punkte. Die Schülerinnen erzielten dabei im Pre-Test im Schnitt 10,98 und im Post-Test 12,7 Punkte (vgl. Abb. 2.5).

Die Schüler kamen im Pre-Test im Schnitt auf 10,92 Punkte und im Post-Test auf 12,45 Punkte. Insgesamt hat sich demnach die durchschnittliche Gesamtpunktzahl bei beiden Geschlechtern erhöht. Der Unterschied zwischen den Gesamtpunktzahlen des Pre- und Post-Tests ist sowohl für die Schülergruppe insgesamt als auch für die Schülerinnen und Schüler statistisch hoch signifikant. Somit kann davon ausgegangen werden, dass es zwischen Pre- und Post-Test zu einer Entwicklung der getesteten Modellierungskompetenzen gekommen ist. Die geringen Unterschiede zwischen den Ergebnissen der Schülerinnen und Schüler zeigten sich hingegen als statistisch nicht signifikant, so dass ein Zusammenhang zwischen der erreichten Gesamtpunktzahl und dem Geschlecht nicht besteht. In der folgenden Abbildung werden die durchschnittlich erreichten Gesamtpunktzahlen der Lernenden im Pre- und Post-Test differenziert nach den aktuellen Mathematiknoten dargestellt (vgl. Abb. 2.6).

Sämtliche Schülergruppen konnten sich in ihrer durchschnittlich erreichten Gesamtpunktzahl verbessern. Ein Zusammenhang zwischen Mathematiknote und der durchschnittlich erreichten Gesamtpunktzahl wird ersichtlich, d. h. je besser die Note (Skala 1–5), umso besser die durchschnittlich erreichte Gesamtpunktzahl.

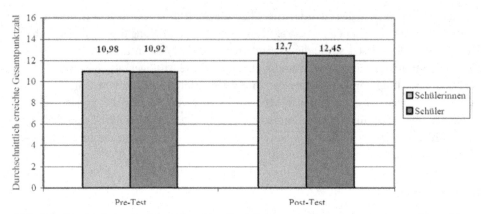

**Abb. 2.5**  Vergleich der Gesamtpunktzahlen der Schülerinnen und Schüler im Pre- und Post-Test

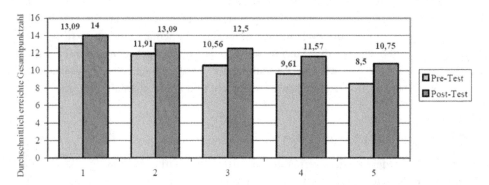

**Abb. 2.6**  Vergleich der Gesamtpunktzahlen in Abhängigkeit von den Mathematiknoten im Pre- und Post-Test

Die Verteilung der Gesamtpunktzahlen ist statistisch signifikant und die mathematische Leistung der Lernenden scheint demnach das Abschneiden in den Tests zu beeinflussen. Betrachtet man jedoch den Anstieg der durchschnittlichen Gesamtpunktzahlen, so zeigt sich ein umgekehrter Zusammenhang: Lernende mit der Note 1 steigerten sich in ihren erzielten Gesamtpunktzahlen vergleichsweise am wenigsten. Vielmehr konnten die Schülerinnen und Schüler einen umso größeren Anstieg erreichen, je schlechter die Note war. Diese Unterschiede sind jedoch statistisch gesehen nicht signifikant.

Im Folgenden werden die Ergebnisse der einzelnen Items der beiden Fragebögen näher betrachtet. Die nachstehende Abb. 2.7 verdeutlicht, bei welchen Aufgaben es zu einer Verbesserung oder Verschlechterung der erlangten Punktzahl im Post-Test kam.

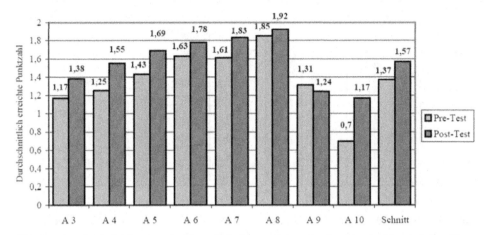

**Abb.2.7**  Vergleich der bei den einzelnen Aufgaben erreichten Punktzahlen im Pre- und Post-Test

Zwischen Pre- und Post-Test konnte durchschnittlich eine Verbesserung von 0,2 Punkten erreicht werden. Ersichtlich werden auch die bei den einzelnen Aufgaben jeweils
unterschiedlich erreichten Punktzahlen. Besonders hohe Punktzahlen wurden im Pre-
und Post-Test bei den Aufgaben 5 (Beschreibung des Problems), 6 (Identifikation zentraler Variablen), 7 (Mathematische Beschreibung des Problems und 8 (Auswahl eines
mathematischen Modells) erreicht. Weniger Punkte zeigten sich vergleichsweise bei den
Aufgaben 3 (Vereinfachen des Problems), 4 (Ermittlung des Zieles), 9 (Interpretation
von Lösungen) und 10 (Validierung). Bei nahezu allen Aufgaben erhöhten sich die erreichten Punktzahlen im Post-Test. Besonders deutlich stieg die erreichte Punktzahl bei
Aufgabe 10 (Validierung). Abgesehen von den Ergebnissen der Aufgabe 9 (Interpretation von Lösungen) sind die Veränderungen bei allen Aufgaben vom Pre- zum Post-Test
statistisch signifikant und mit Ausnahme der Aufgabe 8 (Auswahl eines mathematischen
Modells) sogar hoch signifikant. Von einer Ausnahme abgesehen ist somit eine statistisch signifikante Verbesserung der einzelnen getesteten Modellierungskompetenzen
messbar.

Die Berechnungen der bei den einzelnen Aufgaben im Pre- und Post-Test erreichten
Punktzahlen differenziert nach Geschlecht zeigten statistisch keine signifikanten Unterschiede (siehe Abb. 2.8 und 2.9). Die Schülerinnen konnten im Gegensatz zu den Punktzahlen der Lernenden insgesamt bei sämtlichen Aufgaben die durchschnittlich erreichte
Punktzahl erhöhen. Bei den Aufgaben 5, 6, 7 und 8 erzielten die Schülerinnen die höchsten Punktzahlen, wobei die höchsten Zuwächse in den durchschnittlichen Punktzahlen
bei den Aufgaben 3 und 10 lagen.

Die Schüler verschlechterten sich im Vergleich zu der Gruppe aller Lernenden bei
Aufgabe 9 im Post-Test etwas stärker. Hohe Punktzahlen erreichten die Schüler auch bei
den Aufgaben 5, 6, 7 und 8. Die größten Anstiege in den durchschnittlichen Punktzahlen
erzielten die Schüler bei den Aufgaben 4 und 10.

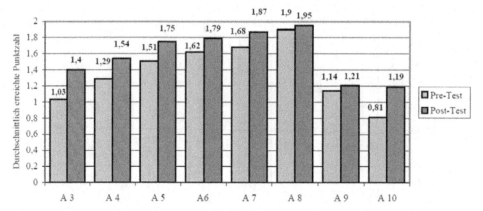

**Abb. 2.8** Vergleich der bei den Schülerinnen bei den einzelnen Aufgaben erreichten Punktzahlen im Pre- und Post-Test

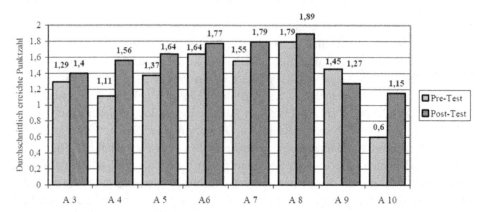

**Abb. 2.9** Vergleich der bei den Schülerinnen bei den einzelnen Aufgaben erreichten Punktzahlen im Pre- und Post-Test

Bei der Untersuchung der bei den einzelnen Aufgaben angekreuzten richtigen, teilweise richtigen und falschen Antworten wurde deutlich, dass, abgesehen von wenigen Ausnahmen, die Anzahl der richtigen Antworten vom Pre- zum Post-Test erhöht und die Anzahl der falschen Antworten verringert werden konnten. Unterschiede bei der Verteilung der Antworten nach Geschlecht waren nicht ersichtlich.

## 2.3.2   Qualitative Ergebnisse

Die geführten Interviews lassen gewisse Rückschlüsse auf die Modellierungskompetenzen der Lernenden zu Beginn und am Ende des Modellierungsprojektes zu. Viele Aussagen der Schülerinnen und Schüler während der ersten Interviews, zu Beginn des Projektes, zeigen, dass sie an die Aufgaben des Fragebogens intuitiv richtig herangingen. Die meisten Lernenden verstanden die Aufgabenstellung und waren in der Lage, ihre Antwortmöglichkeit zu begründen, wie beispielsweise Anton und Benjamin bei Aufgabe 3 im Fragebogen A (Vereinfachen des Problems; siehe auch Kapitel 1.2.3). Anton hat bei dieser Fragestellung erkannt, dass es darum geht, wo die Bushaltestelle eingerichtet werden soll. Ausgeschlossen hat er demnach die Antwortmöglichkeiten, die nichts mit dem Ort zu tun haben und argumentiert wie folgt:

> Anton: *„Ähm, ja also, in der Fragestellung heißt es ja genau? Und ich finde, ähm, z. B., mit der Zeit das finde ich hat nichts mit dem Ort zu tun, das 20 Minuten das einer fährt und das ist halt schon ein wichtiger Punkt, ähm, das die Fahrgäste nicht weit gehen wollen und dann ist halt die Frage, genau.*
> Frage des Interviewers: *„Und die Antwortmöglichkeiten A oder D?*
> Anton: *„Mmm, A, ist ähm, zusätzlich, ähm, mit dem Fahrplanaushang bei A. Da finde ich das hat auch nichts irgendwie mit dem Ort zu tun, sondern auch eher mit der Zeit. Und bei D, ähm, Haltestelle muss für den Busfahrer rechtzeitig zu sehen sein, das ist ja eigentlich normal, weil das ne gerade Straße ist und dann kann man eigentlich überall das sehen."*

Deutlich wurde anfangs jedoch, dass vor allem die Kompetenz des Validierens noch Schwierigkeiten bereitete, was sich bei der Bearbeitung des zugehörigen Items im ersten Fragebogen zeigte. Entsprechend fiel die Beantwortung der Frage nach den für die Aufgabe benötigten oder zu erwerbenden Fähigkeiten der Lernenden unterschiedlich und wenig aussagekräftig aus. Grundsätzlich geben die Schülerinnen und Schüler an, dass man erkennen muss, welche Antworten richtig sind und welche nicht. Zudem verstehen die Lernenden unter der richtigen Antwort vornehmlich das mathematisch korrekte Nachrechnen, wie es bei Daniela deutlich wird:

> *„Ja, man sollte halt **rechnen** können, um dann zu gucken, ob das wirklich stimmt, wie weit das entfernt ist, ist ja nicht so schwer und ähm, man sollte vielleicht auch die Aufgabe richtig lesen und gucken, was gefragt ist und worum's geht."*

Große Probleme hatten die Lernenden auch bei der Frage nach den für die jeweiligen Aufgaben notwendigen oder zu erwerbenden Fähigkeiten. Die Aussagen blieben dahingehend eher allgemein oder sie sahen keinen größeren Unterschied zwischen den Aufgaben. Christian erkennt beispielsweise kaum Unterschiede zwischen den einzelnen Aufgaben und zwischen den dazu notwendigen Fähigkeiten:
*„Ähm, eigentlich nicht wirklich, also da muss man überall so'n bisschen logisch rumdenken, was da klappen könnte, nee, nicht große Unterschiede eigentlich."*
Eva nennt hingegen genauere Unterschiede:

> *„Hmm, ich fand schon, dass man an die irgendwie unterschiedlich rangehen musste, also bei dem letzten war das ja eher halt einfach mit dem Rechnen, und bei der Aufgabe 6 mit dem Tanken musste man ja auch noch, ja überlegen halt eher, was am bedeutsams-*

*ten ist für die Berechnung, da musst du ja nicht selber **rechnen**, sondern nur **überlegen**, was man braucht. Und bei Aufgabe 3, da mit dem Bus, da muss man eben gucken, welchen Aspekt man **selber** für wichtig hält, das gibt halt keine direkte Lösung da eigentlich."*

Die genannten Schwierigkeiten deuten vor allem auf die schwach ausgeprägte metakognitive Modellierungskompetenz der Schülerinnen und Schüler zu Beginn des Modellierungsprojekts hin. Teilkompetenzen mathematischer Modellierung waren zum Teil vorhanden, insbesondere in den Bereichen, die auch durch Mathematikaufgaben des alltäglichen Mathematikunterrichtes gefördert werden, bei den Kompetenzen, die mathematische Fähigkeiten ansprechen.

Die Begründungen der Lernenden zu ihren Wahlen der Antwortmöglichkeiten des zweiten Fragebogens stimmten während der zweiten Interviews weitgehend mit den Argumentationen der ersten Interviews überein. Deutlich schlüssiger fallen beim zweiten Interview die Argumentationen zur Erläuterung der Wahl der Antwort bei der Aufgabe 10 (Validieren) aus. Christian erläutert sein Vorgehen wie folgt:

*„Ja eben ein bisschen rumüberlegt, wo jetzt die Haltestelle so liegen könnte und ähm, ja da fand ich die einfach am besten, die Antwort. Zum Beispiel Aufgabe D habe ich eben nicht mit genommen, weil also, Lisa hat Recht, das steht auf dem Straßenschild, dass Lübeck und Hamburg 73 Kilometer voneinander entfernt sind, und das ist ja nicht unbedingt, wie weit Städte auseinander entfernt sind, bloß wie weit die Städte eben von dieser **Haltestelle** da entfernt sind."*

Die größten Unterschiede sehen die Schülerinnen und Schüler zwischen den einzelnen Aufgaben vor allem in den unterschiedlichen Anteilen der Mathematik, die in den Aufgaben enthalten sind bzw. für die Bearbeitung dieser benötigt werden. Die Lernenden gaben einstimmig an, dass ihnen vor allem solche Aufgaben gelegen haben oder am leichtesten gefallen sind, die mathematische Fähigkeiten erfordern, da sie Verbindungen zu Thematiken aus dem Mathematikunterricht ziehen konnten. Christian formuliert das so:

*„Also aber ich fand jetzt diese Aufgaben hier eben etwas einfacher, also Aufgaben 7 und 8, weil du eigentlich einfach nur gucken musstest eben, was ist hier was, also wie lang ist ein Auto und ein LKW und dann, welche Gleichung eben richtig ist, dass fand ich eben ein bisschen einfacher als den Rest."*

Bei den fünf Interviewten war nur in einer Arbeitsgruppe die Theorie mathematischen Modellierens und der Modellierungskreislauf angesprochen worden. Benjamin war als Einziger im zweiten Interview in der Lage, eine Art allgemeine Herangehensweise bei Modellierungsaufgaben zu formulieren. Die anderen Lernenden blieben bei dieser Frage sehr allgemein. An diesem Beispiel wird wieder ersichtlich, was bereits schon andere Studien zeigten (siehe unter anderem Maaß 2004), dass für die Entwicklung von metakognitiver Modellierungskompetenz die Behandlung des Modellierungskreislaufs notwendig ist. In weiteren Interviewaussagen der Schülerinnen und Schüler wurden deren insgesamt positive Reaktionen zu dem Modellierungsprojekt deutlich, was sich in Benjamins Antwort konkretisiert:

> *„Ja also, ich fand das war eine gute Abwechslung, dass man da mal wirklich was ziemlich Komplexes gemacht hat aus der Mathematik und dass man da eigentlich **jeder** was machen konnte und dass man da im Gehirn kramen musste nach den ganzen Matheformeln, die man damals hatte, also ich fand das eigentlich ziemlich gut. "*

## 2.4 Zusammenfassung und Ausblick

Im Rahmen dieser Untersuchung wurden Effekte kurzzeitiger Interventionen im Sinne eines Modellierungsprojekts auf die Entwicklung der mathematischen Modellierungskompetenz von Schülerinnen und Schülern untersucht. Die Resultate der Studie ermöglichen die Beantwortung der in Kapitel 1.1 genannten Forschungsfragen. Resümierend kann auf der Basis der durchgeführten Tests sowie der Interviews festgehalten werden, dass die eingehende Auseinandersetzung mit Modellierungsaufgaben während eines mehrtägigen Modellierungsprojektes bereits die Teilkompetenzen mathematischer Modellierung der Lernenden signifikant steigern kann. Die von den Schülerinnen und Schülern durchschnittlich erreichten Punktzahlen sowie deren Veränderungen vom Pre- zum Post-Test unterscheiden sich nicht signifikant. Demnach ist kein Bezug zwischen der Entwicklung der Modellierungskompetenzen und dem Geschlecht nachzuweisen. Deutlich wurde den Ergebnissen der Untersuchung zufolge aber die signifikante Beeinflussung der allgemeinen mathematischen Leistung der Lernenden auf die Ausgangslage der Modellierungskompetenzen. Bei der Entwicklung der Teilkompetenzen konnte kein signifikanter Zusammenhang zu der aktuellen Mathematiknote festgestellt werden. Die Untersuchung zeigte unterschiedliche Veränderungen bei den durchschnittlich erreichten Punktzahlen der einzelnen Aufgaben. Die Items, bei denen die größten Punktzuwächse zu verzeichnen waren, testeten die Kompetenzen, die durch gängige Mathematikaufgaben wenig gefördert werden, beispielsweise die Fähigkeit des Validierens. Geringere Unterschiede waren bei den Fragen zu mathematischen Kompetenzen zu erkennen.

Als Konsequenz der Ergebnisse der Studie sehen wir vor allem, dass eine intensive Auseinandersetzung von Schülerinnen und Schüler mit Modellierungsaufgaben im Rahmen kurzzeitiger Modellierungsaktivitäten erfolgreich ist. Die Förderung allgemeiner und metakognitiver Modellierungskompetenzen erfordert die Integration effektiver Modellierungssequenzen in den alltäglichen Mathematikunterricht und die Fähigkeit der Lehrpersonen, angemessen agieren zu können. Aus diesem Grund sollte die Entwicklung von Interventionsformen und deren Vermittlung ein Ziel der Lehreraus- und -fortbildung sein. Dieses soll in einem geplanten Projekt weiterverfolgt werden und schließlich unmittelbare Anwendung durch geschulte Lehrkräfte im Unterricht finden.

## 2.5    Literatur

Blum, W.; Kaiser, G. (1997). Vergleichende empirische Untersuchungen zu mathematischen Anwendungsfähigkeiten von englischen und deutschen Lernenden. Unveröffentlichter Antrag auf Gewährung einer DFG Sachbeihilfe.

Blum, W., Drüke-Noe, C., Hartung, R. & Köller, O. (2006). *Bildungsstandards Mathematik: konkret. Sekundarstufe I: Aufgabenbeispiele, Unterrichtsanregungen, Fortbildungsideen.* Berlin: Cornelsen.

Borromeo Ferri, R.; Kaiser, G. (2008). Aktuelle Ansätze und Perspektiven zum Modellieren in der nationalen und internationalen Diskussion. In A. Eichler, F. Förster (Hrsg.), *Materialien für einen realitätsbezogenen Mathematikunterricht.* Istron-Reihe (S. 1–10). Hildesheim: Franzbecker.

Flick, U. (2000). *Qualitative Forschung.* Reinbek: Rowohlt.

Haines, C., Crouch, R. (2001). Recognizing constructs within mathematical modelling. *Teaching Mathematics and its Applications, 20*(3), 129–138.

Haines, C. R., Crouch, R. M. and Davis, J. (2001). Understanding Students' Modelling Skills. In J. F. Matos, W. Blum, K. Houston; S. P. Carreira (Hrsg.), *Modelling and Mathematics Education: ICTMA9 Applications in Science and Technology* (S. 366-381). Chichester: Horwood.

Haines, C. R.; Izard, J. (1995). Assessment in Context for Mathematical Modelling. In C. Sloyer, W. Blum & I. Huntley (Hrsg.), *Advances and Perspectives in the Teaching of Mathematical Modelling and Applications* (S. 131-159). Yorklyn Delaware: Water Street Mathematics.

Houston, K.; Neill, N. (2003). Assessing modelling skills. In S. J. Lamon, W. A. Parker; S. K. Houston (Hrsg.), *Mathematical Modelling: A way of life ICTMA11* (S. 155–164). Chichester: Horwood Publishing.

Haines, C. P.; Crouch, R. (2005). Getting to grips with real world contexts: Developing research in mathematical modelling. In: Bosch, M. (Hrsg.), Proceedings of the 4th Congress of the European Society for Research in Mathematics Education. FUNDEMI IQS, S. 1655–1665.

Ikeda, T.; Stephens, M. (1998). The influence of problem format on students' approaches to mathematical modelling. In P. Galbraith, W. Blum, G. Booker; I. Huntley (Hrsg.), *Mathematical Modelling, Teaching and Assessment in a Technology-Rich World* (S. 223–232). Chichester: Horwood Publishing.

Izard, J., Haines, C. R., Crouch, R. M., Houston, S. K.; Neill, N. (2003). Assessing the impact of teaching mathematical modelling: Some implications. In S. J. Lamon, W.A. Parker; S. K. Houston (Hrsg.), *Mathematical Modelling: A way of life ICTMA11* (S. 165–177). Chichester: Horwood Publishing.

Kaiser-Meßmer, G. (1986a). *Anwendungen im Mathematikunterricht. Band 1 – Theoretische Konzeptionen.* Hildesheim: Franzbecker.

Kaiser-Meßmer (1986b). *Anwendungen im Mathematikunterricht. Band 2 – Empirische Untersuchungen.* Hildesheim: Franzbecker.

Kaiser, G.; Ortlieb, C. P.; Struckmeier, J. (2004). *Das Projekt Modellierung in der Schule.* Hamburg, unveröffentlichter Bericht der Universität Hamburg.

Kaiser, G.; Schwarz, B. (2006). *Modellierungskompetenzen – Entwicklung im Unterricht und ihre Messung.* In Beiträge zum Mathematikunterricht 2006 (S. 56–58). Hildesheim: Franzbecker.

Kaiser, G.; Schwarz, B. (2010). Authentic modelling problems in mathematics education – examples and experiences. In *J. Math.-Didakt.* 31, No. 1, 51–76.

Maaß, K. (2004). *Mathematisches Modellieren im Unterricht. Ergebnisse einer empirischen Studie.* Hildesheim: Franzbecker.

Maaß, K. (2007). *Mathematisches Modellieren. Aufgaben für die Sekundarstufe I.* Berlin: Cornelsen.

# Umgang mit realitätsbezogenen Kontexten in der Sekundarstufe II

**3**

Andreas Busse

## 3.1 Einleitung

Mit der Einbeziehung von Realitätsbezügen wird häufig eine besondere Motivation seitens der Schülerinnen und Schüler sowie ein leichterer Zugang zur Mathematik erwartet. Burkhardt (1981, S. iv; Hervorhebung im Original) formuliert optimistisch: „However, realistic situations are easier to tackle than purely mathematical topics in that here 'commonsense' provides essential and helpful guidance, and because there are no right answers that must be found but only some answers which are better than others." Alltagserfahrungen aus dem Mathematikunterricht decken sich jedoch nicht immer mit dieser Einschätzung: Realitätsbezüge für sich allein genommen sind nicht für alle Schülerinnen und Schüler motivierend, und nicht allen erleichtern sie das Lernen von Mathematik. Schülerinnen und Schüler betrachten zuweilen das Fehlen einer eindeutigen Lösung sowie die Notwendigkeit, Alltagswissen einzubeziehen, sogar als zusätzliche Hürde.

Eine weitere Hoffnung im Zusammenhang mit der Einbeziehung von Realitätsbezügen ist eng verbunden mit der außermathematischen Umgebung, in die die Aufgabe eingebettet ist. Mit anderen Worten: mit dem *Sachkontext*. Häufig wird angenommen, dass ein vertrauter Sachkontext die Annäherung an das Problem erleichtere (unter anderem Wright & Wright 1986). Ein anderer Aspekt des Sachkontextes bezieht sich auf Geschlechterrollen in Aufgabentexten. Je nach Perspektive werden als mädchennah angenommene Sachkontexte oder – im Gegenteil – solche, die traditionelle Geschlechterrollen negieren, bevorzugt (siehe auch etwa Niederdrenk-Felgner, 1995). In jedem Fall wird offenbar dem Sachkontext eine gewisse Bedeutung zugeschrieben.

Schülerinnen und Schüler hingegen sehen die Frage der Sachkontexte unter Umständen in einem anderen Licht: Bei einer Befragung über die Bedeutung des ausgewogenen Auftretens von Männern und Frauen in Mathematikaufgaben gaben Schülerinnen und

Schüler an, dass dies irrelevant sei. Die Sachkontexte der meisten Aufgaben seien sowieso sehr künstlich und hätten keinen Bezug zum wirklichen Leben (Niederdrenk-Felgner 1995, S. 54). Diese Äußerung legt nahe, dass die Rolle von Sachkontexten sich komplexer darstellt als möglicherweise angenommen.

Im Folgenden soll eine aktuelle Forschungsarbeit (Busse 2009) zum Thema Sachkontext zusammenfassend vorgestellt werden. Dazu werden zunächst einige Aspekte der aktuellen Diskussion dargestellt und methodologische und methodische Anmerkungen gemacht. Im Anschluss daran werden einige empirische Ergebnisse der Studie dargelegt und in einen breiteren theoretischen Kontext eingebettet.

## 3.2    Aspekte der aktuellen Diskussion

Obwohl Sachkontexte häufig eine wichtige Rolle in der Diskussion über realitätsbezogenen Mathematikunterricht spielen, gibt es keine – jedenfalls keine allgemein akzeptierte – Definition des Begriffes *Sachkontext*. Unterschiede bestehen unter anderem in der – häufig fehlenden – Präzision der jeweiligen Begriffsbildung sowie in der Frage, inwieweit auch die Umgebung, in der sich die die Aufgabe bearbeitende Person befindet, eine Komponente des Sachkontextes darstellt (etwa Clarke & Helme 1996). Auch werden unterschiedliche *Bezeichnungen* verwendet, wie etwa *situational context* (Stern & Lehrndorfer 1992), *task context* (Stillman 2000) oder *real-world context* (Stillman, Brown & Galbraith 2008). Im deutschsprachigen Raum finden sich neben *Sachkontext* Bezeichnungen wie *situativer Kontext* (Franke et al. 1998), *Realsituation* (Lompscher 1992), *Sachsituation* (Franke et al. 1998) oder *Sujet* (Stebler 1999; Lompscher 1992). Am Ende dieses Abschnittes wird eine eigene Definition vorgeschlagen.

In mehreren Studien werden *fördernde* Effekte vertrauter Sachkontexte hervorgehoben (unter vielen anderen z. B. Wiest 2002). Auf der anderen Seite gibt es deutliche Hinweise darauf, dass die Vertrautheit mit einem Sachkontext auch den gegenteiligen Effekt haben kann: Sie kann eine Hürde auf dem Weg zu einer erfolgreichen Aufgabenbearbeitung darstellen (unter anderem Boaler 1993). Vergleichende Analysen der vorhandenen Studien legen nahe, dass fördernde Effekte vertrauter Sachkontexte insbesondere bei Grundschulkindern auftreten, während komplexere Wirkzusammenhänge eher bei jugendlichen Schülerinnen und Schülern zu finden sind.

Die verhältnismäßig homogenen Aussagen zu Grundschulkindern lassen sich möglicherweise auch durch die Tatsache erklären, dass Mathematikaufgaben für diese Altersstufe häufig eher kurz, mathematisch sowie sachkontextual elementar und oft basierend auf Grundrechenarten sind. Diese Art von Aufgaben lässt sich leicht methodisch kontrolliert sachkontextual variieren, ohne dass die Aufgabenstellung einen gänzlich anderen Charakter bekommt. Bei älteren Schülerinnen und Schülern hingegen scheint die Situation komplexer zu sein. Die Aufgabenstellungen sind hier mathematisch vielfältiger, und auch unter der Perspektive des Sachkontextes liegt eine andere Situation vor: Die typischen Fragestellungen sind häufig sachkontextual aspektreicher und bieten daher im Zusammenspiel mit dem größeren sachkontextualen Erfahrungshintergrund der Jugendlichen die Möglichkeit facettenreicherer Bezüge.

Ein anderer Aspekt basiert auf der Beobachtung, dass Sachkontexte nicht von allen Personen auf die gleiche Weise aufgenommen und verarbeitet werden, offenbar gibt es einen individuellen Faktor (unter anderem Boaler 1993).

Es bleiben also noch offene Fragen:

- Wie gehen jugendliche Schülerinnen und Schüler jenseits der Grundschule mit dem Sachkontext um?
- Welche Rolle spielt die individuelle Rezeption eines in einer Aufgabe angebotenen Sachkontextes?

Um diese Fragen zu beantworten, ist eine Definition des Begriffes *Sachkontext* vonnöten, welche auch individuelle Gesichtspunkte berücksichtigt. Aus diesem Grunde wird hier die folgende umfassende Definition vorgeschlagen und verwendet:

*Der Sachkontext einer realitätsbezogenen Mathematikaufgabe umfasst alle Aspekte des verbal oder nonverbal, implizit oder explizit angebotenen außermathematischen Umfeldes, in das die Fragestellung eingebettet ist, sowie deren individuellen Interpretationen durch die bearbeitende Person.*

## 3.3  Methodologie und Methoden

### 3.3.1  Methodologische Anmerkungen

Der explorative Charakter der Forschungsfrage legt ein methodologisches Herangehen nahe, welches Einsichten in die Tiefe ermöglicht. Aus diesem Grund wurde ein qualitativer, hier insbesondere ein interpretativer Ansatz gewählt[1]. Der Ausgangspunkt interpretativer Forschung ist die Annahme, dass die soziale Welt von den Akteuren durch ihr Handeln konstituiert wird (etwa Jungwirth 2003, S. 189). Bei mathematikdidaktischen Fragestellungen ist ein interpretatives Herangehen also unter anderem dann passend, wenn es – wie in der vorliegenden Studie – auch um Vorstellungen und Sichtweisen der Handelnden geht.

Im Gegensatz zum quantitativen Paradigma, in dem die Fallauswahl auf dem Grundsatz der statistischen Repräsentativität fußt, sollen qualitative Studien die Bandbreite

---

1 Nach Jungwirth (2003) ist eine klare Abgrenzung oder Hierarchisierung der Begriffe *interpretativ* und *qualitativ* nicht möglich, die Unterschiede bestehen eher in der Schwerpunktsetzung: „,Interpretativ' rekurriert stärker auf das Menschen- und Weltbild im Hintergrund, während sich ,qualitativ' mehr auf die Methodologie und ihre Andersartigkeit im Vergleich zur quantitativen Forschung bezieht." (Jungwirth 2003, S. 189; Hervorhebung im Original)

möglicher Phänomene widerspiegeln („representativeness of concepts", Strauss & Corbin 1990).

Im Zusammenhang mit der Erforschung komplexer Fragestellungen hat sich der Ansatz der Triangulation zu einem machtvollen Werkzeug entwickelt. Nach Denzin (1970, S. 297) bedeutet Triangulation „… the combination of methodologies in the study of the same phenomena." Während noch vor einigen Jahren Triangulation hauptsächlich als Mittel zur Validierung betrachtet wurde, wird ihre Bedeutung heute in einem anderen Licht gesehen. Dieser Wandel in der Perspektive ist mit der folgenden Einsicht gut beschrieben: „What goes on in one setting is not a simple corrective to what happens elsewhere – each must be understood in its own terms." (Silverman 1985, S. 21). Ziel der Triangulation „… sollte weniger sein, Konvergenzen im Sinne einer Bestätigung des bereits Gefundenen zu erhalten. Aufschlussreich für die Theorieentwicklung wird die Triangulation von Methoden und Perspektiven vor allem, wenn sie *divergente Perspektiven* verdeutlichen kann, (…). Dann ergibt sich eine neue Perspektive, die nach theoretischen Erklärungen verlangt." (Flick 2000, S. 318; Hervorhebung im Original).

Um die Komplexität der Analysen zu reduzieren, wird der Ansatz der *Idealtypen* gewählt (Weber, 1922/1985). Durch einseitige Hervorhebung einiger und Verschmelzung anderer Aspekte wird die wesentliche Struktur deutlich. Das Ziel der Schaffung von Idealtypen ist nicht nur das Kategorisieren von Fakten, sondern die Hervorhebung der Eigenschaften des realen Falls vor dem Hintergrund der – und im Kontrast zu den – Idealtypen.

### 3.3.2  Methoden

Als Versuchspersonen wirkten vier Paare 16- bis 17-jähriger Jugendlicher mit. Sie kamen aus vier verschiedenen Hamburger Schulen (drei Gymnasien, eine Gesamtschule). Beide Geschlechter sowie verschiedene mathematische Leistungsfähigkeiten waren in gleicher Weise repräsentiert. Diese acht Versuchspersonen wurden gebeten, gemeinsam mit dem Mitschüler oder der Mitschülerin ihrer eigenen Schule drei verschiedene Aufgaben zu bearbeiten; damit konnten 24 Fälle unterschieden werden. Die Aufgaben unterscheiden sich in ihren sachkontextualen Angeboten sowie in ihrem Grad der Offenheit. Sowohl die Unterschiedlichkeit der Aufgaben als auch die Auswahl der Versuchspersonen sollten das Spektrum möglicher Phänomene weit halten (vgl. Kelle & Kluge (1999, S. 99) zur Bedeutung der Heterogenität der Stichprobe).

Die Datenerhebungen fanden außerhalb des Unterrichts in einer laborähnlichen Situation statt. Dabei stand pro Erhebungstermin jeweils eine der drei Aufgaben im Mittelpunkt. Im ersten Erhebungsschritt wurden die Versuchspersonen während des Aufgabenlösungsprozesses videografiert. In einem zweiten Schritt betrachteten sie individuell gemeinsam mit dem Versuchsleiter die Videoaufnahmen. Die Wiedergabe wurde an bestimmten Stellen unterbrochen, um den Versuchspersonen die Gelegenheit zu geben, ihre Gedanken, die sie während des Aufgabenlösungsprozesses *bezüglich des Sachkontex-*

*tes* hatten, zu äußern (Nachträgliches Lautes Denken, NLD, vgl. Busse & Borromeo Ferri (2003)). Dabei hatten sowohl die Versuchspersonen als auch der Versuchsleiter die Möglichkeit, die Wiedergabe anzuhalten. In einem dritten Schritt, einem Interview, wurden die Versuchspersonen detaillierter zum Hintergrund der von ihnen gemachten Äußerungen und zum Aufgabenlösungsprozess befragt.

Dieses Dreistufendesign ermöglicht es, die verschiedenen Ebenen des Aufgabenlösungsprozesses – Bearbeitung der Aufgabe im engeren Sinne, sachkontextbezogene Gedanken sowie Bedeutungszuweisungen – separat zu rekonstruieren, obwohl die dazugehörigen Handlungen und Gedanken simultan stattgefunden haben.

Durch diesen methodischen Ansatz wird pro Fall ein Datensatz aus je drei verschiedenen Datenarten erzeugt. Aufgrund ihrer unterschiedlichen Entstehungssituation hat jede der drei Datenarten charakteristische Eigenschaften. Diese beziehen sich beispielsweise auf die Rolle des Versuchsleiters, dem Abstand zum Aufgabenlösungsprozess oder die Art der Datenerhebung. Die drei genannten Stufen der Erhebung können als drei verschiedene Perspektiven auf die Forschungsfrage betrachtet werden. In diesem Sinne wird eine Methodentriangulation realisiert. Dabei wird das Gebot, sowohl beobachtbares Handeln als auch individuelle Bedeutungszuweisungen durch verschiedene Perspektiven methodisch zu erfassen, durch das dreistufige Vorgehen erfüllt (vgl. Flick 2004; S. 41; Fielding & Fielding 1987, S. 34).

Konsequenterweise müssen die drei genannten Perspektiven auch bei der *Datenauswertung* berücksichtigt werden: Zuerst wurden die Daten fallweise datenartimmanent interpretiert. Das heißt konkret, dass zu jedem der 24 genannten Fälle drei separate Interpretationen – den drei Erhebungsstufen folgend – durchgeführt wurden. Die Deutungen erfolgten sehr kleinschrittig interpretativ in enger Orientierung an den Transkripten. Die Sequenzialität der Äußerungen wurde in den Interpretationen erhalten, um Änderungen und Entwicklungen im Umgang mit dem Sachkontext im Verlauf der Aufgabenbearbeitung erfassen zu können. Anschließend wurden fallbezogen die jeweils drei Teildeutungen zu einer umfassenden Falldeutung interpretierend zusammengeführt. Bei dieser Zusammenführung wurden die drei Teildeutungen jedoch nicht lediglich additiv zusammengefasst; vielmehr wurden sie aus ihrer Entstehungssituation heraus gedeutet, wobei insbesondere zunächst auftretende Inkongruenzen zwischen Teildeutungen *innerhalb* eines Falles unter Einbeziehung der jeweiligen Perspektive der Datenentstehung verstanden und erklärt werden konnten. Die so entstandenen 24 Falldeutungen wurden nach dem *Prinzip der minimalen und maximalen Kontrastierung* verglichen und gruppiert. Diese Gruppierungen bildeten die Grundlage einer Zuspitzung zu Idealtypen im Sinne Webers (1922/1985)[2].

---

2 Eine umfassendere Darstellung der methodologischen und methodischen Aspekte findet sich in Busse & Borromeo Ferri (2003).

### 3.3.3   Aufgaben

Den Versuchspersonen wurde in drei verschiedenen Sitzungen jeweils eine Aufgabe zur Bearbeitung vorgelegt. In den Abbildungen 3.1 und 3.2 sind zwei dieser Aufgaben dargestellt.

In der Altenheimaufgabe (Abb. 3.1) ist im Aufgabentext kein explizites Kriterium für eine optimale Position gegeben, daher müssen die Versuchspersonen mit einer gewissen Offenheit der Aufgabenstellung umgehen; das Optimalitätskriterium muss eigenständig gefunden werden, dabei sind sachkontextuale Erwägungen nahe liegend. Es gibt verschiedene mögliche Antworten auf die Fragestellung, sodass die Versuchspersonen ihren Ansatz argumentativ belegen müssen. Der in der Aufgabenstellung angebotene Sachkontext kann im Bereich *Soziales* verortet werden.

In einem Waldstück wurde eine Altenwohnanlage eingerichtet. Die sieben Wohnhäuser sind in der unten stehenden Abbildung durch schwarze Punkte gekennzeichnet. Im Wald gibt es Wege, damit die alten Leute nicht durch das Unterholz gehen müssen. Die Wege sind fett eingezeichnet. Auf dem Wegstück zwischen den beiden Kreuzungen (gestrichelt gekennzeichnet) soll ein Gemeinschaftshaus gebaut werden. Dieses soll dem Nachmittagskaffee und abendlichen Geselligkeiten dienen. Die Frage ist, wo genau auf diesem Wegstück das Gebäude errichtet werden soll.

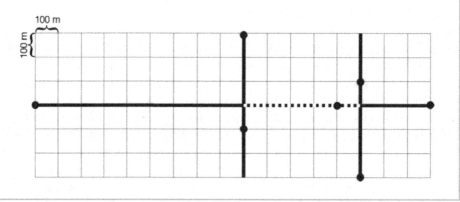

**Abb. 3.1**  Altenheimaufgabe

Die Erdölaufgabe (Abb. 3.2) bietet eine große Bandbreite möglicher sachkontextualer Facetten, unter anderem Aspekte der Chemie, der Ökologie und der Ökonomie. Je nach Modellierungsannahmen über die zukünftige Entwicklung des globalen Erdölverbrauchs sind unterschiedliche Lösungen möglich.

Ende 1999 wurden die weltweiten Erdöl-
reserven auf ca. 138,041 Milliarden Ton-
nen geschätzt.

In den letzten Jahren hat sich der globale
Verbrauch von Erdöl ständig erhöht. Die
Verbrauchswerte der Vergangenheit sind
der nebenstehenden Grafik zu entnehmen.

a) Welchen globalen Verbrauch an Erdöl
kann man für das Jahr 2000 ungefähr
erwarten?

b) Bis wann werden die Reserven ungefähr reichen?

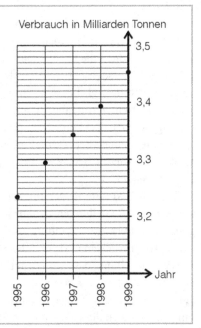

**Abb. 3.2** Erdölaufgabe

Die dritte, in dieser Darstellung aus Platzgründen nicht wiedergegebene Aufgabe[3], bezieht sich auf ein stufenloses Getriebe, bei dem verschiedene Übersetzungsverhältnisse
durch die Position eines Gummiriemens, der über zwei Kegel verläuft, realisiert werden.
In dieser *Getriebeaufgabe* wird zum einen nach der Position des Gummiriemens zu einem gegebenen Übersetzungsverhältnis gefragt, zum anderen soll untersucht werden, ob
jedes beliebige Übersetzungsverhältnis realisierbar ist. Die Getriebeaufgabe lässt sich
sachkontextual im Bereich Technik/Physik verorten. Sie kann je nach der Art und Weise
der Bearbeitung eine eindeutige Lösung haben. Sachkontextuale Aspekte – und damit
verschiedene Lösungen – können aber ins Spiel kommen, wenn beispielsweise die Breite
des Riemens berücksichtigt wird.

## 3.4 Ergebnisse

### 3.4.1 Allgemeine Ergebnisse

Es konnte das in anderen Studien (etwa Boaler 1993) schon erwähnte Phänomen der
*individuellen Rezeption* des im Aufgabentext angebotenen Sachkontextes bestätigt wer-

---

[3] Für Details siehe Busse (2009).

den. Diese Rezeption basiert unter anderem auf persönlichen Vorerfahrungen. Es zeigte sich, dass unterschiedliche sachkontextuale Aspekte aus dem Aufgabentext ausgewählt wurden, um einen individuellen Sachkontext zu prägen. Beispielsweise verortete eine der Versuchspersonen die Erdölaufgabe in einem naturwissenschaftlichen Kontext, während eine andere Versuchsperson Aspekte der individuellen Verantwortung für die natürliche Umwelt betonte (vgl. Busse & Kaiser 2003). Daher erscheint es nicht sinnvoll, von *dem* Sachkontext einer Aufgabe zu sprechen, vielmehr muss die individuelle Interpretation des angebotenen Sachkontextes berücksichtigt werden.

Um die mentale Repräsentation des im Aufgabentext angebotenen Sachkontextes begrifflich hervorzuheben, wird im Folgenden die Bezeichnung *sachkontextuale Vorstellung* verwendet.

Zusätzlich konnte in der Interpretation der Daten rekonstruiert werden, dass sachkontextuale Vorstellungen *dynamischen* Charakter haben. Sie erscheinen nicht zu Beginn der Aufgabenbearbeitung und bleiben dann unverändert bestehen, sondern sie entstehen, entwickeln und verändern sich im Laufe des Bearbeitungsprozesses.

Die Vorstellung, dass ein attraktiver Sachkontext ein motivationaler Türöffner zu einer Aufgabe ist, muss also relativiert werden: Man kann weder vorhersagen, *welche* sachkontextualen Vorstellungen ein Individuum entwickelt noch *wann* im Laufe des Bearbeitungsprozess sich die sachkontextualen Vorstellungen entfalten.

### 3.4.2 Idealtypen

Die Analyse der 24 empirischen Fälle führte zu vier theoretischen Idealtypen, die verschiedene Arten des Umgangs mit dem Sachkontext beschreiben:

- *realitätsgebunden:* Eine realitätsbezogene Aufgabe ist durch das in ihr beschriebene reale Problem vollständig charakterisiert. Bei der lösungsleitenden Argumentation werden außermathematische Begriffe und Methoden verwendet. Eine Mathematisierung des realen Problems oder eine Anwendung mathematischer Methoden findet nicht statt.
- *mathematikgebunden:* Der Sachkontext einer realitätsbezogenen Aufgabe ist lediglich eine Illustration. Sachkontextuale Bezeichnungen aus dem Aufgabentext werden im Bearbeitungsprozess unmittelbar in mathematische übersetzt; über die explizit gegebenen sachkontextualen Informationen hinaus fließt keinerlei sachkontextuales Vorwissen in die Aufgabenbearbeitung ein. Die Aufgabe wird ausschließlich mit mathematischen Methoden gelöst.
- *integrierend:* Das in der Aufgabenstellung gegebene reale Problem wird einerseits als Problem in seinem realen Umfeld wahrgenommen, andererseits werden mathematische Methoden zur Lösung verwendet. Sachkontextuales Vorwissen fließt in die Mathematisierung des Problems und in die Validierung der Lösung ein. Im Lösungsprozess werden mathematische Methoden verwendet.

**Abb. 3.3** Idealtypen der Umgehensweisen mit dem Sachkontext

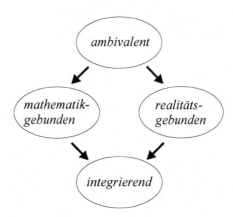

■ *ambivalent:* Die realitätsbezogene Aufgabe wird mit ihren beiden Aspekten *Mathematik* einerseits und *Realität* andererseits wahrgenommen. Es herrscht aber eine Ambivalenz hinsichtlich der Frage, welche Argumentationsebene *zulässig* ist. So wird zwiespältig agiert: Während *innerlich* eine sachkontextnahe Argumentation bevorzugt wird, werden *äußerlich* mathematiknahe Begründungen favorisiert. Ein produktives Zusammenführen dieser beiden Herangehensweisen findet nicht statt.

In Abb. 3.3 sind diese vier Idealtypen grafisch dargestellt. Die unteren beiden Pfeile machen deutlich, wie die beiden Pole eine neue Qualität, den Idealtyp *integrierend*, prägen. Die oberen beiden Pfeile illustrieren die Zerrissenheit des Typs *ambivalent* zwischen den beiden Polen.

In den Daten ließ sich der Idealtyp *ambivalent* daran erkennen, dass in der Bearbeitungsphase eine mathematisch klingende Argumentationsweise verwendet wurde, während die *rückblickenden* Äußerungen in den beiden folgenden Erhebungsstufen sachkontextorientiert waren. Die betreffenden Versuchspersonen übersetzten also ihre originär sachkontextual basierten Überlegungen – wie sie im Nachträglichen Lauten Denken und im Interview rekonstruiert werden konnten – in eine mathematisch klingende Form. Butterworth (1993, S. 11) nennt ein derartiges Vorgehen *unterirdisch* („subterranean") und betont mit dieser Metapher das Agieren auf zwei Ebenen: der offiziellen sichtbaren und der inoffiziellen unsichtbaren.

Dieses Phänomen lässt sich durch die Wirkung gewisser *soziomathematischer Normen* (etwa Yackel & Cobb 1996) erklären. In diesem Zusammenhang wird angenommen, dass die in Frage kommenden Normen einen sachkontextual basierten Lösungsweg in einer unterrichtsnahen Situation (wie der ersten Stufe des Dreistufendesigns) *nicht* zulassen, dies jedoch bei zunehmender Entfernung von der unterrichtsnahen Situation (wie es in den beiden folgenden Stufen des dreistufigen Erhebungsdesigns der Fall ist) erlauben. Soziomathematische Normen hängen somit von der Handlungsumgebung ab. Mit anderen Worten: Sie sind – im Sinne von Lave & Wenger (1991) – *situiert.*

### Theoretischer Exkurs: Situiertes Lernen

Im Theorieansatz der situierten Aktivität und speziell des situierten Lernens (Lave & Wenger 1991) wird das Ziel verfolgt, Lernen im Zusammenhang mit Alltagspraxis zu verstehen. Im Rahmen dieser Theorie wird auch schulisches Lernen als Lernen in einer Alltagspraxis aufgefasst, nämlich der speziellen, welche die Institution Schule für Schülerinnen und Schüler darstellt.

Unter dieser theoretischen Perspektive sind Lernprozesse stets eingebunden in ihrer gesamten Umgebung – also situiert – zu betrachten: „All learning is situated, because any task or activity does not exist independently of the ways in which participants (…) contextualize it." (Mercer 1993, S. 33). Auch mathematische Aktivitäten sind in einem sozialen und materiellen Zusammenhang eingebettet und beziehen aus diesem ihren individuellen Sinn: „Mathematik-Lernen innerhalb der Alltagspraxis ist nur aus der jeweiligen konkreten Anordnung von sachlich/sozialen Lebensumständen in seiner Entstehung und seinem Verlauf zu verstehen. Um dies kurz auf den Begriff zu bringen, sprechen wir hier von situiertem Lernen." (Lave 1993b, S. 14; Hervorhebung im Original)

Lave (1988, S. 156ff) führt als Beispiel für die Situiertheit mathematischer Aktivität von ihr beobachtete unterschiedliche arithmetische Vorgehensweisen beim Preisvergleich im Supermarkt einerseits und beim Bearbeiten derselben Fragestellung in Form einer Mathematikaufgabe im schulischen Zusammenhang andererseits an; bei Ersterem werden in höherem Maße informelle Strategien verwendet als bei Letzterem. Unterschiedliche Handlungen basieren auf unterschiedlichen Sinnzuweisungen, diese wiederum sind abhängig von der jeweiligen Situation. Daher kann in dem genannten Beispiel auch nur eingeschränkt von derselben Aufgabe gesprochen werden. Lave führt aus: „That is, the activity of solving word problems and the contents of word problems in school are not the same as 'the same' activity or contents embedded in other systems of activity in other parts of life; they are integrally generative of the practice and the meaning of word-problem solving." (Lave 1993a, S. 89; Hervorhebung im Original). In der deutschsprachigen Version des soeben zitierten Aufsatzes findet sich ergänzend: „Dies ist es, was mit dem ‚situierten' Charakter einer Aktivität gemeint ist." (Lave 1993b, S. 26; Hervorhebung im Original)

Im Folgenden werden zum Zwecke der Illustration zu den vier genannten idealtypischen Umgangsweisen kleinere Transkriptzitate angeführt[4].

Beispielhaft für eine *realitätsgebundene* Herangehensweise ist Arthur im Zusammenhang mit der Altenheimaufgabe. Er reflektiert häufig sachkontextuale Aspekte der Fragestellung. So sagt er an einer Stelle zum in der Aufgabenstellung genannten Aspekt der abendlichen Geselligkeiten: „Da sitzen viele drin, die sind über neunzig und die ham **keine** so große Lust mehr." Direkt auf der sachkontextualen Ebene sucht Arthur auch Lösungen. So erwägt er, die Bewohnerinnen und Bewohner des Altenheims so auf die Häuser zu verteilen, dass die Geselligeren näher am Gemeinschaftshaus wohnen: „Dann kann man die vielleicht umlagern."

Evelyns Umgang mit der Erdölaufgabe lässt sich gut mithilfe des Idealtyps *mathematikgebunden* beschreiben. Nachdem sie sich auf vielerlei Weisen mit der Fragestellung beschäftigt hat, sagt sie: „Okay. Ich weiß die Formel jetzt bloß nicht mehr!" Offenbar ist

---

[4] Für detailliertere Ausführungen, in denen die Zitate stärker *belegenden* Charakter haben, verweise ich auf Busse (2009).

für Evelyn eine Lösung erst dann vollkommen, wenn sie durch eine Formel gestützt wird. Ihr *mathematikgebundenes* Vorgehen wird auch dadurch deutlich, dass sie in der Phase des Nachträglichen Lauten Denkens trotz der expliziten Aufforderung, sich zum Sachkontext zu äußern, dies nicht tut.

Ein Beispiel für eine Umgehensweise gemäß dem Idealtyp *integrierend* stellt Heinrich im Zusammenhang mit der Erdölaufgabe dar. Er geht in Phasen der Bearbeitung sehr dezidiert mathematisch vor, indem er einen iterativen Ansatz verfolgt und dabei auch eine korrekte Notation anstrebt. Andererseits bilden für ihn sachkontextuale Aspekte einen integralen Aspekt der Aufgabenbearbeitung. So expliziert er eine wichtige Modellierungsannahme: „Wir gehen ja davon aus, dass die Entwicklungen so gleich bleiben."

Die Umgehensweise entsprechend dem Idealtyp *ambivalent* liegt im Gegensatz zu den zuvor genannten etwas verborgen und ist daher nicht so ohne Weiteres zu entdecken. Als Beispiel sei hier Karla im Zusammenhang mit der Erdölaufgabe genannt; dieser Fall soll etwas ausführlicher dargestellt werden. Während der Aufgabenbearbeitung wählt Karla eine sehr mathematiknahe Argumentation ohne Bezugnahme zu sachkontextualen Aspekten. Dies äußert sich auch in ihrer Sprache, die einen sachkontextfernen Charakter hat: „… 3,45 + 0,07 und dann plus, sagen wir, nennen wir das mal, keine Ahnung, $n_1$, was weiß **ich**, wie man das nennt, und dann $n_1$ + 0,07 und dann muss man, wenn wir das jetzt $n_2$ nennen, … verstehst du?". Erst später, beim Nachträglichen Lauten Denken, kommentiert Karla eine Stelle, die in der Bearbeitungsphase für die Lösungsfindung entscheidend war, wie folgt: „… in der Situation, vielleicht auch in der Chemie, wie dieses Erdöl entsteht und und dass ja nichts nachkommt, sondern dass es irgendwie Druckschichten. Ich weiß nicht mehr so genau, aber es entsteht ja nicht wirklich in dem Sinne neu in der Zeit, sondern die sind ja dann irgendwann vorerst aufgebraucht." Während der Bearbeitung wurden diese sachkontextualen Bezüge nicht geäußert, Karla sah offenbar in der unterrichtsnahen Situation der ersten Erhebungsstufe keinen Platz für diese Argumentationsebene. Das Argument blieb ungesagt, obwohl es für ihren Lösungsansatz entscheidend war und sie es – quasi unterirdisch – auch nutzte. Eine andere Stelle unterstützt die Deutung, dass Karla im Zusammenhang mit der Erdölaufgabe *ambivalent* mit dem Sachkontext umgeht: Während der Aufgabenbearbeitung berechnet Karla etwas mithilfe ihres Taschenrechners. Beim Anblick der Anzeige ruft sie aus: „**Ha**, ich würd sagen, das ist **falsch**!" Karla hat also vermutlich eine sachkontextuale Vorstellung von der Größenordnung der Reichdauer, sie argumentiert aber während der Bearbeitungsphase nicht explizit mit diesem Wissen; mehr als den eben zitierten Ausruf äußert sie in der Bearbeitungsphase *nicht* zu diesem Aspekt.

### 3.4.3 Fallsynopse

Die 24 Fälle können durch die vier Idealtypen beschrieben werden. Für einige Fälle ist zur Beschreibung mehr als ein Idealtyp nötig. In Tab. 3.1 findet sich eine Synopse von sechs der 24 Fälle:

**Tab. 3.1** Synopse von sechs der 24 Fälle

| Versuchsperson | Aufgabe | | |
| --- | --- | --- | --- |
| | Altenheim | Getriebe | Erdöl |
| Karla | *mathematikgebunden* | *mathematikgebunden integrierend* | *ambivalent* |
| Evelyn | *ambivalent realitätsgebunden* | *mathematikgebunden* | *mathematikgebunden* |

Allein auf Grundlage der Ergebnisse dieser zwei Versuchspersonen ist es evident, dass man weder einer Person noch einer Aufgabe in fester Weise einen bestimmten Idealtyp zuordnen kann. Es gibt aber Hinweise für Präferenzen. Bei Betrachtung aller 24 Fälle fällt auf, dass die Getriebeaufgabe häufiger als die anderen Aufgaben mit dem Idealtyp *mathematikgebunden* assoziiert ist. Auf der anderen Seite gibt Tab. 3.1 Grund zur Vermutung, dass es auch spezielle persönliche Präferenzen für bestimmte Umgehensweisen mit dem Sachkontext gibt.

Genauere Analysen ergaben, dass eine emotionale Involviertheit in einen oder ein besonderes Interesse an einem Sachkontext häufig mit sachkontextualer Argumentation verbunden ist. Als Beispiel sei Karla aufgeführt, die – siehe Tab. 3.1 – möglicherweise eher dazu neigt, mathematiknah zu argumentieren. Bei der Bearbeitung der Erdölaufgabe jedoch bezog sie stärker auch sachkontextuale Aspekte ein. Karla sah die Erdölaufgabe im Zusammenhang mit der gesellschaftlichen Verantwortung für den Erhalt der natürlichen Umwelt, und dieser Aspekt bewegte sie in hohem Maße.

Auf ähnliche Weise bezog Evelyn – im Gegensatz zu ihrem sonstigen Herangehen (siehe Tab. 3.1) – bei der Altenheimaufgabe auch sachkontextuale Aspekte mit ein. Möglicherweise lässt sich dies durch Evelyns ausgeprägtes soziales Engagement und ihr – zum Zeitpunkt der Erhebung – kommendes Sozialpraktikum in einem Altenheim erklären.

## 3.5   Abschließende Bemerkungen

Die Ergebnisse dieser Untersuchung zeigen in hohem Maße die Relevanz individueller Aspekte beim Umgang mit dem Sachkontext realitätsbezogener Aufgaben. Es wird deutlich, dass sowohl in der Schule als auch in der wissenschaftlichen Forschung dieser Individualität Rechnung getragen werden muss. Lehrkräften muss bewusst sein, dass sich ihre eigenen sachkontextualen Vorstellungen von denen eines Schülers oder einer Schülerin unterscheiden können.

Ebenso variiert die Art und Weise, wie mit Sachkontexten umgegangen wird und in welchem Maße sie einbezogen werden, individuell. Das System der vier Idealtypen kann bei der Wahrnehmung und Analyse dieses Aspektes ein hilfreiches Instrument sein.

Ein anderer wichtiger Aspekt ist die Beobachtung, dass soziomathematische Normen bezüglich der Zulässigkeit der Einbeziehung sachkontextualer Argumentationen häufig nur implizit vorhanden sind. Dies kann zu Irritationen bis hin zum *ambivalenten* Umgehen mit dem Sachkontext führen. Hier müssen im Mathematikunterricht die diesbezüglichen Normen explizit vermittelt werden. Dazu eignet sich eine vereinfachte Darstellung des Modellierungskreislaufes (etwa Maaß 2004, S. 290) gut.

Ein offenes Problem bleibt, wie man ohne den erheblichen Aufwand dieser Erhebung reale Fälle mithilfe der vier Idealtypen beschreiben kann. Dies gilt besonders für die komplexeren Idealtypen *integrierend* und *ambivalent*, zumal das Wesen des Letzteren ist, sich versteckt zu halten. Einerseits ist die Frage der Reduktion des diagnostischen Aufwandes für die unterrichtliche Praxis relevant, denn nur so können Interventionen zielgenau und schnell erfolgen. Andererseits wäre es auch aus wissenschaftlicher Sicht wünschenswert, die Instrumente zu vereinfachen. Perspektivisch könnte man auf diese Weise auch Erkenntnisse über die quantitative Verteilung der verschiedenen Umgangsweisen gewinnen.

## 3.6  Literatur

Boaler, J. (1993). Encouraging the Transfer of „School" Mathematics to the „Real World" Through the Integration of Process and Content, Context and Culture. *Educational Studies in Mathematics*, 25, 341–373.

Burkhardt, H. (1981). *The Real World and Mathematics*. Glasgow: Blackie.

Busse, A. & Borromeo Ferri, R. (2003). Methodological reflections on a three-step-design combining observation, stimulated recall and interview. *Zentralblatt für Didaktik der Mathematik*, 35(6), 257–264.

Busse, A., & Kaiser, G. (2003). Context in application and modelling – an empirical approach. In Q. Ye, W. Blum, S. K. Houston, Q. Jiang (Eds.), *Mathematical Modelling in Education and Culture: ICTMA 10 (3–15)*. Chichester: Horwood.

Busse, A. (2009). Umgang Jugendlicher mit dem Sachkontext realitätsbezogener Mathematikaufgaben. Ergebnisse einer empirischen Studie. Hildesheim: Franzbecker.

Butterworth, G. (1993). Context and cognition in models of cognitive growth. In: Light, P. & Butterworth, G. (Eds.), *Context and Cognition. Ways of Learning and Knowing*. Hillsdale: Lawrence Erlbaum, 1–13.

Clarke, D. & Helme, S. (1996). Context as Construction. In: Keitel, C. (Ed.), Mathematics (Education) and Common Sense. The Challenge of Social Change and Technological Development. Proceedings CIEAM 47. Berlin: Freie Universität Berlin, 379–389.

Denzin, N. K. (1970). *The research act*. Chicago: Aldine.

Fielding, N. G. & Fielding, J. L. (1987). *Linking Data*. 2. Aufl. Beverly Hills, London, New Dehli: Sage.

Flick, U. (2000): Triangulation in der qualitativen Forschung. In U. Flick et al. (Hg.), *Qualitative Forschung* (309–318). Reinbek: Rowohlt.

Flick, U. (2004). *Triangulation. Eine Einführung.* Wiesbaden: Verlag für Sozialwissenschaften.

Franke, M., Edler, S., Kettner, B., Kilian, A. & Ruwisch, S. (1998). Kinder bearbeiten Sachsituationen in Bild-Text-Darstellung. In: *Journal für Mathematikdidaktik,* 19,2/3, 89–122.

Jungwirth, H. (2003). Interpretative Forschung in der Mathematikdidaktik – ein Überblick für Irrgäste, Teilzieher und Standvögel. In: *Zentralblatt für Didaktik der Mathematik* 35, 5, 189–200.

Kelle, U. & Kluge S. (1999). Vom Einzelfall zum Typus. Fallvergleich und Fallkonstrastierung in der qualitativen Sozialforschung. Opladen: Leske + Budrich.

Lave, J. (1988). Cognition in practice: mind, mathematics and culture in everyday life. Cambridge: Cambridge University Press.

Lave, J. (1993a). Word problems: a microcosm of theories of learning. In: Light, P. & Butterworth, G. (Eds.), *Context and Cognition. Ways of Learning and Knowing.* Hillsdale: Lawrence Erlbaum, 74–92.

Lave, J. (1993b). Textaufgaben im Mathematikunterricht: Mikrokosmos der Widersprüche zwischen schulischem Lernen und außerschulischer Lebenspraxis. In: *Forum Kritische Psychologie* 31, 5–28.

Lave, J., & Wenger, E. (1991). *Situated learning. Legitimate peripheral participation.* Cambridge: Cambridge University Press.

Lompscher, J. (1992). Interindividuelle Unterschiede in Lernprozessen. In: *Empirische Pädagogik,* 6,2,149–167.

Maaß, K. (2004). *Mathematisches Modellieren im Unterricht. Ergebnisse einer empirischen Studie.* Hildesheim, Berlin: Verlag Franzbecker.

mathelive 5 (1998). Stuttgart: Ernst Klett Verlag.

Mercer, N. (1993). Culture, context and the construction of knowledge in the classroom. In: Light, P. & Butterworth G. (Eds.), *Context and Cognition. Ways of Learning and Knowing.* Hillsdale: Lawrence Erlbaum, 28–46.

Niederdrenk-Felgner, C. (1995). Textaufgaben für Mädchen – Textaufgaben für Jungen? *mathematik lehren,* 68, 54–59.

Silverman, D. (1985): *Qualitative methodology and sociology.* Aldershot: Gower.

Stebler, R. (1999). *Eigenständiges Problemlösen. Zum Umgang mit Schwierigkeiten beim individuellen und paarweisen Lösen mathematischer Problemgeschichten – Theoretische Analyse und empirische Erkundigungen.* Bern, Berlin, Bruxelles, Frankfurt/M., New York, Wien: Europäischer Verlag der Wissenschaften.

Stern, E. & Lehrndorfer, A. (1992). The role of situational context in solving word problems. *Cognitive Development,* 7, 259–268.

Stillman, G. (2000). Impact of prior knowledge of task context on approaches to application tasks. *Journal of Mathematical Behavior,* 19(3), 333–361.

Stillman, G., Brown, J. & Galbraith, P. (2008). Research into the teaching and learning of applications and modelling in Australasia. In H. Forgasz et al. (Eds.), *Research in mathematics education in Australasia 2004–2007* (141–164). Rotterdam, The Netherlands: Sense Publishers.

Strauss, A. & Corbin, J. (1990). Basics of Qualitative Research: Grounded Theory Procedures and Techniques. Newbury Park, CA: Sage.

Weber, M. (1922/1985). *Wissenschaftslehre. Gesammelte Aufsätze.* Tübingen: J. C. B. Mohr.

Wiest, L. R. (2002). Aspects of Word-Problem Context That Influence Children's Problem-Solving Performance. *Focus on Learning Problems in Mathematics,* 24(2), 38–52.

Wright, J. P. & Wright, C. D. (1986). Personalized Verbal Problems: An Application of the Language Experience Approach. *Journal of Educational Research,* 79, 6, 358–362.

Yackel, E., & Cobb, P. (1996). Sociomathematical norms, argumentation, and autonomy in mathematics. *Journal for Research in Mathematics Education,* 27(4), 458–477.

# Modellieren beim Nutzen von Darstellungen in statistischen Kontexten

**4**

## Hierarchische Beschreibung und Bedingungsvariablen eines Aspekts mathematischer Kompetenz

Sebastian Kuntze

## 4.1 Einführung

Die Partizipationsfähigkeit von Lernenden als verantwortungsvolle Bürgerinnen und Bürger steht im Zentrum des Konstrukts „Mathematical Literacy" (OECD, 2003; Deutsches PISA-Konsortium, 2004). So ist in vielen gesellschaftlichen Umfeldern mathematische Kompetenz erforderlich, um in lebensweltlichen Situationsbezügen Sachverhalte eigenständig einschätzen und beurteilen zu können und nicht auf die Interpretation von Information durch Dritte angewiesen zu sein. Mathematical Literacy bezeichnet demnach die Fähigkeit, „die Rolle, die Mathematik in der Welt spielt, zu erkennen und zu verstehen, begründete mathematische Urteile abzugeben und sich auf eine Weise mit der Mathematik zu befassen, die den Anforderungen des gegenwärtigen und künftigen Lebens einer Person als konstruktiven, engagierten und reflektierenden Bürgers entspricht" (Artelt et al., 2001, S. 19). Wesentlich ist hierfür, nicht nur über mathematikbezogene Wissensbestände zu verfügen, sondern auch in der Lage zu sein, zwischen lebensweltlichen Situationskontexten und der Mathematik Verknüpfungen aufbauen zu können, also gewissermaßen zwischen beiden Bereichen „übersetzen" zu können. Hieraus ergibt sich die Bedeutung des mathematischen Modellierens (Blum, Galbraith, Henn & Niss, 2007; Blum; 1985, 2007), bei dem es gerade auf diese Übersetzungsprozesse ankommt, wenn Modellierungskreisläufe durchlaufen werden. Das Modellieren nimmt aufgrund dieser Bedeutung für Mathematical Literacy auch in den Bildungsstandards der Kultusministerkonferenz als einer von sechs zentralen Aspekten mathematischer Kompetenz eine wichtige Stellung ein (KMK, 2004).

Der Begriff „mathematische Kompetenz" wird dabei im Folgenden im Sinne Weinerts (1996) verstanden, der mathematische Kompetenz als „die bei den Individuen verfügbaren oder durch sie erlernbaren kognitiven Fähigkeiten und Fertigkeiten, um bestimmte Probleme zu lösen, sowie die damit verbundenen motivationalen, volitionalen und sozialen Bereitschaften und Fähigkeiten, um die Problemlösungen in variablen Situationen erfolgreich und verantwortungsvoll nutzen zu können" beschreibt (Weinert, 2001, S. 27 f.). Aus Weinerts Definition geht hervor, dass mathematische Kompetenz nicht nur deklarative und prozedurale Begriffswissensbestände umfasst, sondern dass beispielsweise auch motivationale und willensbezogene Dispositionen eine wesentliche Rolle spielen.

Es ist daher davon auszugehen, dass bei Kompetenzen des Modellierens (vgl. Kuntze, 2010) Bedingungsvariablen nicht nur im Begriffswissen, sondern etwa auch im motivationalen Bereich eine Rolle spielen können. In diesem Zusammenhang ist grundsätzlich sowohl von Interesse, die Bedeutung dieser Bedingungsvariablen empirisch zu untersuchen, als auch, einen betrachteten Kompetenzbereich selbst über diese Bedingungsvariablen näher zu charakterisieren. Dies ist notwendig, weil Kompetenzen des Modellierens aus theoretischer Sicht inhaltsbereichsspezifische Besonderheiten aufweisen können (Kuntze, 2010) und diesen Bedingungsvariablen daher jeweils spezifische Bedeutung zukommen könnte. Ein Inhaltsbereich, bei dem solche Spezifika zu erwarten sind, ist das Modellieren beim Umgang mit statistischen Daten und deren Darstellung in Diagrammen. Hier stehen Kompetenzen des Modellierens mit der Kompetenz, Darstellungen von Daten zu nutzen, in engem Zusammenhang. Für Kompetenzen des Modellierens beim Nutzen von Darstellungen in statistischen Kontexten wird daher im Folgenden sowohl aus theoretischer als auch aus empirischer Perspektive untersucht, welche Beziehungen zwischen relevanten Einflussgrößen und Kompetenzen des Modellierens in diesem Inhaltsbereich bestehen.

Die theoretischen Betrachtungen werden in Teil 1 zusammengefasst. Daraus ergeben sich Forschungsfragen, die in Teil 2 erläutert werden. Nach Informationen zum Untersuchungsdesign in Teil 3 werden in Teil 4 Ergebnisse vorgestellt, die in einem abschließenden 5. Teil diskutiert werden.

## 4.2   Theoretischer Hintergrund

### 4.2.1   Mathematical Literacy und Modellieren

Kompetenzen des Modellierens sind zentrale Bestandteile von Mathematical Literacy. Für die Anwendbarkeit mathematischen Wissens in variablen außermathematischen Situationskontexten ist das Übersetzen zwischen Mathematik und dem „Rest der Welt" (Blum & Leiß, 2005) von zentraler Bedeutung. Dazu gehört, problemhaltige Situationen zunächst im Sinne des Generierens eines Realmodells zu strukturieren, Bestandteile dieses Realmodells mit mathematischen Mitteln zu beschreiben, und mit mathematischen Mitteln erhaltene Ergebnisse vor dem Hintergrund der Problemsituation zu interpretieren, zu beurteilen und zu bewerten. In Kreislaufmodellen (z. B. Blum & Leiß, 2005, Blomhøj & Jensen, 2003) haben diese Übersetzungsaktivitäten einen hohen Stellenwert im Modellierungsprozess. Abhängig von Inhaltsbereichen können für solche Übersetzungsprozesse wie für das Modellieren insgesamt jeweils spezifische Erfordernisse eine Rolle spielen, wie in Kuntze (2010) für verschiedene Inhaltsbereiche ausgeführt wird.

Insbesondere wenn Kompetenzen von Schülerinnen und Schülern im Bereich des Modellierens beschrieben werden sollen, sollten diese möglichst differenziert anhand von Anforderungsniveaus eingeordnet werden können, die auch aus Sicht der Theorie bedeutsam und unterscheidbar sind, wobei auch inhaltsbereichsspezifische Überlegungen eine wesentliche Rolle spielen können. So müssen etwa für den Fall des Modellierens in statistischen Kontexten Zusammenhänge mit dem Nutzen von Darstellungen berücksichtigt werden.

### 4.2.2 Leitidee Daten und Zufall: Modellierungssituationen beim Nutzen von Darstellungen

Diese Zusammenhänge seien an den beiden Aufgaben in den Abbildungen 4.1 und 4.2 verdeutlicht, die sich auf die Darstellung von Daten in Diagrammen beziehen. Hier müssen die gegebenen, etwas unüblich erscheinenden diagrammartigen Darstellungen interpretiert werden. Dabei muss ausgehend vom Situationskontext der gegebenen diagrammartigen Darstellungen und Daten (es handelt sich um authentisches im SZ-Magazin veröffentlichtes Material) modelliert werden, ob und gegebenenfalls wie bestimmte graphische Elemente der Darstellungen die gegebenen Daten einerseits mathematisch korrekt wiedergeben, andererseits inwiefern mögliche Interpretationen der graphischen Darstellungen zu (vor dem Hintergrund der gegebenen Daten) inadäquaten Ergebnissen führen. Beide dieser Überlegungsrichtungen erfordern modellierungstypische Übersetzungsprozesse. So könnte zur Darstellung in Abb. 4.1 vermutet werden, dass die Länge der vertikalen Balken die Daten widerspiegelt. Dies stellt eine mathematische Modellierung des gegebenen Diagramms mit Hilfe des Längenbegriffs dar, die zu dem Ergebnis führt, dass der vertikale Balken beim Wert 12,6 Millionen (Mormonen) etwa sechsmal so lang sein müsste wie der Balken bei 2 Millionen (Mun-Sekte). Die Rückinterpretation dieses Ergebnisses auf die Situation des gegebenen Diagramms führt zum Verwerfen der Modellierungsidee. Eine zweite Modellierungsidee, nach der die horizontalen Abstände die Werte repräsentieren, erfordert nicht nur die Interpretation der horizontalen Linie als richtungsmäßig umgekehrten Zahlenstrahl, sondern auch die mentale Konstruktion des nicht gegebenen Nullpunkts auf der rechten Seite jenseits des Werts 2 Millionen. Diese Modellierung kann dann wieder anhand der Daten einer genaueren Überprüfung unterzogen werden. Die Erkenntnisse, dass der Länge der vertikalen Balken offenbar keine Bedeutung im Hinblick auf die Werte zukommt und dass Leser(innen) von diesen Balken jedoch zu Fehlinterpretationen (z. B. „die Zeugen Jehovas haben mehr Mitglieder als die Mormonen") verleitet werden könnten, sind also das Ergebnis von Modellierungsprozessen.

Finde so weit wie möglich heraus, auf welche Weise die Daten dargestellt wurden.

Bitte schreibe genau auf, wie das Diagramm „funktioniert".

Überlege kritisch, ob die Art der Darstellung die Daten zutreffend wiedergibt und/oder inwiefern bei unvorsichtigen Leser(innen) eventuell falsche Eindrücke erzeugt werden könnten.

Bitte schreibe deine Beobachtungen auf.

Gib gegebenenfalls Verbesserungsvorschläge an!

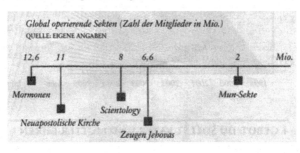

**Abb. 4.1** Aufgabe „Sektenmitgliederzahlen" (diagrammartige Darstellung links entnommen aus dem Beitrag „Soll und Haben" im SZ-Magazin 51/2006, S. 22ff)

Auf welche Weise wurden die Mitgliederzahlen in dem Diagramm links dargestellt? Bitte schreibe wenn möglich auf, wie das Diagramm „funktioniert". Auch wenn du keine Lösung findest: Dokumentiere deine Überlegungen und Lösungsversuche.

Wie könnten die Daten alternativ dargestellt werden? Wie könnte es Leser(inne)n leichter gemacht werden, eine Übersicht über die Zusammensetzung der Parteimitglieder zu bekommen?

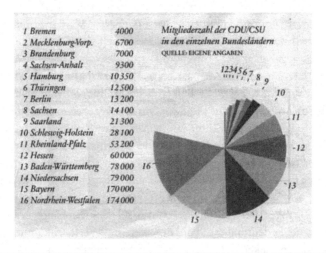

**Abb. 4.2** Aufgabe „Parteimitgliederzahlen" (diagrammartige Darstellung links entnommen aus dem Beitrag „Soll und Haben" im SZ-Magazin 51/2006, S. 22ff)

Ein mehrfaches Durchlaufen des Modellierungskreislaufs ist auch bei Versuchen der Interpretation der Darstellung in Abb. 4.2 möglich. Modellierungsideen zu Möglichkeiten des Zustandekommens der dargestellten Sektoren können sich beispielsweise – gewissermaßen analog zum Kreisdiagramm – auf den Winkel an der Spitze beziehen, den Flächeninhalt der Sektoren als bedeutungstragendes Element zu identifizieren versuchen, oder etwa die Länge des Radius oder des Kreisbogens als mathematisches Modell heranziehen (was jedoch jeweils anhand der überschlagsmäßig vergleichenden Betrachtung von Wertepaaren schnell verworfen werden kann). Im Zentrum der Bearbeitung könnte gerade bei dieser Aufgabe das Reflektieren der eigenen angestellten Überlegungen vor dem Hintergrund des Modellierungskreislaufs stehen, um den Aufbau von Metawissen zum Modellieren in statistischen Kontexten anzuregen.

Zusammenfassend kann anhand dieser Aufgabenbeispiele festgestellt werden, dass datenbezogenes Lesen in diagrammartigen Darstellungen Modellierungsaktivitäten erfordern kann. Besondere Bedeutung kommt beim Modellieren in statistischen Kontexten oft der Manipulation von Daten durch Reduktion (Kröpfl, Peschek & Schneider, 2000) zu. So liegt dem Herstellen von Überblicken über oft umfangreiche Daten, das in der Regel mit einer Reduktion von Information verbunden ist, das Nutzen mathematischer Modelle zugrunde. Beim Bestimmen statistischer Kennwerte wie des Medians oder des arithmetischen Mittels etwa wird Information ausgeblendet. Dass die Modelle die Information unterschiedlich nutzen, kann an Aufgaben nachvollzogen werden wie „gib zwei Datensätze an, bei denen die arithmetischen Mittel gleich sind, die Medianwerte sich aber möglichst stark unterscheiden".

Ein weiterer, für das Modellieren in statistischen Zusammenhängen sehr wesentlicher Aspekt ist der Umgang mit statistischer Variabilität (Watson & Callingham, 2003; Watson, 1997; Wallmann, 1993; Wild & Pfannkuch, 1999; Gal, 2004). Oft muss bei datenbezogenen Modellierungen nämlich mit berücksichtigt werden, dass die Daten streuen. Beispielsweise muss untersucht werden, wie Abweichungen beschrieben werden können und wie „sicher" und „stabil" erhobene Daten gegenüber erwartbaren Schwankungen sind. Dies kann etwa an dem Aufgabenbeispiel in Abb. 4.3 deutlich gemacht werden. Hier müssen Schwankungen, die in den Diagrammen teils nicht explizit sichtbar sind, in die Modellierung einbezogen werden. Um entsprechende Modellierungsaktivitäten zu unterstützen, gibt die Gegenüberstellung der beiden Diagramme einen Hinweis darauf, dass hinter den dargestellten Daten statistische Variabilität steht, die berücksichtigt werden muss.

### 4.2.3  Kompetenzen des Modellierens und Überlegungen zu ihrer Beschreibung in Kompetenzmodellen

Wie können Kompetenzen des Modellierens beschrieben werden? Ist es möglich, eine empirisch operationalisierbare, inhaltsübergreifende „Modellierungskompetenz" mit hierarchischen Anforderungsniveaus zu beschreiben? Zielsetzung einer solchen Beschreibung sollte es sein, theoriegeleitet verschiedene Anforderungsniveaus festzulegen, die sich in ihrer hierarchischen Stufung auch empirisch abbilden lassen und möglichst auch eine aussagekräftige Differenzierung ermöglichen.

An der Börse werden im Laufe eines Geschäftstages viele hundert Käufe und Verkäufe von Aktien getätigt. Die Preise sind natürlich nicht immer gleich – aus den zu bestimmten Zeitpunkten getätigten Verkäufen von Aktien wird der Aktienkurs bestimmt.

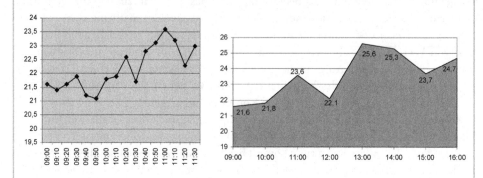

Oben ist in beiden Diagrammen die Aktienkursentwicklung der RT-Aktie am 24.11.2007 dargestellt. Zwischen 10:30h und 11:30h verkauft Mrs. Baker, eine bekannte Börsenhändlerin, an mehrere Käufer ein Paket von 250.000 RT-Aktien.

Eine Zeitungsmeldung dazu in den Börsen-Boulevard-Nachrichten:

**Wahnsinns-5.900.000-Euro-Deal: Baker verkauft ihre 250.000 RT-Aktien!**

**Aufgabe:** Stimmt die Zeitungsmeldung? Begründe, ob die Rechnung der Journalisten den von ihnen vermuteten tatsächlichen Verkaufserlös genau wiedergibt. Beschreibe, wie Diagramme wie die oben gezeigten entstehen könnten!

**Abb. 4.3**  Aufgabe „Aktienkurse" (aus Kuntze, Lindmeier & Reiss, 2008b, S. 116)

Ein erster Versuch könnte darin bestehen, den oben bereits angeführten Weinertschen Kompetenzbegriff (Weinert, 2001) einfach auf den „Bereich Modellieren" zu beziehen. Da beim Modellieren jedoch sehr heterogene Einzelfähigkeiten von Bedeutung sind, ist ein Übertragungsversuch in dieser Pauschalität problematisch: So ist unklar, inwiefern mathematische Kompetenz insgesamt nicht in einer umfassend verstandenen „Modellierungskompetenz" nahezu vollständig enthalten wäre, denn insbesondere das Arbeiten im mathematischen Modell ist ja Teil des Modellierungskreislaufs. Demgegenüber sollten charakteristische Züge von Aktivitäten des Modellierens bei der Beschreibung von Modellierungskompetenz(en) eine sichtbare Rolle spielen. Dies ist bei den vier folgenden Ansätzen der Fall, anhand derer auch die Verschiedenheit solcher Ansätze deutlich werden kann.

Bei Blomhøj und Jensen (2003) liegt Modellierungskompetenz erst dann vor, wenn Lernende im Stande sind, bei der Bearbeitung einer Aufgabe einen vollen Modellierungskreislauf zu durchlaufen. Eine Konsequenz daraus ist allerdings, dass Abstufungen bei der Beschreibung von Kompetenzen von Lernenden kaum möglich sind und im Extremfall nur zwischen den Stufen „kann einen Modellierungskreislauf durchführen" und „kann dies nicht leisten" unterschieden werden kann.

Ein Differenzierungsversuch von Ludwig und Xu (2008, 2010) besteht darin, dass erhoben wird, bis zu welcher Phase im Modellierungskreislauf (beginnend mit der gegebenen Realsituation) die Lernenden mit korrekten Lösungsschritten vorstoßen. Das kann als eine gestufte Auffassung von Modellierungskompetenz interpretiert werden, bei der letztlich die Phasen des Modellierungskreislaufs den Kompetenzniveaus entsprechen. Eine solche Hierarchisierung wäre insofern zu hinterfragen, als in unterschiedlichen Modellierungsphasen sehr verschiedenartige Einzelfähigkeiten von Bedeutung sind. So würden etwa Schwierigkeiten beim Bilden eines Situations- oder Realmodells trotz möglicher vorhandener Stärken in anderen modellierungsrelevanten Fähigkeitsbereichen zur Einordnung auf der niedrigsten Kompetenzstufe führen.

Im Projekt „PALMA" (vom Hofe, 2008) wird die Kompetenz zu modellieren mit dem erfolgreichen Umgang mit so genannten mathematischen Grundvorstellungen verbunden, die im Sinne verschiedener Wissenseinheiten zusammengeführt und zu einer Lösung verarbeitet werden müssen. Durch diese Grundvorstellungen kommt entweder eine inhaltsspezifische Bindung zustande, oder es müsste ein inhaltlich abdeckender Katalog von Grundvorstellungen zugrunde gelegt werden, um eine inhaltsübergreifende Betrachtungsweise von „Modellierungskompetenz" zu ermöglichen. Die Anzahl der zur Lösung einer Aufgabe notwendigen Grundvorstellungen, der zu verknüpfenden Wissenseinheiten oder die „Grundvorstellungsintensität" (vgl. auch den Ansatz von Van Dooren et al., 2009) könnten einem Maß für Modellierungskompetenz zugrunde gelegt werden. Dabei müsste vermutlich angenommen werden, dass verschiedene Grundvorstellungen, auch aus unterschiedlichen Inhaltsbereichen, sozusagen „gleichwertig" sind. Die Vorgehensweise hätte zwar den Vorteil einer feineren Stufung von Anforderungsniveaus, jedoch entstehen mögliche Nachteile dadurch, dass erstens die Abgrenzung zwischen allgemeiner mathematischer Kompetenz und „Modellierungskompetenz" wiederum nicht leicht zu treffen scheint, dass zweitens die Inhaltsbereichsspezifität der Grundvorstellungen durch die Annahme von deren „Gleichwertigkeit" überbrückt werden müsste und dass drittens die gerade im Hinblick auf Unterricht und Fortbildung von Lehrkräften wünschenswerte Anschlussfähigkeit an Kreislaufmodelle zum Modellieren nicht sehr offensichtlich ist.

Auf die Vermutung, dass Modellierungskompetenz aus mehreren verschiedenen Teilkompetenzen zusammengesetzt sein könnte, fokussiert das Projekt „CoCa" (Leiß, Schukajlow & Besser, 2009; http://kompetenzmodelle.dipf.de/de/projekte/projekt-coca), das auf Ansätze des Projekts „DISUM" (Blum, 2007) aufbaut. In diesem Projekt werden Schritte des Modellierungskreislaufs von Blum und Leiß (2005) zu Teilkompetenzen zusammengefasst, die als prinzipiell unabhängige Variablen betrachtet werden und die sich gegenseitig zu der Kompetenz ergänzen, Modellierungsaufgaben erfolgreich lösen zu können. Unterschieden werden etwa innermathematische Teilkompetenzen und Kompetenzen des Übersetzens zwischen Situationskontext und mathematischem Modell (in beiden Richtungen). Der Ansatz des Projekts CoCa geht also nicht von einer Eindimensionalität des Konstrukts „Modellierungskompetenz" aus. Inhaltlich bezieht sich die CoCa-Studie auf die Bereiche „lineare Funktionen" und „Anwendungen des Satzes von Pythagoras", so dass die Bindung an Inhaltsbereiche nicht aufgegeben wird. Gebunden an den zweiten Bereich wurde in $Co^2Ca$ mittlerweile ein hierarchisches Kompetenzmodell entwickelt (vgl. Klieme, 2011).

Zusammenfassend wird am Beispiel dieser Ansätze sichtbar, dass Modellierungskompetenz als eindimensionales Konstrukt, das Differenzierungsmöglichkeiten bei der Beschreibung von Kompetenzniveaus von Lernenden bietet, von allgemeiner mathematischer Kompetenz unterscheidbar ist und empirisch operationalisiert werden kann, aus theoretischer Perspektive nach wie vor kaum inhaltsübergreifend beschrieben werden kann. Dies unterstreicht das Erfordernis, auch inhaltsbereichsspezifische Merkmale bei der hierarchischen Beschreibung von Kompetenzen des Modellierens zu berücksichtigen. Für den zu Beginn des Beitrags eingeführten Inhaltsbereich wird dies im Folgenden unternommen.

### 4.2.4  Beschreibung von Kompetenzen des Modellierens und Nutzens von Darstellungen in statistischen Kontexten

Den spezifischen Ausprägungen des Modellierens im Bereich verschiedener Leitideen (vgl. auch Kuntze, 2010) kann bei der Konzeption von Kompetenzmodellen Rechnung getragen werden. So wurden die oben an Aufgabenbeispielen veranschaulichten Spezifika von Kuntze, Lindmeier und Reiss (2008) in einem Kompetenzmodell zusammengeführt, das die schematisch in Abb. 4.4 dargestellten Überlegungen integriert. Diese Kompetenz des „Nutzens von Darstellungen und Modellen in statistischen Kontexten" wurde im Projekt RIKO-STAT (z. B. Kuntze, Engel, Martignon & Gundlach, 2010) näher untersucht, und in einem erweiterten Fünf-Niveau-Modell beschrieben (siehe Tab. 4.1). In diesem Modell werden die oben beschriebenen Ideen der Reduktion von Information (Kröpfl, Peschek & Schneider, 2000) und des Umgangs mit statistischer Variabilität (Watson & Callingham, 2003) in der Metapher des „datenbezogenen Lesens" (vgl. Curcio, 1987) zusammengeführt. Dabei kann, wie bereits an den Beispielen oben deutlich wurde, aus theoretischer Sicht keine Grenze zwischen dem Modellieren und dem Nutzen von Darstellungen gezogen werden.

Das in Tab. 4.1 beschriebene Kompetenzmodell wurde in mehreren Schritten in Testinstrumente umgesetzt und konnte empirisch bestätigt werden (Fröhlich, Kuntze & Lindmeier, 2007; Lindmeier, Kuntze & Reiss, 2007; Kuntze, Lindmeier & Reiss, 2008a; Kuntze, Engel, Martignon & Gundlach, 2010). Aktuelle Ergebnisse aus dem Projekt RIKO-STAT zeigen, dass sich auch das in diesem Projekt hinzugefügte fünfte Kompetenzniveau erwartungskonform in das Kompetenzmodell einfügt (Kuntze et al., in Vorbereitung).

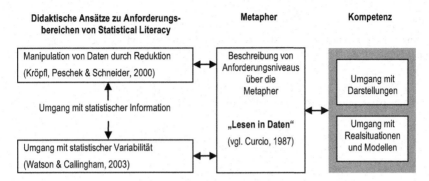

**Abb. 4.4**  Zusammenhänge zwischen Modellvorstellungen zu Anforderungen und Förderungszielen von Statistical Literacy im Bereich der Leitidee „Daten und Zufall"

**Tab. 4.1**  Nutzen von Darstellungen und Modellen in statistischen Kontexten – Kompetenzniveaus (Kuntze, Lindmeier & Reiss, 2008a, erweitert)

| | |
|---|---|
| **Kompetenz-niveau I** | Einschrittiges Nutzen einer Darstellung oder Arbeiten innerhalb eines gegebenen Modells (z. B. Ablesen eines gegebenen Werts aus einem Diagramm, Vervollständigen eines gegebenen Diagramms bei gegebener Datentabelle) |
| **Kompetenz-niveau II** | Zwei- oder mehrschrittiges Nutzen von Darstellungen oder Wechsel zwischen zwei gegebenen Modellen (z. B. Vergleichen von Daten unter Einschluss eines transformierenden Schrittes oder von Begriffswissen) |
| **Kompetenz-niveau III** | Mehrschrittiges Nutzen von Darstellungen einschließlich der Nutzung eines nicht gegebenen Modells (z. B. eigene Modellierungsaktivitäten zur Unterstützung einer kumulativen Interpretation von in Diagrammen gegebenen Daten) |
| **Kompetenz-niveau IV** | Mehrschrittiges Nutzen von Darstellungen bzw. Nutzung eines nicht gegebenen Modells einschließlich des adäquaten Umgangs mit statistischer Variabilität (z. B. eigene Modellierungsaktivitäten auf der Basis von Diagrammdarstellungen, die den Umgang mit statistischer Variabilität mit einschließen) |
| **Kompetenz-niveau V** **(Projekt RIKO-STAT)** | Mehrschrittiges Nutzen von Darstellungen bzw. Nutzung eines nicht gegebenen Modells einschließlich des adäquaten Umgangs mit statistischer Variabilität und des Modellierens/mentalen Konstruierens nicht gegebener Daten (z. B. mögliche zugrunde liegende Daten  modellieren beim Beurteilen oder Interpretieren gegebener Aussagen) |

Ein Beispielitem für dieses fünfte Kompetenzniveau, bei dem Daten einschließlich deren statistischer Variabilität modelliert werden müssen, ist in Abb. 4.5 wiedergegeben.

Ein Angler fängt Fische. Er stellt fest, dass Abweichungen von der Durchschnittslänge nach oben (übergroße Fische) viel seltener auftreten als nach unten (unterdurchschnittlich große Fische).

Entwickle für eine Durchschnittsgröße von 30 cm eine typische Verteilung, die zu dieser Beschreibung passt, und stelle diese im folgenden Diagramm dar:

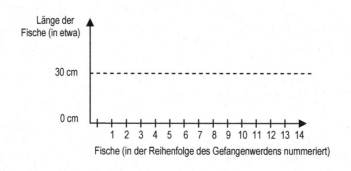

**Abb. 4.5**  Beispielaufgabe für Kompetenzniveau V (Projekt RIKO-STAT)

Mittlerweile liegen Ergebnisse von Kuntze, Lindmeier und Reiss (2008a, b) zu Lernenden der gymnasialen Jahrgangsstufen 5 und 8, sowie zu Lehramtsstudierenden vor. Im Projekt RIKO-STAT wurden darüber hinaus Daten von Schülerinnen und Schülern der 9. Jahrgangsstufe Realschule und von einer deutlich erweiterten Stichprobe an Studierenden erhoben. Da Beobachtungen von Deckeneffekten in den unteren drei Kompetenzniveaus ab Klasse 5 (Fröhlich, Kuntze & Lindmeier, 2007) darauf hindeuteten, dass bereits Grundschüler(innen) mit einem entsprechenden Subtest arbeiten können, wurden in RIKO-STAT ferner mehr als 450 Grundschülerinnen und -schüler der 4. Jahrgangsstufe getestet.

### 4.2.5  Bedingungsvariablen für das Modellieren beim Nutzen von Darstellungen in statistischen Kontexten

Der Beschreibung von Kompetenzen dient auch das Identifizieren von Bedingungsvariablen und Einflussgrößen für diese Kompetenz. Solche Zusammenhänge zu untersuchen, ist das Ziel des Forschungsprojekts RIKO-STAT. In RIKO-STAT wurden orientiert an Modellen für Bedingungsvariablen von Schulleistung (z. B. Helmke & Weinert, 1997) und an den bereits skizzierten Überlegungen Einflussgrößen auf die Kompetenz identifiziert, Darstellungen und Modelle in statistischen Kontexten zu nutzen. Insbesondere Begriffswissenskomponenten in benachbarten Inhaltsbereichen sind für eine differenziertere Perspektive von Interesse. So wird erwartet, dass die Kompetenz des Nutzens von Darstellungen und Modellen in statistischen Kontexten mit Begriffswissen in den folgenden Bereichen zusammenhängt:

- Begriffswissen zum Wahrscheinlichkeitsbegriff: Es ist zu vermuten, dass der Umgang mit statistischer Variabilität durch Begriffswissen zum Wahrscheinlichkeitsbegriff unterstützt werden kann, da so mentale Modelle für zufällige Schwankungen leichter verfügbar sein dürften. Dieses Begriffswissen bildet eine mögliche Grundlage für bestimmte Aspekte statistischen Denkens.

- Begriffswissen zu funktionalen Zusammenhängen und deren Darstellung: Beim Umgang mit Diagrammen oder Tabellen kann Begriffswissen zu möglichen Darstellungen funktionaler Zusammenhänge unterstützend wirken. Dazu gehört neben Wissen etwa zu Funktionsgraphen die Verfügbarkeit mentaler Modelle sowohl im Sinne des Zuordnungsaspekts, als auch im Sinne des Kovariationsaspekts (Malle, 2000).

- Begriffswissen zum Kommunizieren von und zum Umgang mit Risiken: In einem Schnittbereich zu Wissen zum Wahrscheinlichkeitsbegriff kann Wissen zum Beschreiben von Risiken (Schiller & Kuntze, 2012; Kuntze, Martignon & Engel, eingereicht) helfen, statistische Problemsituationen zu modellieren, da mögliche Fälle antizipiert und im Hinblick auf das ihnen zuzuordnende Risiko bewertet werden können. Neben stochastischen Analysefähigkeiten kann der Begriff des Risikos, der den erwarteten Ressourcenverlust beschreibt, Basiswissen auch gleichsam parallel zum Wahrscheinlichkeitsbegriff bereitstellen.

Zusätzliche Einflussgrößen auf Komponenten von Statistical Literacy, die für die Untersuchung von großem Interesse sein können, sind die Folgenden:

- In einem Überschneidungsbereich von individuellen Überzeugungen und Aspekten von Begriffswissen dürften Vorstellungen zu statistischer Variabilität bzw. deterministische Sichtweisen (Engel & Sedlmeier, 2005) anzusiedeln sein. So könnte eine ausgeprägt deterministische Sichtweise einen Umgang mit statistischer Variabilität behindern und die Nutzung diesbezüglicher Lerngelegenheiten beeinträchtigen.

- Motivationale Variablen wie Interesse oder Fähigkeitsselbstkonzepte dürften insbesondere auch in inhaltsbereichsspezifischer Ausprägung einen Einfluss auf die Kompetenzentwicklung haben (z. B. Helmke & Weinert, 1997; Krapp, 1992, 1993, 1998; Deci & Ryan, 1993; Pekrun, 1983; Kuntze & Reiss, 2006).

- Bereichsspezifische Überzeugungen bzw. Beliefs (vgl. z. B. Grigutsch, 1996) könnten eine Filterfunktion für die Nutzung von Lerngelegenheiten und damit für den Kompetenzaufbau haben. Aus diesem Grunde können auch Merkmale aus diesem Bereich als bedeutungsvolle Einflussgrößen in Frage kommen.

Weitere denkbare Einflussgrößen sind beispielsweise im metakognitiven Bereich bzw. in der Selbstregulation (vgl. Reiss et al., 2007; Kuntze, Lindmeier & Reiss, 2008b) zu vermuten. Auch spezifisches Begriffswissen z. B. zum Darstellen von Daten in Diagrammen könnte von Bedeutung sein, hier ist jedoch aus theoretischer Sicht eine Trennung von der oben vorgestellten Kompetenz problematisch. Aus diesem Grunde wird in einer ersten Herangehensweise auf Bedingungsvariablen der oben angesprochenen Bereiche fokussiert. Diese Bedingungsvariablen sind in dem Modell in Abb. 4.6 zusammengefasst.

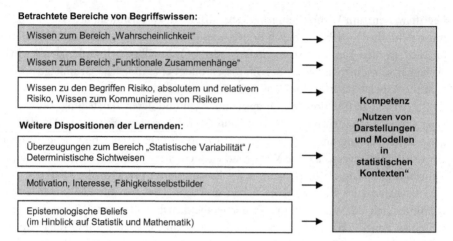

**Abb. 4.6** Schematischer Überblick über das Modell für Einflussgrößen auf die Kompetenz „Nutzen von Darstellungen und Modellen in statistischen Kontexten" (Kuntze, Engel, Martignon & Gundlach, 2010)

Das Projekt RIKO-STAT untersucht in einer Teilstudie, die einem korrelativen Forschungsparadigma folgt, die in Abb. 4.6 als Pfeile dargestellten vermuteten Zusammenhänge. Dies korrespondiert mit dem oben bereits angesprochenen Forschungsinteresse einer Präzisierung des Kompetenzbegriffs von Kuntze, Lindmeier & Reiss (2008a) und mit dieser Kompetenz verbundener Einflussgrößen.

## 4.3  Forschungsfragen

Das Forschungsinteresse der empirisch gestützten Beschreibung von Kompetenzen des Modellierens in statistischen Kontexten bezieht sich einerseits auf die Untersuchung des auf theoretischer Grundlage konzipierten Niveaumodells, andererseits auf das Identifizieren von Zusammenhängen mit Einflussgrößen in Begriffswissensbereichen und weiteren Dispositionen der Lernenden. Dieser Beitrag fokussiert aus Umfangsgründen auf einen Teilbereich der in Abb. 4.6 zusammengestellten Einflussgrößen. Von besonderem Interesse sind dabei die folgenden Forschungsfragen, die die in Abb. 4.6 grau markierten Bereiche betreffen:

Kann die hierarchische Struktur des Kompetenzmodells für das Nutzen von Modellen und Darstellungen in statistischen Kontexten empirisch bestätigt werden?

Wie stark hängen Einflussgrößen im Bereich von Motivation und Begriffswissen mit der Kompetenz, Modelle und Darstellungen in statistischen Kontexten zu nutzen, zusammen?

## 4.4 Untersuchungsdesign

Die erste Forschungsfrage nach der empirischen Prüfung der hierarchischen Struktur des Kompetenzmodells wurde in mehreren Studien untersucht. Diese Studien stützten sich auf ein Testinstrument, dessen Aufgaben entsprechend der Kompetenzniveaus konzipiert wurden. Ausgehend von Pilotstudien (Kuntze, Lindmeier & Reiss, 2008), die sich auf die ersten drei bzw. vier Kompetenzniveaus konzentrierten, wurde die Kompetenz „Nutzen von Darstellungen und Modellen in statistischen Kontexten" im Projekt RIKO-STAT in einem Test entsprechend der Kompetenzniveaus I bis V (vgl. Tab. 4.1) abgebildet. Das Testinstrument der Pilotstudien wurde in Fröhlich, Kuntze & Lindmeier (2007), Kuntze, Lindmeier & Reiss (2008a, b) detaillierter erläutert. Die Erweiterung des Instruments um Aufgaben der fünften Kompetenzstufe wurde oben bereits diskutiert, ein Beispielitem für das fünfte Kompetenzniveau des Modells findet sich in Abb. 4.5.

Die Untersuchung der zweiten Forschungsfrage stützt sich auf zusätzliche Test- und Fragebogeninstrumente, die im Projekt RIKO-STAT (Kuntze, Engel, Martignon & Gundlach, 2010) entwickelt und eingesetzt wurden. Für die Erhebung motivationaler Variablen wurden in RIKO-STAT auch Skalen verwendet, die erfolgreich in früheren Studien wie PALMA eingesetzt wurden (Pekrun et al., 2002, 2003).

Die untersuchten Lernenden stammten insgesamt aus drei Altersgruppen: Schülerinnen und Schüler der Jahrgangsstufen 5 und 8 (Gymnasium im Falle der Pilotstudien), sowie Lehramtsstudierende. An der Studie im Rahmen von RIKO-STAT nahmen $N_1 = 360$ Studierende in fünf Lehrveranstaltungen teil (100 fortgeschrittene, „mathematiknahe" Studierende, davon 88 Studentinnen und 12 Studenten im 5.-11. Semester, sowie 258 beginnende, eher „mathematikferne" Studierende, davon 214 Studentinnen und 44 Studenten, 2 ohne Angabe). Außerdem erstreckte sich letztere Untersuchung über die im Folgenden für RIKO-STAT betrachtete Stichprobe von Studierenden hinaus auch auf mehr als 600 Realschülerinnen und -schüler der 9. Jahrgangsstufe, sowie auf mehr als 450 Grundschülerinnen und Grundschüler der 4. Jahrgangsstufe. Die Auswertung der Daten zu diesen Schülerstichproben ist jedoch noch nicht abgeschlossen.

Die Tests bzw. Fragebogenteile, die den Lernenden dieser Sub-Stichproben vorgelegt wurden, waren in großen Teilen identisch, wobei insbesondere für die Grundschüler(innen) eine gekürzte Variante des Tests eingesetzt wurde. Einen Groböberblick über für die zweite Forschungsfrage relevante Test- und Fragebogenteile gibt Tab. 4.2, wobei für die im Folgenden berichteten Ergebnisse die Spalte der Lehramtsstudierenden ausschlaggebend ist. Für die Bearbeitung des Paper- and Pencil-Tests bzw. das Ausfüllen der Multiple-Choice-Fragebogenteile (vier- und fünfstufige Likert-Skalen) hatten die Lernenden 90 Minuten Zeit.

**Tab. 4.2**  Überblick über Testteile bzw. Teilfragebögen und Teilstichproben

| Testteile/ Teilfragebögen: | Teilstichproben | | |
| --- | --- | --- | --- |
| | Lehramtsstudierende „mathematiknah"/ fortgeschritten vs. „mathematikfern" | Realschüler(innen) der 9. Jahrgangsstufe | Grundschüler(innen) der 4. Jahrgangsstufe (reduzierter Test und Fragebogen) |
| Kompetenz „Nutzen von Darstellungen und Modellen" | X | X | (X) (ohne Kompetenz- niveau V) |
| Begriffswissen im Be- reich „funktionaler Zusammenhang" | X | X | (X) |
| Begriffswissen im Bereich „Wahrschein- lichkeit" | X | X | (X) |
| Motivationale Disposi- tionen | X | X | (X) |
| Aufgabenspezifische motivationale Disposi- tionen (Gundlach et al., 2010a, b) | X | | |

X : enthalten          (X) : in gekürzter Version enthalten

## 4.5  Ergebnisse

Die erste Forschungsfrage wurde in mehreren Studien untersucht, bei denen sukzessive auf höhere Kompetenzniveaus erweitert wurde. Abb. 4.7 zeigt die Ergebnisse einer Pilot-untersuchung zu den Kompetenzniveaus I bis III. Trotz des bei Kompetenzniveau I und für die 8. Jahrgangsstufe auch bei Kompetenzniveau II beobachtbaren Deckeneffekts zeigt sich der zunehmende empirische Anforderungsgrad der Kompetenzniveaus, der auch in Rasch-Analysen bestätigt werden konnte (Fröhlich, Kuntze & Lindmeier, 2007; Lindmeier, Kuntze & Reiss, 2007).

Aufgrund ihrer theoriegeleiteten Konzeption bestand der Unterschied zwischen den Aufgaben von Kompetenzniveau II und III darin, dass auf Kompetenzniveau III eigene Modellierungsschritte bezüglich eines nicht gegebenen Modells beim Lesen in Daten und dem Nutzen von Darstellungen geleistet werden mussten. Dies ist offenbar im Vergleich zu Aufgaben mit gegebenem Modell mit einer niedrigeren Lösungsrate, d. h. einem hö-heren empirischen Anforderungsgrad verbunden.

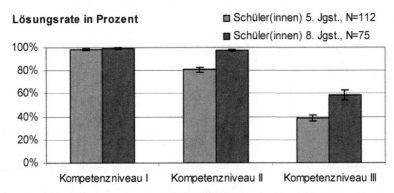

**Abb. 4.7**  Durchschnittliche Lösungsraten für Aufgaben verschiedener Kompetenzniveaus (Kuntze, Lindmeier & Reiss, 2008a, b; Lindmeier, Kuntze & Reiss, 2007)

In einer weiteren Studie, in der auch Aufgaben des vierten Kompetenzniveaus einge-schlossen waren, ergaben sich auf den Kompetenzniveaus die in Abb. 4.8 dargestellten Lösungsraten (Kuntze, Lindmeier & Reiss, 2008a, b).

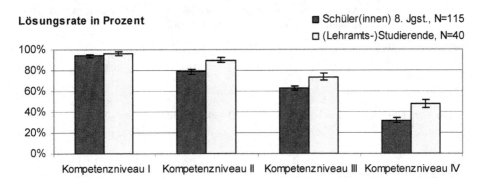

**Abb. 4.8**  Mittlere Lösungsraten auf verschiedenen Kompetenzniveaus (Kuntze, Lindmeier & Reiss, 2008a, b)

In Abb. 4.8 wurden Ergebnisse von Schülerinnen und Schülern der 8. Jahrgangsstufe und von (Lehramts-)Studierenden gegenübergestellt. Auch bei diesen Ergebnissen spiegelt sich grundsätzlich die durch Rasch-Analysen wiederum empirisch bestätigte hierarchi-sche Struktur des Kompetenzmodells wider. Nachdem die Aufgaben auf Kompetenzni-veau IV eigene Modellierungsschritte unter Einschluss eines adäquaten Umgangs mit statistischer Variabilität erforderten, zeigen die Ergebnisse, dass diese Aufgaben für die untersuchten Stichproben empirisch schwieriger waren als datenbezogene Modellie-rungsschritte ohne das Einbeziehen des Umgangs mit statistischer Variabilität.

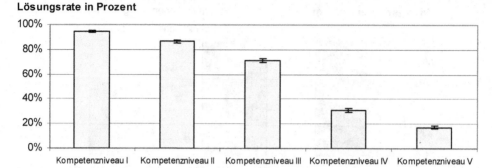

**Abb. 4.9** Mittlere Lösungsraten auf verschiedenen Kompetenzniveaus (auf der Basis der Punkte-scores) im Rahmen einer Teiluntersuchung des Projekts RIKO-STAT mit Lehramtsstudierenden (Kuntze, Engel, Martignon, Gundlach, 2010)

**Tab. 4.3** Korrelationen zwischen Kompetenzscore, Begriffswissen zum Wahrscheinlichkeits- und Funktionsbegriff, sowie motivationalen Dispositionen (listenweiser Fallausschluss, N = 359)

| Korrelationen (Pearson) | Begriffs-wissen Wahrschein-lichkeit | Begriffs-wissen Funktio-nen | Akademi-sches Selbstkonzept Mathematik | Intrinsische Motivation Mathematik | Sach-interesse Mathematik |
|---|---|---|---|---|---|
| Kompetenz „Nutzen von Darstellungen und Modellen" (Punktescore) | 0,36*** | 0,30*** | 0,36*** | 0,30*** | 0,29*** |

*** Die Korrelation ist auf dem Niveau von 0,001 (2-seitig) signifikant.

Abb. 4.9 zeigt Ergebnisse einer Teiluntersuchung des Projekts RIKO-STAT für die Kompetenzniveaus I bis V. Die mittleren Lösungsraten zeigen für diese fünf Kompetenzniveaus wiederum eine hierarchische Struktur, wodurch Ergebnisse der oben angesprochenen Pilotstudien repliziert und in einem wesentlichen Punkt erweitert werden konnten. Da das Kompetenzniveau V ein Modellieren eines nicht gegebenen Datensatzes einschließlich in ihm auftretender statistischer Variabilität erfordert, zeigen die Ergebnisse, dass diese Aufgaben sich empirisch durch einen noch höheren Anforderungsgrad auszeichnen.

Zur zweiten Forschungsfrage nach Einflussgrößen im Bereich von Motivation und Begriffswissen wurden zunächst Korrelationen mit den Scores zu Begriffswissen in den Bereichen „Wahrscheinlichkeit" und „Funktionen", sowie mit dem akademischen Selbstkonzept in Mathematik (einem Fähigkeitsselbstkonzept), mit der intrinsischen Motivation in Mathematik, sowie mit dem Sachinteresse für Mathematik berechnet (siehe Tab. 4.3).

**Tab. 4.4** Ergebnisse einer linearen Regression mit dem Kompetenzpunktescore als abhängiger Variable (schrittweiser Einschluss signifikanter unabhängiger Variablen)

| Modell | | β (standardisiert) | Korrigiertes R-Quadrat |
|---|---|---|---|
| 1 | Akademisches Selbstkonzept Mathematik | ,364*** | ,130 |
| 2 | Akademisches Selbstkonzept Mathematik | ,285*** | ,202 |
| | Begriffswissen Wahrscheinlichkeit | ,283*** | |
| 3 | Akademisches Selbstkonzept Mathematik | ,258*** | ,218 |
| | Begriffswissen Wahrscheinlichkeit | ,241*** | |
| | Begriffswissen Funktionen | ,146** | |

*** p < 0,001; ** p < 0,01          Studierende, N = 359

Für einen verbesserten Einblick in die Struktur der Zusammenhänge, die beispielsweise durch Scheinkorrelationen verdeckt werden könnte, wurde zusätzlich eine Regressionsanalyse mit den beiden bereits genannten Begriffswissensbereichen und motivationalen Dispositionen als Einflussgrößen auf die Kompetenz, Modelle und Darstellungen in statistischen Kontexten zu nutzen, gerechnet. Betrachtet wurde die in RIKO-STAT untersuchte Stichprobe an Studierenden. Die Ergebnisse sind in Tab. 4.4 wiedergegeben (vgl. auch Ergebnisse in Kuntze, Engel, Martignon & Gundlach, 2010).

Von den motivationalen Variablen trat bei der linearen Regression lediglich das akademische Selbstkonzept als signifikante Einflussgröße in Erscheinung. Ein Zusammenhang mit dem Kompetenzscore in ähnlicher Größenordnung konnte für das Begriffswissen im Bereich „Wahrscheinlichkeit" beobachtet werden, während das Begriffswissen im Bereich „Funktionen" einen weniger markanten β-Wert erreicht.

Da es möglich ist, dass die Bedeutung der jeweiligen Begriffswissenskomponenten für unterschiedliche Kompetenzniveaus verschieden groß ist, differenziert eine weitere Analyse bezüglich der fünf Kompetenzniveaus, und zwar in der Form, dass jeweils Quartile der Stichprobe bezüglich der beiden Begriffswissensbereiche betrachtet werden. Bei den in den Abbildungen 4.10 und 4.11 dargestellten Ergebnissen kann damit abgelesen werden, wie verschiedene Quartile bezüglich eines Begriffswissensbereichs auf den verschiedenen Kompetenzniveaus jeweils abgeschnitten haben.

Beispielsweise zeigt sich, dass das oberste Quartil derjenigen Studierenden, die das höchste Begriffswissen im Bereich „Wahrscheinlichkeit" hatten, über die Kompetenzniveaus II bis V hinweg im Mittel besser abschnitt als die Studierenden der drei anderen Quartile. Zwischen dem Abschneiden des untersten und des zweituntersten Quartils besteht hingegen kaum ein Unterschied.

Auch beim Begriffswissen im Bereich „Funktionen" zeigt sich kein auffälliger Unterschied zwischen den beiden unteren Quartilen. Die Überschneidung der beiden Kurven fällt mit einem mit relativ großer Streuung behafteten Wert des ersten Quartils zusammen.

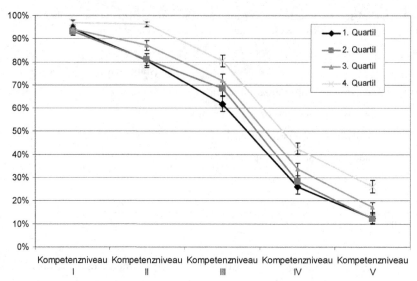

**Abb. 4.10**  Mittlere Lösungsraten und deren Standardfehler auf verschiedenen Kompetenzniveaus für Quartile nach dem Begriffswissen im Bereich Wahrscheinlichkeit

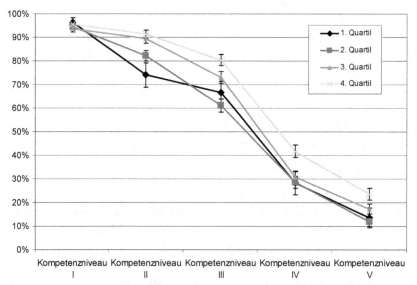

**Abb. 4.11**  Mittlere Lösungsraten und deren Standardfehler auf verschiedenen Kompetenzniveaus für Quartile nach dem Begriffswissen im Bereich Funktionen

Das zweitoberste Quartil unterscheidet sich zunächst nicht signifikant vom obersten Quartil (Kompetenzniveau II), der Verlauf für die höheren Kompetenzniveaus trennt sich dann jedoch vom obersten Quartil und fällt für die Kompetenzstufen IV und V im Wesentlichen mit den unteren beiden Quartilen zusammen.

Diese eher explorativen Befunde werden im Folgenden zusammen mit den weiteren vorgestellten Ergebnissen interpretiert und diskutiert.

## 4.6 Diskussion

Bezüglich der ersten Forschungsfrage nach der hierarchischen Struktur des Kompetenzmodells kann festgehalten werden, dass diese sich über die verschiedenen berichteten Studien hinweg wiederholt bestätigt hat. Dies bedeutet für das mit Darstellungen von Daten verbundene Modellieren in statistischen Kontexten, dass etwa Aufgaben, die die Nutzung eines nicht gegebenen Modells erfordern, empirisch gesehen ein höheres Anforderungsniveau hatten als Aufgaben, bei denen das Modell weitgehend gegeben war. Mit dem Erfordernis, adäquat mit statistischer Variabilität umzugehen, steigt der Anforderungsgrad beim Nutzen von Darstellungen und Modellen weiter an. Schließlich zeigten sich Aufgaben des fünften Kompetenzniveaus, bei dem nicht gegebene Daten unter Einbezug statistischer Variabilität modelliert werden mussten, als noch anforderungsreicher.

Die vorgestellten Untersuchungen zum Kompetenzmodell geben also Hinweise auf inhaltsspezifische Charakteristika des Modellierens in statistischen Kontexten und auf die Bedeutung dieser Charakteristika für den Anforderungsgrad von Modellierungsproblemen im Zusammenhang mit der Darstellung von Daten. Insofern können die Ansätze etwa von Curcio (1987) zum Lesen in Daten oder Ergebnisse von Watson und Callingham (2003) zur Bedeutung des Umgangs mit statistischer Variabilität mit Forschungsansätzen zum Modellieren zusammengeführt werden, und zwar unter der Perspektive des Modellierens beim Nutzen von Darstellungen in statistischen Kontexten. Diese Ausgangsbasis für eine bereichsspezifische Betrachtung des Modellierens in statistischen Kontexten auf empirischer Grundlage verdeutlicht auch die Bedeutung von Anschlussfragen, etwa nach vertiefenden Untersuchungen zu bei Lernenden vorhandenen Vorstellungen von statistischer Variabilität und deren Rolle für den Wissens- und Kompetenzaufbau, nach Zusammenhängen der einzelnen Kompetenzniveaus, bereichsspezifischen Modellierungsfähigkeiten und allgemeiner Lesekompetenz, oder auch die Frage nach der Entwicklung dieser Kompetenz, insbesondere auch differenziert nach Kompetenzniveaus in längsschnittlichen Forschungsdesigns.

Zur zweiten Forschungsfrage konnten zunächst die Beobachtungen gemacht werden, dass Korrelationen des Leistungsscores mit Basisindikatoren motivationaler Variablen in erwartungsgemäßer Größenordnung (vgl. Helmke & Weinert, 1997) vorlagen. Das Begriffswissen in den Bereichen „Wahrscheinlichkeit" und „Funktionen" spielte korrelativ eine ähnlich große Rolle. Dass diese Korrelation jedoch gerade vor dem Hintergrund des möglichen Einflusses allgemeiner kognitiver Fähigkeiten als Hintergrundvariable als eher gering erscheinen, deutet zumindest darauf hin, dass die beiden Begriffswissensbereiche auch empirisch von der Kompetenz, Modelle und Darstellungen in statistischen Kontexten zu nutzen, verschieden sind.

Die Regressionsanalysen in Tab. 4.4 deuten darauf hin, dass im motivationalen Bereich vor allem das akademische Selbstkonzept in Mathematik einen signifikanten Einflussfaktor darstellt. Möglicherweise kommt Fähigkeitsselbstkonzepten gerade bei der Auseinandersetzung mit Aufgaben mit Modellierungserfordernissen eine wesentliche Bedeutung zu. Dies ist insofern erwartungskonform, als bei der Auseinandersetzung mit solchen Aufgaben eine gewisse Frustrationstoleranz von Vorteil sein dürfte, die wiederum in einem positiven akademischen Selbstkonzept begründet sein könnte.

Dem Begriffswissen im Bereich „Wahrscheinlichkeit" könnte nach den Ergebnissen der Regressionsanalyse möglicherweise eine etwas höhere Bedeutung zukommen als dem Begriffswissen zum Bereich „Funktionen". Zu erwarten wäre, dass insbesondere auf den Kompetenzniveaus IV und V, die sich durch den Umgang mit statistischer Variabilität auszeichnen, Unterschiede deutlich werden. Hier zeigen allerdings die Ergebnisse in Abb. 4.10, dass bereits auf den Kompetenzniveaus II und III bedeutsame Unterschiede insbesondere bezogen auf das Abschneiden des oberen Begriffswissensquartils bestehen. Inwiefern hier über Begriffswissen hinaus allgemeine kognitive Fähigkeiten als bedeutsame Hintergrundvariable in Frage kommen, sollte in einer Folgeuntersuchung geklärt werden, die solche allgemeinen kognitiven Fähigkeiten in das Forschungsdesign einbezieht.

Im Hinblick auf das Begriffswissen im Bereich „Funktionen" zeigt sich der interessante Befund, dass für ein erfolgreiches zwei- oder mehrschrittiges Lesen in datenbezogenen Darstellungen mit einem weitgehend gegebenen Modell (Kompetenzniveau II) das Begriffswissen der oberen beiden Quartile offenbar in gleicher Weise ausreicht, während für die beiden unteren Quartile eine absinkende Lösungsrate zu verzeichnen war. Ab dem Erfordernis, ein nicht gegebenes Modell zu generieren, das ja häufig mit funktionalen Zusammenhängen, insbesondere auch dem Kovariationsaspekt verbunden ist, stellte offenbar eher nur das Begriffswissen des obersten (vierten) Quartils einen Vorteil beim Abschneiden im Kompetenztest dar, der auch für die noch höheren Kompetenzniveaus erhalten blieb.

Die Befunde in den Abbildungen 4.10 und 4.11 werfen die Anschlussfrage auf, inwiefern eine lineare Regression bei der Auswertung nicht durch nichtlineare Modelle ergänzt werden sollte und eventuell durch vertiefende Analysen der vorliegenden Daten aber auch Anschlussstudien mit einer noch weiter ausdifferenzierten Datenbasis im Begriffswissensbereich ergänzt werden könnten. Die Auswertungen des Projekts RIKO-STAT in diesem Bereich auch bezüglich der weiteren Teilstichproben von Schülerinnen und Schülern der Jahrgangsstufen 4 und 9 könnten hier zu weiterem Aufschluss führen.

Schließlich stellt sich auch die Frage nach weiteren möglichen Einflussgrößen auf die Kompetenz, Darstellungen und Modelle in statistischen Kontexten zu nutzen. Nachdem motivationale Einflussgrößen nicht über eine erwartbare Größenordnung hinaus einfließen und Begriffswissen lediglich eine mittlere Rolle spielt, könnte gerade auch bei den höheren Kompetenzniveaus Bereichen von Metawissen zum Modellieren und zum Modellierungskreislauf eine Bedeutung zukommen. Aus diesem Grunde sollte solches Metawissen, auch in bereichsspezifischer, d. h. auf statistische Kontexte bezogener Form in entsprechende Untersuchungen oder Interventionsstudien einbezogen werden.

Da allgemein beim Modellieren auch aus theoretischer Sicht davon ausgegangen wird, dass sowohl inhaltsbereichsspezifisch verwertbares Begriffswissen, als auch Metawissen zum Modellieren von Bedeutung sind (vgl. z. B. Blum et al., 2007; Maaß, 2006), könnte eine solche Anschlussstudie insbesondere auch klären helfen, inwiefern allgemeines Metawissen zum Modellieren, etwa über den Modellierungskreislauf, für bereichsspezifisch erhobene modellierungsbezogene Kompetenzen von Bedeutung ist, oder inwiefern es auch im Bereich von Metawissen auf *inhaltsbereichsspezifisches* Metawissen ankommt. Ein Beispiel für solches inhaltsbereichsspezifisches Metawissen von Lernenden wäre etwa Wissen über die Bedeutung des Umgangs mit statistischer Variabilität bei Modellierungen in statistischen Kontexten.

## 4.7 Literatur

Artelt, C., Baumert, J., Klieme, E., Neubrand, M., Prenzel, M., Schiefele, U., Schneider, W., Schümer, G., Stanat, P., Tillmann, K.-J. & Weiß, M. (Hrsg.). (2001). *PISA 2000 – Zusammenfassung zentraler Befunde*. Berlin: Max-Planck-Institut für Bildungsforschung.

Blomhøj, M. & Jensen, T.H. (2003). Developing mathematical modelling competence: conceptual clarification and educational planning. *Teaching Mathematics and its applications*, 22(3), 123–139.

Blum, W. (1985). Anwendungsorientierter Mathematikunterricht in der didaktischen Diskussion. Mathematische Semesterberichte, 32(2), 195–232.

Blum, W. (2007). Mathematisches Modellieren – zu schwer für Schüler und Lehrer? *Beiträge zum Mathematikunterricht 2007* (S. 3–12). Hildesheim: Franzbecker.

Blum, W., Galbraith, P.L., Henn, H.-W., Niss, M. (Hrsg.). (2007). *Modelling and applications in mathematics education. The 14th ICMI study*. New York: Springer.

Blum, W. & Leiß, D. (2005). Modellieren im Unterricht mit der „Tanken"-Aufgabe. *mathematik lehren*, 128, 18–21.

Curcio, F.R. (1987). Comprehension of Mathematical Relationships Expressed in Graphs. *Journal for Research in Mathematics Education*, 18(5), 382–393.

Deci, F. & Ryan, R. (1993). Die Selbstbestimmungstheorie der Motivation und ihre Bedeutung für die Pädagogik. *Zeitschrift für Pädagogik*, 39, 223–238.

Deutsches PISA-Konsortium (Ed.). (2004). *PISA 2003*. Münster: Waxmann.

Dooren, W. van, De Bock, D., Vleugels, K. & Verschaffel, L. (2009). Word problems classification: A promising modelling task at the elementary level. [Presentation on the 14th Int. Conf. on the Teaching of Mathematical Modelling and Applications (ICTMA 14). Univ. of Hamburg, 29th of July 2009].

Engel, J. & Sedlmeier, P. (2005). On middle-school students' comprehension of randomness and chance variability in data. *Zentralblatt für Didaktik der Mathematik (ZDM)*, 37(3), 168–177.

Fröhlich, A., Kuntze, S. & Lindmeier, A. (2007). Testentwicklung und -evaluation im Bereich von „Statistical Literacy". In: *Beiträge zum Mathematikunterricht 2007* (S. 783–786). Hildesheim: Franzbecker.

Gal, I. (2004). Statistical literacy, Meanings, Components, Responsibilities. In D. Ben-Zvi, & J. Garfield (Eds.), *The Challenge of Developing Statistical Literacy, Reasoning and Thinking* (pp. 47–78). Dordrecht: Kluwer.

Grigutsch, S. (1996). Mathematische Weltbilder bei Schülern: Struktur, Entwicklung, Einflussfaktoren. [Dissertation]. Duisburg: Gerhard-Mercator-Universität.

Gundlach, M., Kuntze, S., Engel, J. & Martignon, L. (2010a). Motivation and self-efficacy related to probability and statistics: Task-specific motivation and proficiency. In C. Reading (Ed.), *Data and context in statistics education: Towards an evidence-based society. Proceedings of the Eighth International Conference on Teaching Statistics (ICOTS8, July, 2010), Ljubljana, Slovenia.* Voorburg, The Netherlands: International Statistical Institute. www.stat.auckland.ac.nz/~iase/publications.php [Refereed paper].

Gundlach, M., Kuntze, S., Engel, J. & Martignon, L. (2010b, im Druck). Einflussgrößen auf Statistical Literacy von Studierenden – Erste Ergebnisse aus dem Projekt RIKO-STAT unter besonderer Berücksichtigung motivationaler Dispositionen. *Beiträge zum Mathematikunterricht 2010.*

Helmke, A. & Weinert, F. (1997). Bedingungsfaktoren schulischer Leistungen. In: F. Weinert (Hrsg.), *Enzyklopädie der Psychologie. Band 3: Psychologie des Unterrichts und der Schule* (S. 71–176). Göttingen: Hogrefe.

Hofe, R von. (2008). Zur Entwicklung mathematischer Grundbildung in der Sekundarstufe I – Ergebnisse aus der Längsschnittstudie PALMA. [Vortrag am 05.06.2008 an der Ludwig-Maximilians-Universität München].

Klieme, E. (2011, im Druck). Was ist guter (Mathematik-)Unterricht? Ergebnisse und Perspektiven einer fachbezogenen empirischen Forschung jenseits von Bildungsstandards. Beiträge zum Mathematikunterricht 2011.

KMK (Kultusministerkonferenz). (2004). Bildungsstandards im Fach Mathematik für den mittleren Schulabschluss. München: Wolters Kluwer.

Krapp, A. (1992). Das Interessenskonstrukt. In A. Krapp & M. Prenzel (Hrsg.), *Interesse, Lernen, Leistung. Neuere Ansätze der pädagogisch-psychologischen Interessensforschung* (S. 297-329). Münster: Aschendorff.

Krapp, A. (1993). Psychologie der Lernmotivation. *Zeitschrift für Pädagogik*, 39, 187–206.

Krapp, A. (1998). Entwicklung und Förderung von Interessen im Unterricht. *Psychologie in Erziehung und Unterricht*, 45, 186–203.

Kröpfl, B., Peschek, W. & Schneider, E. (2000). Stochastik in der Schule: Globale Ideen, lokale Bedeutungen, zentrale Tätigkeiten. *mathematica didactica*, 23(2), 25–57.

Kuntze, S. (2010). Zur Beschreibung von Kompetenzen des mathematischen Modellierens konkretisiert an inhaltlichen Leitideen – Eine Diskussion von Kompetenzmodellen als Grundlage für Förderkonzepte zum Modellieren im Mathematikunterricht. *Der Mathematikunterricht (MU)*, 56(4), 4–19.

Kuntze, S., Engel, J., Martignon, L. & Gundlach, M. (2010). Aspects of statistical literacy between competency measures and indicators for conceptual knowledge – Empirical research in the project RIKO-STAT. In C. Reading (Ed.), *Data and context in statistics education: Towards an evidence-based society. Proceedings of the Eighth International Conference on Teaching Statistics.* Voorburg, The Netherlands: International Statistical Institute. www.stat.auckland.ac.nz/~iase/publications.php [Refereed paper].

Kuntze, S., Lindmeier, A. & Reiss, K. (2008a). „Using models and representations in statistical contexts" as a sub-competency of statistical literacy – Results from three empirical studies. *Proceedings of the 11th International Congress on Mathematical Education (ICME 11).* [http://tsg.icme11.org /document/get/474, Stand: 08.12.2008].

Kuntze, S., Lindmeier, A. & Reiss, K. (2008b). „Daten und Zufall" als Leitidee für ein Kompetenz-stufenmodell zum „Nutzen von Darstellungen und Modellen" als Teilkomponente von Statistical Literacy. In A. Eichler & J. Meyer (Hrsg.), *Anregungen zum Stochastikunterricht*, Bd. 4 (S. 111–122). Hildesheim: Franzbecker.

Kuntze, S., Martignon, L. & Engel, J. (eingereicht). Einschätzungen von Schülerinnen und Schülern zu riskanten Problemsituationen – Empirische Ergebnisse aus dem Projekt RIKO-STAT. *Stochastik in der Schule*.

Kuntze, S. & Reiss, K. (2006). Profile mathematikbezogener motivationaler Prädispositionen – Zusammenhänge zwischen Motivation, Interesse, Fähigkeitsselbstkonzepten und Schulleistungsentwicklung in verschiedenen Lernumgebungen. *mathematica didactica*, 29(2), 24–48.

Leiß, D., Schukajlow, S. & Besser, M. (2009). Is there only one modelling competency? The question of situated cognition when solving real world problems. [Presenta-tion on the 14th Int. Conf. on the Teaching of Mathematical Modelling and Appli-cations (ICTMA 14). Univ. of Hamburg, 30th of July 2009].

Lindmeier, A., Kuntze, S. & Reiss, K. (2007). Representations of data and manipulations through reduction – competencies of German secondary students. In B. Philips & L. Weldon (Hrsg.), *Proceedings of the IASE/ISI Satellite Conference on Statistical Education, Guimarães, Portugal, 19–21 August 2007*. Voorburg, NL: International Statistical Institute.

Ludwig, M. & Xu, B. (2010). A Comparative Study of Modelling Competencies among Chinese and German Students. *Journal für Mathematik-Didaktik (JMD)*, 31(1), 77–98.

Maaß, K. (2006). What are modelling competencies? *ZDM*, 38(2), 115–118.

Malle, G. (2000). Zwei Aspekte von Funktionen: Zuordnung und Kovariation. *mathematik lehren*, 103, 8–11.

OECD (2003). The PISA 2003 Assessment Framework – Mathematics, Reading, Science and Problem Solving Knowledge and Skills. www.pisa.oecd.org/dataoecd/46/14/ 33694881.pdf

Pekrun, R. (1983). *Schulische Persönlichkeitsentwicklung*. Frankfurt a. M.: Peter Lang.

Pekrun, R., Götz, T., Jullien, S., Zirngibl, A., Hofe, R. von & Blum, W. (2002). Skalenhandbuch PALMA: 1. Messzeitpunkt (5. Jahrgangsstufe). Universität München: Institut Pädagogische Psychologie.

Pekrun, R., Götz, T., Jullien, S., Zirngibl, A., Hofe, R. von & Blum, W. (2003). Skalenhandbuch PALMA: 2. Messzeitpunkt (6. Jahrgangsstufe). Universität München: Institut für Pädagogische Psychologie.

Reading, C. (2002), Profile for statistical understanding, In B. Phillips (Ed.), Proceedings of the Sixth International Conference on Teaching Statistics. Retrieved 14 of January 2010 from http://www.stat.auckland.ac.nz/~iase/publications/1/1a4_read.pdf.

Reiss, K., Pekrun, R., Kuntze, S., Lindmeier, A., Nett, U. & Zöttl, L. (2007). KOMMA – ein Projekt zur Entwicklung und Evaluation einer computergestützten Lernumgebung. *GDM-Mitteilungen*, 83, 16–17.

Schiller, A. & Kuntze, S. (2012). Auf der Suche nach den bissigsten Hunden – Die Idee des Einschätzens von Risiken mit mathematischen und statistischen Grundkompetenzen verknüpfen. *Stochastik in der Schule*, 32(1), 20–28.

Wallman, K. (1993). Enhancing Statistical Literacy: Enriching our Society, *Journal of the American Statistical Association*, 88(421), 1–8.

Watson, J. M. (1997). Assessing Statistical Thinking Using the Media, In I. Gal & J. Garfield (Hrsg.), *The Assessment Challenge in Statistics Education* (S. 107–121). IOS Press.

Watson, J. M. & Callingham, R. (2003). Statistical literacy: A complex hierarchical construct. *Statistics Education Research Journal*, 2(2), 3–46.

Weinert, F. (1996). Lerntheorien und Instruktionsmodelle. In F. Weinert (Hrsg.). *Enzyklopädie der Psychologie. Pädagogische Psychologie. Band 2: Psychologie des Lernens und der Instruktion* (S. 1–48). Göttingen: Hogrefe.

Weinert, F. (2001). Vergleichende Leistungsmessung in Schulen – eine umstrittene Selbstverständlichkeit. In F. Weinert (Hrsg.), *Leistungsmessungen in Schulen* (S. 17–31). Weinheim: Beltz.

Wild, C. & Pfannkuch, M. (1999). Statistical thinking in empirical enquiry. *International Statistical Review*, 3, 223–266.

# 5

# Eine empirische Studie zum mathematischen Modellieren im Sport

Matthias Ludwig und Xenia-Rosemarie Reit

Der Begriff Modellierungskompetenz und die Auswirkungen verschiedener Denkstile auf den Modellierungsprozess wurden in den letzten Jahren des Öfteren diskutiert. Mit diesem Artikel wird die Modellierungskompetenz von Lernenden verschiedener Jahrgangsstufen untersucht. Damit erhoffen wir uns einen ersten Einblick in die Entwicklung von Modellierungskompetenz. Dazu werden 300 Lösungsansätze von Schülerinnen und Schülern der Klassen 6 bis 11, sowie von 176 Lehramtsstudierenden untersucht. Alle Testpersonen bearbeiteten dieselbe Modellierungsaufgabe. Auf Basis des Modellierungskreislaufs werden die Lösungen speziellen Modellierungsstufen zugeordnet, die den Fortschritt im Modellierungskreislauf widerspiegeln. Es ergeben sich interessante Ergebnisse in Bezug auf die Untersuchungen der Zusammenhänge von Modellierungsstufe, Jahrgangsstufe, Lösungsansatz und Geschlecht. Unter anderem ist klar erkennbar, dass ein bestimmter Lösungsansatz zu den besten Modellierungsergebnissen führt. Des Weiteren lassen sich, bezüglich der benutzten Lösungsansätze, Bezüge zum aktuellen Lehrplaninhalt der betreffenden Jahrgangsstufe herstellen. Entgegen allgemeiner Erwartungen kann aus den Ergebnissen nicht geschlossen werden, dass ältere Jahrgangsstufen durchweg bessere Ergebnisse erzielen. Betrachtet man alle Probanden, so ist festzustellen, dass das Aufstellen einer allgemeinen Formel im Problemlöseprozess durchweg Schwierigkeiten bereitet.

## 5.1 Wie lang ist die Saite eines Tennisschlägers?

Sport nimmt bei Jugendlichen einen großen Stellenwert ein. Beim Thema Sport spürt man sofort eine große Motivation. Diese Motivation kann man auch für den Mathematikunterricht nutzen. Das ist das eine, aber es kommt auch noch eine ganz andere Sichtweise hinzu und zwar sind Sportwettkämpfe ohne Mathematik kaum mehr denkbar:

- Durch Mathematik kommt Fairplay in den Wettkampf (z. B. Mehrkampf, Abmessungen der 400-m-Bahn).
- Mathematik hilft beim Verstehen von Regeln (z. B. Abmessungen der Spielfelder beim Fußball, Tennis, Basketball, Tischtennis usw.).
- Mathematik kann man zur Optimierung von Bewegungsabläufen und damit zur Leistungsverbesserung verwenden (z. B. Kugelstoßen, Basketball).
- Mathematik ermöglicht es, Prognosen zu äußern und diese dann anschließend zu überprüfen (z. B. Vorhersagen von Spielausgängen).
- Mathematik hilft bei Kalkulationen und Abschätzungen rund um sportliche Großereignisse (z. B. Wie kommen die Menschen ins Stadion, wie lange dauert die Eingangskontrolle aller Personen?).
- Mit mathematischem Computereinsatz ist man in der Lage, Fußbälle oder Stadien im wahrsten Sinne zu modellieren.

Konsequent zu Ende gedacht bedeutet das, dass es möglich ist, sämtliche allgemeinen und mathematischen Kompetenzen sowie alle in den Bildungsplänen, bzw. Kernlehrplänen aufgeführten Leitideen mit dem Thema Mathematik und Sport zu bedienen (siehe auch Ludwig, 2008). Im vorliegenden Beitrag soll nun beschrieben werden, wie Schülerinnen, Schüler und Studierende eine ganz konkrete mathematische Fragestellung aus dem Bereich des Tennissports bearbeitet haben. Andererseits wollen wir die Qualität des mathematischen Modellierens der Testpersonen beurteilen.

### 5.1.1   Die Fragestellung

Tennisspieler und -spielerinnen wissen, dass die Saite, mit der der Schläger bespannt ist, nicht ewig hält, mitunter muss man sie öfters erneuern, als einem lieb ist (siehe Abb. 5.1).

Es ist allerdings nicht möglich, nur eine einzelne horizontale oder vertikale Saite, wie z. B. bei einer Gitarre auszuwechseln, sondern man muss die Saitenbespannung des Schlägers als Ganzes erneuern. Da man die Saite an einem Stück aufzieht und sie vorher von einer großen Rolle abschneidet, ist es natürlich wichtig zu wissen wie lang die gesamte Saite sein muss. Sie darf ja auf keinen Fall zu kurz sein, zu viel Saite möchte man aber auch nicht verschwenden. Dementsprechend sollte man vor dem Bespannungsvorgang die Länge der von der großen Rolle abzuschneidenden Saite kennen. Es stellt sich also die Frage, wie man aus einfach zugänglichen Daten des Tennisschlägers die Mindestlänge der benötigten Saite bestimmen kann. Ziel ist es letztendlich, eine einfache Formel für die Saitenlänge zu entwickeln. Dieser Fragestellung wurde schon früher einmal nachgegangen (siehe dazu Ludwig, 2008; Ludwig & Reit, 2012).

**Abb. 5.1**  Ein Tennisschläger mit
gerissener Saite

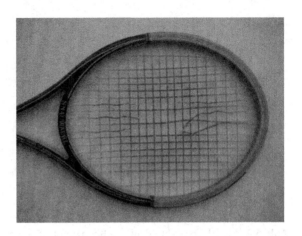

## 5.1.2   Eine mögliche Lösung

Es wird hier zunächst eine mögliche (Muster-)Lösung besprochen, wobei betont werden
soll, dass es „die" Musterlösung beim Modellieren per Definition gar nicht geben kann
(Greefrath, 2010). In Kapitel 5.4 werden dann die verschiedenen Schülerlösungen refe-
riert. Wir legen für die Analyse der Lösung den Modellierungskreislauf von Blum & Leiß
(2005) zu Grunde (siehe Abb. 5.2).

Wir beginnen zunächst damit, die reale Situation in ein reales Modell zu überführen.
Das heißt, wir müssen die Situation durch begründete Annahmen vereinfachen und
strukturieren. Wir nehmen an,

- dass der Schläger eine Kreisform hat. (Sicherlich erinnert die Form des Schlägers
  mehr an eine Ellipse, aber wir können den mittleren Radius als Kreisradius verwenden.)
- dass die vertikalen und horizontalen Saiten kleine Quadrate bilden.
- dass die Quadrate den gesamten Schläger überdecken.

Natürlich treffen auch die letzten beiden Annahmen nur bedingt zu, aber für ein erstes
einfaches reales Model soll das genügen. Wir erhalten dann das folgende reale Modell
aus Abb. 5.3.

Durch die Einführung von mathematischen Bezeichnungen (Radius $r$, Quadratseite $e$)
und die Verwendung von mathematischen Begriffen (Kreis, Quadrat, Flächeninhalt)
transformieren wir das reale Modell in ein mathematisches Modell. Mit diesen Vorberei-
tungen können wir nun mathematisch arbeiten. Wir wollen im Folgenden die Anzahl
der den Schläger überdeckenden Einheitsquadrate berechnen, indem wir den Quotienten
aus Schlägerfläche und Fläche eines Quadrates bilden, um anschließend den Umfang
aller Einheitsquadrate ermitteln zu können. Unter Berücksichtigung, dass sich immer
zwei Quadratseiten ein Saitenstück teilen und zusätzlich benötigter Saite zum Verknoten
am Rahmen erhalten wir schließlich eine allgemeine Formel zur Berechnung der Saitenlänge für unseren Tennisschläger.

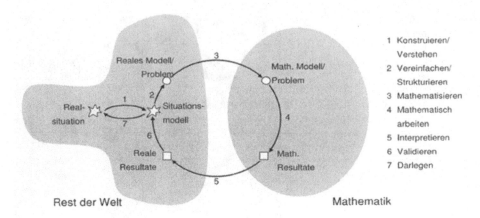

**Abb. 5.2** Modellierungskreislauf von Blum und Leiß (2005)

**Abb. 5.3** Reales Modell des Tennisschlägers

Da wir die gesamte Schlägerfläche $A_S$ mit Einheitsquadraten $A_e$ bedecken, können wir die Anzahl Z der Einheitsquadrate näherungsweise ausrechnen als

$$Z = \frac{A_S}{A_e} = \frac{r^2 \pi}{e^2}.$$

Da immer zwei Quadratseiten zu einem Saitenstückchen der Länge $e$ verschmelzen, liegt es nahe, die Anzahl Z der Einheitsquadrate nur mit dem halben Quadratumfang, also $2e$, zu multiplizieren. So erhalten wir ein Maß für die Gesamtlänge $L'$ der Saiten. Es gilt

$$L' = Z \cdot 2e = \frac{r^2 \pi}{e^2} \cdot 2e = \frac{2r^2 \pi}{e}.$$

Da wir ja die Saiten durch die Löcher im Rahmen fädeln und auch noch verknoten müssen, müssen wir zu dieser Länge $L'$ noch etwas addieren. Dafür bietet sich der Umfang $U$ des Schlägers an, weil man entlang des Schlägerrands durchfädelt.

Wir erhalten also

$$L = L' + U = \frac{2r^2\pi}{e} + 2r\pi = 2r\pi\left(\frac{r}{e}+1\right) = U\left(\frac{r}{e}+1\right).$$

Das ist doch eine schöne, einfache Formel, oder? Diese stellt unser mathematisches Ergebnis dar. Allerdings können wir noch wenig damit anfangen. Die Formel scheint kaum alltagstauglich und liefert auch noch kein reales Ergebnis. Wir müssen die Formel interpretieren und die eine oder andere Umformung vornehmen.

Den Umfang $U$ des Schlägers können wir leicht messen und der Quotient $r/e$ entspricht der Anzahl, wie oft die Länge $e$ der Quadratseite in den Radius $r$ des Schlägers passt. Diesen Wert kann man durch abzählen leicht bestimmen: Man zählt z. B., wie viele Horizontalsaiten $N_{HS}$ ein Schläger besitzt, und halbiert das Ergebnis. Wir kommen dann also zu folgender, einfacher Faustformel:

$$L = U\left(\frac{N_{HS}}{2}+1\right).$$

Da wir den Umfang $U$ bei unserem Schläger allerdings nicht direkt messen können, müssen wir aus den Schlägerdaten (Länge 32 cm, Breite 26 cm) den Durchmesser bilden und erhalten $r = 29$ cm. Daraus ergibt sich ein Umfang von gut 91 cm. Bei einem kreisrunden Schläger wird wohl die Anzahl der Horizontal- und Vertikalsaiten identisch sein, aber auch in unserem speziellen Fall ist das so: es sind jeweils 18 Saiten.

$$L = 29\ \text{cm} \cdot \pi\left(\frac{18}{2}+1\right) = 91{,}1\ \text{cm} \cdot 10 = 9{,}11\ \text{m}.$$

Wir erhalten also ein erstes reales Ergebnis (RE). Dieses wollen wir auch gleich einer konstruktiven Kritik aussetzen. Wir wissen, dass der Schläger nicht kreisrund ist und deswegen die Anzahl der waagerechten und senkrechten Saiten nicht gleich sein wird. Man müsste also die Anzahl von horizontalen und vertikalen Saiten addieren und dann das Ergebnis $N$ vierteln und käme so auf folgende Formel:

$$L = U\left(\frac{N}{4}+1\right).$$

Validiert man das Ergebnis in einem ersten Schritt, in dem man den Umfang des Schlägers wirklich misst, so stellt man fest, dass er größer ist; er beträgt ziemlich genau 1 m. Wenden wir diesen Wert in unserer Formel an, so erhalten wir

$$L = U\left(\frac{N}{4}+1\right) = 1\ \text{m}\left(\frac{36}{4}+1\right) = 10\ \text{m}.$$

Eine reale Messung am Tennisschläger ergab eine Saitenlänge von 10,35 m. Die im Modellierungsprozess ermittelte Formel liefert ein Ergebnis das ein wenig zu klein ist. Das Abschneiden von zu wenig Saiten wäre allerdings fatal, da man damit den Schläger nicht vollständig bespannen könnte.

**Abb. 5.4** Dieser Badmintonschläger hat 45 Saiten und einen
Umfang von 71,5 cm

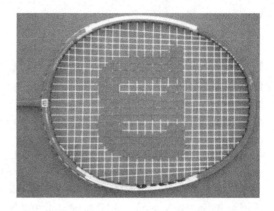

Man muss also noch etwas Saite zugeben. Eventuell könnte man anstelle der Konstanten
1 besser 1,5 addieren. Um die Formel noch ein wenig abzusichern, sollte man sie noch an
anderen Fällen überprüfen. Dafür würde sich z. B. ein Badmintonschläger eignen (siehe
Abb. 5.4).

Einsetzen der gegebenen Daten liefert

$$L = U\left(\frac{N}{4} + 1,5\right) = 0,715 \text{ m}\left(\frac{45}{4} + 1,5\right) = 9,11 \text{ m}.$$

Eine experimentelle Überprüfung ergab einen Wert von 8,87 m Saite für einen Badmintonschläger. Wir liegen also mit der neuen Formel ein bisschen über dem realen Wert,
was aber als positiv zu bewerten ist, denn eine Korrektur nach unten kann bei schon
zugeschnittener Saite leichter erfolgen als umgekehrt.

Wir haben an Hand dieses Beispiels den klassischen Modellierungskreislauf durchlaufen und durch kritische Prüfung des Resultates letztendlich das Ergebnis ein wenig verbessert. In den folgenden Abschnitten wollen wir nun unter anderem zeigen, wie Schülerinnen und Schüler der Jahrgangsstufen 6 bis 11 und Studierende mit dieser Modellierungsaufgabe umgegangen sind. Hierbei interessiert uns welche Ideen die Probanden bei
der Lösung dieser Aufgabe angewendet haben und wie weit der Modellierungskreislauf
durchlaufen wurde. Zunächst werden wir jedoch die zugrundeliegende Forschungsfrage
erläutern und auf die Implementierung und das Forschungsdesign eingehen.

## 5.2 Forschungsfrage

Aus unseren eigenen Erfahrungen wissen wir, dass es meist viele verschiedene Wege gibt
um eine Mathematikaufgabe zu lösen. Vor allem, wenn wir eine Aufgabe aus einem
realen Kontext bearbeiten wird schnell klar, dass es keine eindeutige Musterlösung gibt
(Greefrath, 2010). Daher stellen wir uns die Frage, inwiefern das Leistungslevel vom
gewählten Lösungsweg abhängig ist. Im Hinblick auf diese Fragestellung haben Iversen

und Larson (2006) Lösungen von Studierenden in standardisierten Tests untersucht um deren Zusammenhang zu ihren Fähigkeiten mathematische Modellierungsprobleme zu bearbeiten, herauszufinden. Auch English (2010) hat Schülerlösungen untersucht um herauszustellen, dass Modellierungsaufgaben durchaus auch schon im Primarbereich erfolgreich implementiert werden könnten, im Gegensatz zur weitverbreiteten Meinung, dass dies aufgrund der zu komplexen Beschaffenheit von Modellierungsaufgaben nicht sinnvoll wäre. Eine mehr kognitiv-psychologische Sichtweise verfolgte Borromeo Ferri (2010) mit der Frage ob mathematische Denkstile einen Einfluss auf den Übergangsprozess von der Realität zur mathematischen Welt haben. Untersuchungen der Lösungen von Schülerinnen und Schülern oder Studierenden im Bereich der mathematischen Modellierung gibt es demzufolge einige, ob allerdings ein direkter Zusammenhang zwischen Lösungsansatz und Modellierungskompetenz besteht wurde bisher noch nicht detailliert evaluiert. Im Gegensatz zu Borromeo Ferri, die eher intrinsische Ursachen für das Anwenden eines Lösungsansatzes untersuchte, wollen wir hier einen anderen Weg einschlagen. Bei der vorliegenden Studie geht es vor allem um die Analyse der dokumentierten Lösungen im Hinblick auf deren Lösungsansatz und Modellierungsqualität. Dabei haben wir uns bewusst dazu entschieden dieselbe Aufgabe in einer Querschnittstudie von einem weiten Spektrum an verschiedenen Jahrgansstufen bearbeiten zu lassen. Von dieser Vorgehensweise, die sich von der gängigen Praxis, bei der der Fokus meist auf dem gerade erlernten Lerninhalt liegt, unterscheidet, erhoffen wir uns einen ersten kleinen Einblick in die Entwicklung der Modellierungskompetenz über mehrere Jahre. So könnten im weiteren Sinne Rückschlüsse gezogen werden, ob die Bemühungen um Integration mathematischer Modellierung in den Unterrichtsalltag der letzten Jahre erfolgreich waren. Die zentralen Fragestellungen sind im Hinblick auf die Beschränktheit der vorliegenden Studie aufgrund der Implementierung als Querschnittstudie allerdings zunächst die folgenden:

- Wie vielfältig werden die Lösungswege der Testpersonen beim Bearbeiten der Modellierungsaufgabe sein (vgl. Schukajlow, Forschungsprojekt Multima, 2012)?
- Wie äußern sich die Leistungsunterschiede?
- Lassen sich Zusammenhänge zwischen Jahrgangsstufe und Modellierungskompetenz bzw. Verteilung der Lösungsansätze erkennen?
- Besteht ein charakteristischer Zusammenhang zwischen der Modellierungskompetenz der Probanden und den dokumentierten Lösungsansätzen?

Ob sich eine generelle Aussage über die Entwicklung der Modellierungskompetenz anhand der Ergebnisse der verschiedenen Jahrgangsstufen ableiten lässt, ist fraglich, da dies nicht das zentrale Anliegen dieser Studie ist. Um zu dieser Frage konkrete und aussagekräftige Antworten geben zu können bedürfte es einer größer angelegten Langzeitstudie bei der viele Randbedingungen kontrolliert werden müssten. Dennoch hoffen wir mit der Bearbeitung der genannten Fragestellungen, in dieser Forschungsarbeit einen ersten Ansatz dazu liefern zu können.

## 5.3   Forschungsdesign

Wir waren bestrebt, unser Forschungsdesign möglichst nahe am Schulalltag zu orientieren, um die Ergebnisse auch für die Schule nutzbar zu machen. So wurde Wert darauf
gelegt, dass der Test sowie die Präsentation von Schülerlösungen innerhalb der in
Deutschland üblichen, 45 Minuten umfassenden Unterrichtsstunde zu absolvieren waren. Natürlich kann man die Präsentation mit anschließender Diskussion, wie sie dann
idealerweise noch stattfinden könnte, auf 90 Minuten ausdehnen. Die Fokussierung auf
die Präsentation war aber nicht das zentrale Anliegen dieser Forschungsarbeit, sondern
wir wollten wie oben beschrieben einen Eindruck davon gewinnen, welche unterschiedlichen Ideen die Testpersonen formulieren können, bzw. welche Modellierungsstufen sie
in dem vorgegeben Rahmen erreichen. Außerdem war uns wichtig, eine Modellierungsaufgabe zu entwickeln, die prinzipiell von allen Klassenstufen gleichermaßen gelöst werden kann, sodass eine Einordnung in die Modellierungsstufen ohne Berücksichtigung
des mathematischen Kenntnisstands erfolgen kann.

### 5.3.1   Theoretischer Rahmen

Jeder Übergang von einer Modellierungssituation zur nächsten, bzw. jeder Schritt im
Modellierungskreislauf muss als ein erfolgreiches Überwinden einer kognitiven Hürde
betrachtet werden (Blum, 2007). Diese kognitiven Hürden wollen wir in unserem theoretischen Rahmen beschreiben. Auch wenn wir davon ausgehen können, dass sich die
Testpersonen im Allgemeinen nicht Schritt für Schritt durch den Modellierungskreislauf
arbeiten (Borromeo Ferri, 2006), so müssen aber auch sie, falls sie ein dokumentiertes
Ergebnis vorweisen können, irgendwie dazu gekommen sein. Da wir allerdings eine
anonyme Studie durchführten, war es uns nicht möglich die Teilnehmenden nachträglich zu ihren Lösungen zu befragen, um den genauen Pfad durch den Modellierungskreislauf zu ergründen. Wir konnten uns nur auf das beziehen, was auf den Arbeitsblät-
tern festgehalten wurde und versuchten aus diesen Aufzeichnungen eine konsekutive
Lösung herzustellen (das was Mathematiklehrerinnen und -lehrer jeden Tag tun müssen
wenn sie umfangreichere Aufgaben in Klassenarbeiten korrigieren!). Um die Schülerlösungen zu kategorisieren und zu bewerten wurde eine sechsstufige Skala eingeführt die
sich gut in den Modellierungskreislauf von Blum und Leiß (2005) einfügt (Ludwig & Xu,
2010) (siehe Abb. 5.5).

Wir versuchen also, ähnlich wie bei der Bewertung einer Klassenarbeit die Lösungen
einzuordnen, wobei allerdings kleine Rechenfehler bei der Bewertung vernachlässigt
werden. Man kann die sechsstufige Ordinalskala dementsprechend also nur bedingt mit
einer Notenskala vergleichen, wobei aber natürlich eine gewisse Korrelation vorliegt.

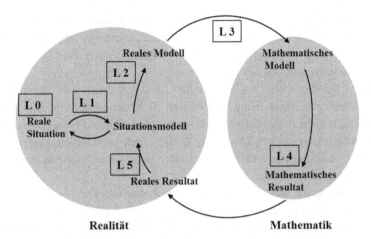

**Abb. 5.5**  Einordnung der Modellierungsstufen in den Modellierungskreislauf von Blum & Leiß (2005).


## 5.3.2  Die Stufen

Die nun beschriebenen Stufen sollen helfen, die Lösungen der Probanden in ihrer Modellierungsqualität einzuordnen. Dabei kann natürlich nur das bewertet werden, was jede Testperson auf dem Arbeitsblatt dokumentiert hat. Dementsprechend wird jeder Lösungsansatz bezüglich der durchlaufenen Phasen des Modellierungsreislaufs untersucht, und auf Grundlage der am weitesten fortgeschrittenen Phase, ordnen wir diesem dann eine Stufe zu, deren Wert den Grad der Modellierungskompetenz widerspiegelt. Dabei stützen wir uns auf die dokumentierten Lösungen der Probanden, wobei durchaus davon ausgegangen werden kann, dass die Probanden bei anderen Rahmenbedingungen, wie z. B. durch Anbieten minimaler Hilfen (Leiß, 2010), höhere Stufen erreichen könnten. So ist natürlich nicht klar, ob die Testperson alle ihre lösungsrelevanten Gedanken schriftlich notiert hat. Die Definition von „Stufe" wie wir sie hier im Zusammenhang mit Modellierungskompetenz definieren, ist eine Anlehnung an den Kompetenzbegriff nach Weinert (2001), bei dem deutlich wird, dass Kompetenzen Fähigkeiten sind, die eine Person bei der Bewältigung von Problemen auch tatsächlich sichtbar nutzt. Somit umfasst der Stufenbegriff in diesem Artikel die tatsächlich abprüfbaren, schriftlichen Dokumentationen der Testpersonen. Jeder Beschreibung sind in Klammern Merkmale angefügt, an denen man das Erreichen einer Stufe erkennen kann. Obwohl wir nicht davon ausgehen können, dass die Testpersonen den Modellierungskreislauf linear durchlaufen (Borromeo Ferri, 2006), konzentrieren sich die hier beschriebenen Stufen auf die am weitesten fortgeschrittene Modellierungsphase die der Proband dokumentiert hat. Das heißt, Sprünge im Modellierungsablauf, die man womöglich durch ein Interview mit den Testpersonen hätte offen legen können, schließen wir nicht aus, sind aber nicht Gegenstand dieser Studie. Zudem können wir nicht davon ausgehen, dass die nun beschriebenen Stufen äquidistante Leistungsunterschiede beschreiben.

- *Stufe 0:* Die Schülerin bzw. der Schüler hat die Aufgabenstellung nicht verstanden (oder sich ihr verweigert). Es wurden weder eine Zeichnungen angefertigt noch etwas Konkretes auf dem Aufgabenblatt notiert. (Merkmale: leeres Blatt, sinnlose Skizzen, sinnfreie Formelversatzstücke.)
- *Stufe 1:* Die Schülerin bzw. der Schüler hat die vorgegebene reale Situation verstanden, sie/er war aber nicht fähig die Situation zu strukturieren und zu vereinfachen. Sie/Er ist auch nicht in der Lage irgendwelche Verbindungen zwischen der realen Situation und mathematischen Ideen oder Beziehungen herzustellen. (Merkmale: sinnvolle Skizze, Ansätze von Strukturierung, aber noch keine Vereinfachung oder Mathematisierung erkennbar.)
- *Stufe 2:* Nachdem die reale Situation erfasst und untersucht wurde, findet die Schülerin bzw. der Schüler durch Vereinfachungen und Strukturierungen ein reales Modell. Die Schülerin bzw. der Schüler ist aber nicht in der Lage dieses Modell in ein mathematisches Modell zu übertragen. (Merkmale: Es ist eine Skizze der Situation vorhanden. Es wurde die Modellierungsannahme getroffen, dass der Schläger ein Rechteck, ein Kreis oder eine Ellipse sein könnte.)
- *Stufe 3:* Das reale Modell wurde (durch Zeichnung sichtbar) in ein mathematisches Modell mit einer konkreten Aufgabenstellung übertragen. Die Schülerin bzw. der Schüler ist allerdings nicht fähig dieses Problem allgemein zu lösen. (Merkmale: Das Realmodell ist vorhanden, die Skizze ist mit (mathematischen) Bezeichnungen versehen. Es finden sich sinnvolle Formelansätze. Eventuell sind mathematische Umformungen vorhanden. Es ist ein konkretes Ergebnis vorhanden, dieses wird aber nicht weiter betrachtet, analysiert oder validiert.)
- *Stufe 4:* Die Schülerin bzw. der Schüler hat eine mathematische Fragestellung aus der realen Situation generiert. Er/Sie kann diese Fragestellung in der mathematischen Welt bearbeiten und erhält ein „allgemeingültiges Ergebnis" (Merkmale: eine Formel). Dieses Ergebnis wird aber nicht weiter betrachtet, analysiert oder validiert.
- *Stufe 4a:* Die Schülerin bzw. der Schüler analysiert, oder betrachtet, bzw. validiert ihre/seine Formel um sie der Situation noch besser anzupassen. (Merkmale: Es werden weitere Variablen eingeführt.)
- *Stufe 5:* Die Schülerin bzw. der Schüler ist in der Lage, den kompletten Modellierungskreislauf zu durchlaufen, sie/er kann sein mathematisches Ergebnis deuten und mit der Ausgangssituation rückkoppeln. (Merkmale: Es wird zu einem speziellen Fall auch noch eine allgemeingültige Modellierung entwickelt und versucht, das Ergebnis durch eine echte Messung abzusichern.)

Stufe 4a wurde nachträglich generiert, um eine feinere Unterscheidung der Schülerlösungen im Bereich der Stufe 4 zu ermöglichen. Um die Stufe 4 zu erreichen, mussten die Testpersonen ihr konkretes Modell aus Stufe 3 in eine allgemeine Formel transformieren. Manche diskutierten diese Formel dann noch zusätzlich oder berücksichtigten, dass die Anzahl der horizontalen bzw. vertikalen Saiten im Allgemeinen unterschiedlich ist. Dies wurde dann in Stufe 4a berücksichtigt. Stufe 5 konnte in dieser Aufgabestellung nicht erreicht werden, da die Probanden durch die Implementierung des Experiments,

nicht in die Lage versetzt wurden eine echte Validierung durchzuführen. Der echte Tennisschläger stand nämlich nicht zur Verfügung und so konnte die wahre Länge der Saite
nicht ermittelt werden um das eigene Modell einer Überprüfung zu unterziehen.

### 5.3.3  Durchführung der Studie

Die Studie wurde in Jahrgangsstufen 6 bis 11 von baden-württembergischen und bayeri-
schen Gymnasien mit insgesamt 300 Schülerinnen und Schülern aus 14 Klassen durchgeführt, sowie mit 176 Lehramtsstudierenden von der Goethe-Universität Frankfurt am
Main mit Haupt- oder Nebenfach Mathematik. In keiner der Schulen bzw. Klassen wurde im Vorfeld ein spezielles Training zum Bearbeiten von Modellierungsaufgaben
durchgeführt, so dass wir davon ausgehen können, auch wenn dies keine repräsentative
Studie ist, dass man einen Eindruck von den derzeitigen Modellierungsfähigkeiten und
Lösungsideen der Testpersonen dieser Jahrgangsstufen bekommt. Einzig bei einem Teil
der Lehramtsstudierenden kann von Vorwissen im Bereich von Modellierungsaufgaben
ausgegangen werden. Da sich diese aber auf die normale universitäre Ausbildung beziehen und daher nicht von einem gezielten Training gesprochen werden kann, können
wir annehmen, dass diese Vorkenntnisse nur geringe Auswirkungen auf die Ergebnisse
haben.

Jeder Jahrgangsstufe wurde zu Beginn der Unterrichtsstunde ein Kurzfilm von 90 Sekunden Länge gezeigt. Im Film reißt während eines Tennismatchs die Saite eines Tennisschlägers. Die Szene in der die Saite reißt, wird wiederholt, um die Aufmerksamkeit der
Testpersonen auf diese Situation zu lenken. Dann zeigt der Spieler den kaputten Schläger
in die Kamera und erwähnt, dass er ihn gleich reparieren möchte. Er nimmt eine Rolle
mit Tennissaite hervor und stellt sich dabei die Frage, wie lang die Saite wohl sein muss,
um den Schläger komplett neu zu bespannen. Dazu misst er mit dem Maßband allerlei
Längen (kleiner und großer Durchmesser, komplette Schlägerlänge). Die Werte der
gemessenen Längen werden im Film nicht mitgeteilt. Der Film endet mit zwei mathematischen Fragestellungen.

Anschließend erhalten die Teilnehmenden ein DIN-A4-Arbeitsblatt im Querformat
(siehe Abb. 5.6), auf dessen linker Seite das Bild des Tennisschlägers mit der gerissenen
Saite zu sehen ist.

Dieses Bild ist mit Originalmaßangaben versehen und die folgenden zwei mathematischen Fragestellungen sind unter dem Bild abgedruckt:

a) Es ist nun deine Aufgabe, die Gesamtlänge der Saite mathematisch abzuschätzen, so
   dass der Schläger komplett neu bespannt werden kann. Eventuell helfen dir die Maßangaben in der Zeichnung.

b) Kannst du eine einfache Formel angeben, mit der ein Mitarbeiter in einem Sportarti-
   kelgeschäft die Gesamtlänge der Bespannung für verschiedene Schläger bestimmen
   kann? In der Formel könnten z. B. einfach zu ermittelnde Schlägerdaten verwendet
   werden.

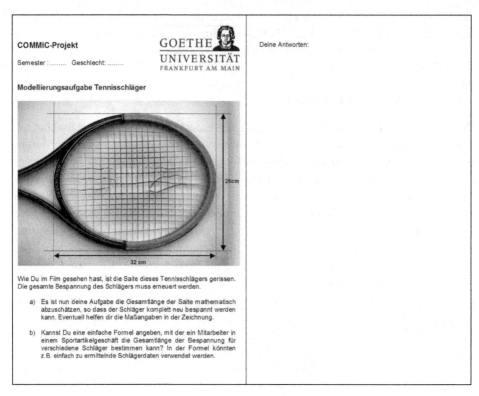

**Abb. 5.6**  Das Arbeitsblatt, mit dem die Testpersonen arbeiteten

Die Fragestellungen waren im Sinne des Modellierungskreislaufs und der Stufen aufein-
ander aufbauend. Zunächst wurde konkret nach der Länge der benötigten Saite gefragt
(Frage a). Im zweiten Teil sollte dann eine einfache Formel angegeben werden, mit der
die Länge der Saite abgeschätzt werden kann (Frage b). Damit sollte den Probanden, die
praktische keine Erfahrung im Modellbilden hatten, die Hemmschwelle zur Beantwortung der eigentlichen Modellierungsfrage (Frage b) erleichtert werden.

Auf der rechten Seite des Blattes (siehe Abb. 5.6) sollten die Testpersonen ihre Lösungen notieren. Zur Bearbeitung der Fragen waren 25 bis 30 Minuten vorgesehen. Um die
Motivation zu erhöhen, wurde zumindest bei den Schülerinnen und Schülern vor der
Bearbeitung angekündigt, dass einige ihre Lösungen am Ende der Unterrichtsstunde an
der Tafel vorstellen werden. Dies wurde auch so durchgeführt und sehr positiv aufgenommen. Schließlich wollten die Schülerinnen und Schüler ja wissen, wie die Aufgabe
konkret gelöst werden kann bzw. was denn der Versuchsleiter zu den Berechnungen
sagt.

Von weiterführendem Interesse war natürlich, auf welche Art und Weise die Testpersonen die Aufgabe gelöst haben. Mit dieser Fragestellung wollen wir uns im nächsten
Abschnitt befassen.

## 5.4   Qualitative Auswertung der Lösungen

In diesem Kapitel sollen die Hauptideen der verschiedenen Lösungen abgebildet werden. Es liegt auf der Hand, dass es zu jedem der unten aufgeführten Haupttypen auch noch verschiedene Mischtypen gibt. Da diese Mischtypen nicht Grundlage dieses Artikels sind, wurde derjenige Lösungsansatz zu Grunde gelegt, welcher ausschlaggebend für die Stufenbewertung war.

### 5.4.1   Direktes Messen

Ein sehr einfacher und direkter Zugang zur Lösung der Frage a) war das direkte Messen. Hierzu wurde zunächst über die Maßangaben im Bild der Maßstab berechnet, um im Anschluss durch direkte Messung mit dem Lineal die realen Längen der einzelnen horizontalen und vertikalen Saiten bestimmen zu können (siehe Abb. 5.7). Die umgekehrte Reihenfolge dieses Verfahrens (erst Messung der Saiten, dann Maßstabsberechnung) konnten wir auch feststellen. Das anschließende Aufsummieren der einzelnen Messergebnisse, unter Berücksichtigung des Maßstabs, ergab dann ein Modellierungsergebnis, welches in der Regel vom Zahlenwert viel zu klein war. Es wurde nämlich z. B. gar nicht berücksichtigt, dass zum Verknoten der Saite mit dem Schlägerrahmen zusätzlich noch Saite benötigt wird. Das größere Problem dieses Ansatzes war allerdings, dass die Probanden das Ergebnis nicht in eine allgemeingültige Formel transformieren konnten. Fast alle Testpersonen die diesen Ansatz wählten, beendeten ihre Berechnungen mit einem konkreten Ergebnis für die Saitenlänge. Teilaufgabe b), die eigentliche Modellbildung, wurde nicht in Angriff genommen. Die Testpersonen liefen mit diesem Ansatz, bildlich gesprochen, in eine Sackgasse.

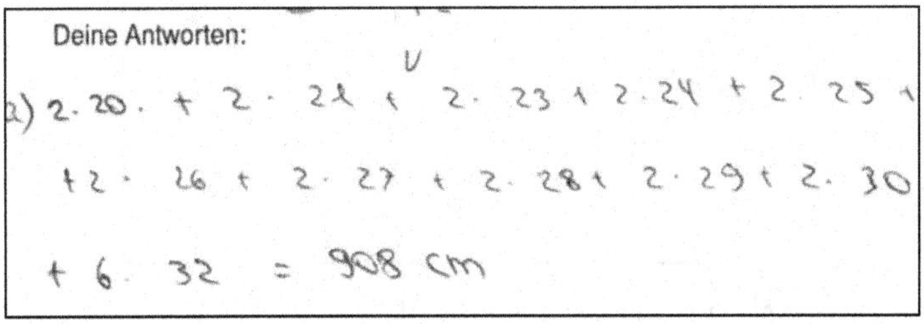

**Abb. 5.7**   Eine Schülerlösung basierend auf dem Lösungsansatz des direkten Messens

### 5.4.2   Rechteckansatz

Der Rechteckansatz (siehe Abb. 5.9) beschreibt den häufigsten (59 %) und auch zugleich den erfolgreichsten Ansatz bei der Lösung dieser Modellierungsaufgabe.

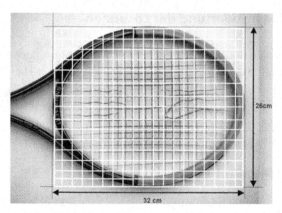

**Abb. 5.8** Approximation des elliptischen Schlägers mit Hilfe eines Rechtecknetzes

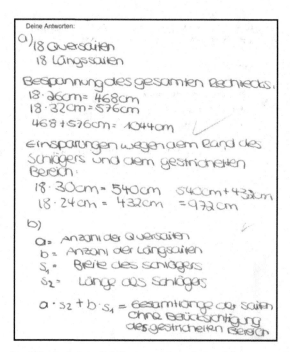

**Abb. 5.9** Eine „Rechtecklösung" einer Schülerin aus der zehnten Jahrgangsstufe

Das Lösungsprinzip ist denkbar einfach, erfordert aber schon Modellierungsschritte wie z. B. Vereinfachen und Strukturieren und zeigt damit Aspekte von echtem mathematischem Modellieren, denn es wird ein Querdenken gefordert: Beim Rechteckansatz wird die runde Schlägerform gedanklich durch ein Rechteck passgenau überdeckt (siehe Abb. 5.8). Die Schlägersaiten werden bis zu den Seiten des Rechtecks verlängert. Anschließend wird die Anzahl der horizontalen und vertikalen Saiten gezählt (in unserem

Falle jeweils 18 Saiten) und mit der Länge der entsprechenden Rechteckseite (hier $b = 26$ cm und $l = 32$ cm) multipliziert. Die Testpersonen beschreiben in vielen Fällen sehr deutlich, dass die so abgeschätzte Saitenlänge wohl zu groß ist und geben Vorschläge zur Modifikation, bzw. begründen warum es eigentlich von Vorteil ist, dass die Länge etwas größer abgeschätzt wird. Das Schöne an diesem Ansatz ist aber, dass er sich leicht in eine allgemeine Berechnungsvorschrift, eine Formel, transformieren lässt (siehe Abb. 5.9).

Abb. 5.8 wurde so aber bei keiner abgegebenen Lösung gefunden. Es waren lediglich Beschriftungen im Bild des Schlägers auf dem Arbeitsblatt erkennbar, die aber deutlich auf die oben beschriebene Lösungsidee hinweisen. Wenn wir uns an die Antarktisaufgabe aus der PISA-Studie 2000 erinnern, bei der die deutschen Schülerinnen und Schüler durchgängig schlecht abschnitten (Artelt et al., 2001), so fällt positiv auf, dass sie in dieser Studie durchaus in der Lage und mutig genug waren, eine krummlinig begrenzte Fläche durch ein Rechteck abzuschätzen.

### 5.4.3  Funktionsansatz

Manche Probanden versuchten die Längen der Saiten funktional zu beschreiben. Ein Weg war das Aufsummieren von systematisch bzw. funktional veränderten Saitenlängen. In diesem Fall nahmen die Testpersonen eine lineare Abnahme der Saitenlänge von der Mitte des Schlägers zum Schlägerrand, also nach außen hin, an. Somit wurde die Abnahme der Saitenlänge funktional betrachtet. Es schwebte ihnen also eine lineare Funktion vor, deren Funktionswerte die Länge der einzelnen Quersaiten beschreiben könnten. Konkret denken sich die Testpersonen jede Längs- bzw. Quersaite um einen konstanten Betrag gekürzt. In Abb. 5.10 ist ein solches Vorgehen zu sehen. Im Gegensatz zum direkten Messen wird bei diesem Ansatz eine konstante Kürzung der Saiten nach außen hin angenommen, so dass nicht jede Saite extra abgemessen werden muss. Abgesehen von den fehlenden Klammern in Abb. 5.10 bei Teilaufgabe b), war die eigentliche Schwierigkeit hierbei jedoch das Aufstellen einer Formel um das Problem allgemein zu lösen. Das Aufsummieren der einzelnen Summanden (Funktionswerte) kann wie beim Ansatz des direkten Messens, zumindest von den Schülerinnen und Schülern noch nicht in Summenformeln umgesetzt werden.

Um das Vorgehen der Testperson zu illustrieren, haben wir eine Skizze angefertigt (siehe Abb. 5.11). Die Form des Schlägers wird dabei durch zwei Dreiecke angenähert, damit die Saiten von innen nach außen konstant kürzer werden. Die einzelnen Saitenlängen sind die Funktionswerte der Funktion

$$f_{vert}(x) = 2 \cdot (l_{vert} - a \cdot x) \quad x = 0, \dots n, \quad n \in \mathbb{N} \, ,$$

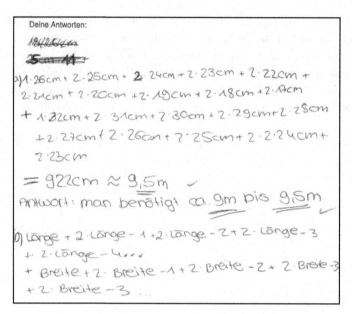

**Abb. 5.10**  Eine inexakte Lösung mithilfe des Funktionsansatzes

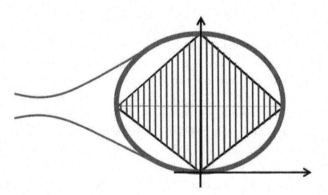

**Abb. 5.11**  Berechnung der vertikalen Saitenlänge beim Funktionsansatz

wobei $l_{\text{vert}}$ die Länge der längsten vertikalen Saite beschreibt, $n$ die Anzahl vertikaler Saiten und $a$ die Steigung der Hypotenuse angibt. Eine analoge Rechnung liefert die Saitenlängen der horizontalen Saiten. Eine Einbettung in eine Summenformel, vorstellbar als

$$L = \sum_{x=0}^{n} f_{\text{vert}}(x) + \sum_{y=0}^{m} f_{\text{horiz}}(y) \quad x, y, n, m \in \mathbb{Z},$$

wobei $n$ und $m$ die Anzahl vertikaler bzw. horizontaler Saiten angibt, führt schließlich zu einer allgemeinen Formel zur Berechnung der gesamten Saitenlänge $L$.

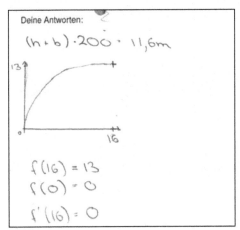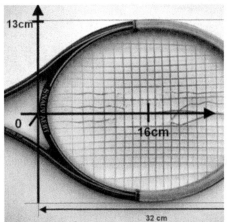

**Abb. 5.12** Eine alternative Lösung mithilfe des „Funktionsansatzes"

Ein anderer Weg, das Problem funktional zu lösen, besteht darin, die Form des Tennisschlägers durch den Graph einer Funktion anzunähern. Die Probanden legten dabei ein Koordinatensystem so in das Schlägerbild, dass drei Gleichungen aufgestellt werden konnten. In Abb. 5.12 links ist dies exemplarisch nachgestellt. Nun wurde wie bei den „Steckbriefaufgaben" versucht ein Gleichungssystem aufzustellen um daraus den Funktionsterm zu gewinnen.

Die drei durchaus nachvollziehbaren Bedingungen, die der Studierende hier angenommen hat, sind aber wenig hilfreich, solange er nicht weiß, wie der Funktionsterm lautet. Auch wenn der Schüler in diesem Fall Abb. 5.12 den Funktionsterm nicht explizit angeben kann, beschreibt er sein weiteres Vorgehen exzellent. Er weist z. B. darauf hin, dass die Umkehrfunktion noch gebildet werden muss und, dass die Funktionswerte bei den ganzzahligen x-Werten die einzelnen Quersaitenlängen liefern. Allerdings ergibt sich hier wie im ersten Fall das Problem des Aufsummierens der einzelnen Funktionswerte.

### 5.4.4 Kreisansatz

Erstaunlicherweise wurde der Kreis, obwohl er im Video angedeutet wurde, als Realmodell für die Schlägerform nur selten (4 %) von den Teilnehmenden verwendet. Eine mögliche Erklärung dafür liegt wohl an der geringeren Zugänglichkeit des Kreises mittels Funktionsterm, bzw. in dem Problem, die Kreisfläche mit der Saitenlänge des Schlägers in Verbindung zu bringen. Eine detaillierte Analyse dieses Sachverhalts erfolgt in Kapitel 5.5.

Oft wurde zwar die Kreisfläche berechnet, aber es gab dann Schwierigkeiten, wie diese Fläche nun in eine Länge umgewandelt werden kann. Eine Schülerlösung soll das Problem illustrieren (siehe Abb. 5.13).

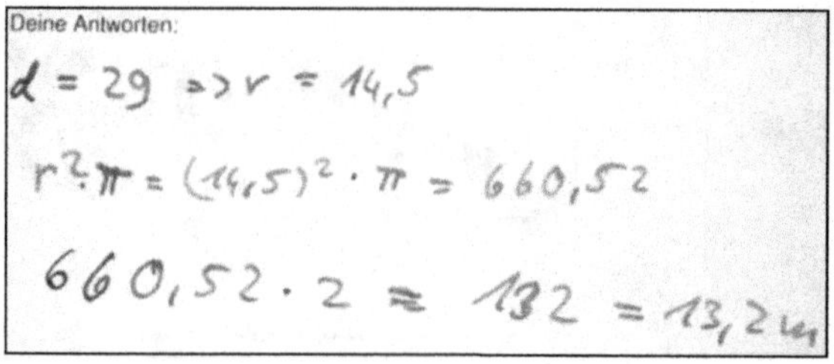

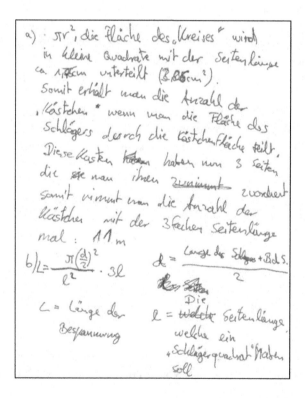

**Abb. 5.13** Eine Schülerlösung bei der Einheiten ignoriert werden

Es wird zunächst der mittlere Radius folgendermaßen korrekt berechnet

$$\frac{32\,\text{cm} + 26\,\text{cm}}{2} = 29\,\text{cm}.$$

Anschließend wird die Größe der Kreisfläche ohne Einheiten bestimmt. Nun wird diese Flächenzahl verdoppelt, vermutlich wegen horizontaler und vertikaler Saiten. Das Ergebnis wird dann mit der passenden Einheit versehen.

**Abb. 5.14** Eine fast perfekte Schülerlösung

Ein Schüler, der das „Flächen-Längen-Problem" meisterte, überlegte sich wie viele kleine Saitenvierecke in die Schlägerfläche passen (siehe Abb. 5.14). Hierbei nahm er an, dass der Schläger kreisförmig ist und setze für den Radius den Mittelwert aus größtem und kleinsten Durchmesser des Schlägers an. Dies ist im Kern die in 5.1.2 beschriebene Lösung. Allein, dass er dachte, die Anzahl der Saitenquadrate mit der dreifachen Seitenlänge der Quadrate multiplizieren zu müssen, gab der gelungenen Modellierung einen kleinen Abstrich. Bei der ersten realen Validierung hätte der Schüler seinen Fehler wohl bemerkt.

### 5.4.5 Nicht zielführende Lösungsansätze

Neben all den oben genannten durchaus sinnvollen Ansätzen gab es auch eine Reihe nicht zielführender Vorgehensweisen, die wir in diesem Abschnitt kurz ansprechen wollen. Abgesehen von leeren Blättern und bloßen Formelversatzstücken haben wir in diese Kategorie auch die unter den Begriff „Flächenberechnung des Rechtecks" fallenden Lösungen einsortiert. Dabei wurde meist der Flächeninhalt des Rechtecks berechnet, welches den Tennisschläger überdeckt. Oft erkannten die Testpersonen zwar, dass der so berechnete Flächeninhalt zu groß ist und korrigierten ihren Wert durch Abzug von Dreiecksflächen, die außerhalb des Schlägers liegen (siehe Abb. 5.15), allerdings blieb das Ergebnis meist zusammenhanglos. Das vorherrschende Problem dieses Ansatzes bestand darin das quadratische Flächenergebnis in eine Länge umzuformen oder die Einheit wurde einfach komplett ignoriert. Des Weiteren schien es auch häufig so zu sein, dass die betreffenden Teilnehmenden der Meinung waren, mit dem Ergebnis des Flächeninhalts die Frage beantwortet zu haben, so dass wir annehmen, dass in diesen Fällen die Aufgabenstellung nicht gewissenhaft gelesen wurde.

### 5.5 Empirische Auswertung

Die Auswertung der Ergebnisse erfolgte auf unterschiedlichen Ebenen. Zunächst sind wir an der Verteilung der Lösungsansätze auf die verschiedenen Jahrgangsstufen interessiert und außerdem daran, wie gut die einzelnen Ansätze auf Basis der oben beschriebenen Stufen waren. Des Weiteren wollen wir uns die individuellen Leistungen der Testpersonen genauer anschauen. Die Lösungen der Teilnehmenden wurden von 4 Ratern in die verschiedenen, oben beschrieben Stufen von 1 bis 4a eingeteilt (Stufe 5 konnte aufgrund der experimentellen Implementierung der Studie nicht erreicht werden). Wegen äußerer Umstände konnte nicht vermieden werden, dass 2 Raterpaare unabhängig voneinander jeweils einen Teil der Lösungen untersuchten. Als Indikatoren für die Übereinstimmung der Raterurteile, der so genannten Interraterreliabilität, wurde Pearsons „r" mit 0,85 bzw. 0,8 und Cohens Kappa mit 0,61 bzw. 0,62 bestimmt, man kann also von einer guten Übereinstimmung sprechen.

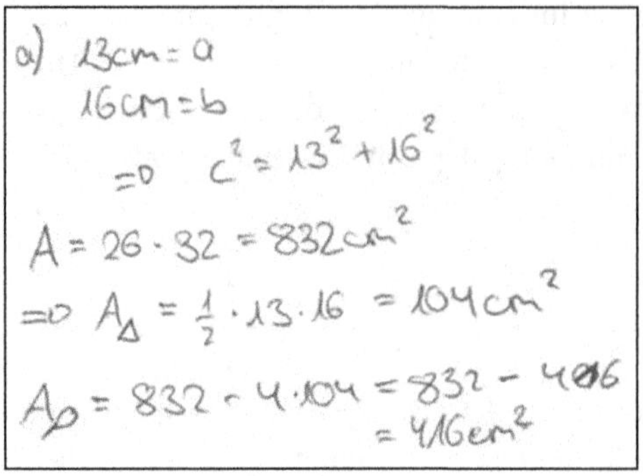

a) $13cm = a$
   $16 cm = b$
   $\Rightarrow \quad c^2 = 13^2 + 16^2$

   $A = 26 \cdot 32 = 832 cm^2$

   $\Rightarrow A_\triangle = \frac{1}{2} \cdot 13 \cdot 16 = 104 cm^2$

   $A_\phi = 832 - 4 \cdot 104 = 832 - 406$
   $\qquad\qquad\qquad = 416 cm^2$

**Abb. 5.15**  Nicht zielführende Berechnung des Flächeninhalts eines Tennisschlägers

## 5.5.1  Die Lösungsansätze

### 5.5.1.1  Verteilung der Lösungsansätze auf die Jahrgangsstufen

Bei Betrachtung aller Lösungsansätze fällt auf, dass der Rechteckansatz am häufigsten benutzt wurde, genauer gesagt verwendeten ihn meist mehr als 50 % der Lernenden je Klassenstufe (siehe Abb. 5.16). Die Tatsache an sich, den Tennisschläger mit einem Rechteck zu approximieren, ist nicht wirklich überraschend, zumal dazu nur moderate mathematische Kenntnisse erforderlich sind, die Inhalt des Lehrplans der 5. Klasse sind. Auffällig ist allerdings, dass der Anteil derer, die den Ansatz des direkten Messens benutzt haben, in Klasse 11 am größten ist (15 %). Tatsächlich ist direktes Messen der einfachste und womöglich auch naheliegendste Ansatz. Aber gerade die Schülerinnen und Schüler einer deutlich fortgeschrittenen Klassenstufe verfügen über breite mathematische Möglichkeiten, durch welche sie in der Lage sein sollten, die Aufgabe auf einem höheren Niveau zu bearbeiten. Fast die Hälfte aller Sechstklässler (42 %) war nicht in der Lage, eine sinnvolle und zielführende Lösung zu dokumentieren. Interessante Einblicke liefert auch die Betrachtung des Kreis- und des Funktionsansatz, die nur in bestimmten Klassenstufen benutzt wurden. Mit einem Blick in das Curriculum der jeweiligen Klassenstufe lässt sich diese Tatsache womöglich erklären. Denn Kreis- und Funktionsansatz wurden dann benutzt, wenn die Behandlung dieser mathematischen Inhalte Gegenstand des aktuellen Lehrplans ist oder noch nicht lange zurück lag.

Zwischen Studierenden und Schülerinnen und Schülern gab es bei der Interpretation der Fragestellung einen großen Unterschied. Während die Schülerinnen und Schüler Frage b) als Verallgemeinerung von Frage a) ansahen, betrachteten einige Studierende die Fragen a) und b) unabhängig voneinander, was dazu führte, dass beim Aufstellen der allgemeinen Formel ein völlig anderer Lösungsansatz benutzt wurde. Es kam sogar vor, dass Frage a) durch langwieriges Messen der Saiten beantwortet wurde obwohl die Studierenden bei Frage b) den durchaus funktionelleren und auch übersichtlicheren Rechteckansatz verwendeten. Das lässt natürlich vermuten, dass die jeweiligen Studierenden Probleme beim Verknüpfen der beiden Aufgaben hatten.

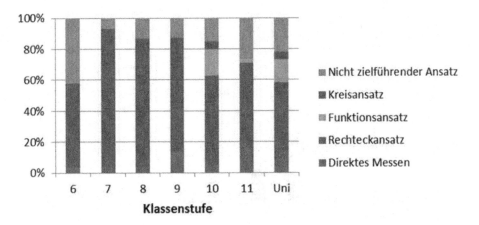

**Abb. 5.16** Anteil der Lösungsansätze je Klassenstufe

Aufgrund des geringen Vorkommens dieser Tatsache über die gesamte Stichprobe gesehen, kann man davon ausgehen, dass dies kein Hinweis auf eine fehlerhafte Fragestellung
ist. Jedoch bleibt die Frage offen, weshalb dieses Problem einzig bei den Studierenden
auftrat. Bei der Klassifizierung der Lösungen nach Lösungsansätzen wurde jeweils immer
nur ein Lösungsansatz pro Abgabe berücksichtigt. Im Falle von zwei unterschiedlich
dokumentierten Lösungsansätzen haben wir denjenigen zu Grunde gelegt, der ausschlaggebend für die Stufenzuordnung war.

### 5.5.1.2  Modellierungsqualität der Lösungsansätze

Interessant ist weiter, welcher Lösungsansatz zu einem guten Modellierungsergebnis
führt. Die Modellierungsqualität wollen wir hier durch die erreichte Kompetenzstufe der
Testpersonen beim Lösen einer Modellierungsaufgabe ausdrücken. Dazu haben wir die
Lösungsansätze in Abhängigkeit ihrer erreichten Modellierungsstufen ausgewertet (siehe
Abb. 5.17). Bei Betrachtung von Abb. 5.17 ist deutlich zu erkennen, dass mit dem Rechteckansatz die besten Modellierungsergebnisse erzielt werden können. Lösungsansätze
bestehend aus direktem Messen konnten im Allgemeinen nicht besser als mit Stufe 3
bewertet werden, da die jeweiligen Testpersonen nicht in der Lage waren, Summenformeln für die Beantwortung von Frage b) in ihre Überlegungen mit einzubeziehen (abgesehen von einem Studierenden).

Des Weiteren wird deutlich, dass die Ansätze „Kreis" und „Funktion" in den meisten
Fällen nicht zielführend angewendet werden konnten. Beim Kreisansatz bestanden die
Lösungen fast ausschließlich aus der Berechnung einer Kreisfläche. Eine mögliche Erklärung dafür ist, dass die jeweiligen Teilnehmenden diesen Ansatz nur aufgrund der An-
deutung im vorher gezeigten Video, den Schläger mit einem Kreis zu approximieren,
wählten, ohne sich Gedanken zu machen, ob er ihnen sinnvoll erscheint oder zu ihrer
kognitiven Lösungsstrategie passt.

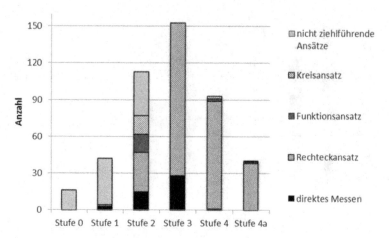

**Abb. 5.17**  Die Lösungsansätze in Abhängigkeit der erreichten Stufen

Andererseits konnten wir das Auftreten von Kreis- und Funktionsansatz schon in Kapitel 5.5.1.1 mit den Inhalten des jeweiligen Lehrplans in Verbindung bringen. Da die Teilnehmenden mit diesen Ansätzen offensichtlich keine zu Ende gedachte Lösungsstrategie verfolgten, liegt die Vermutung nahe, dass sie der gängigen mathematischen Unterrichtspraxis folgten, nämlich einer puren Anwendung des gerade gelernten Schulstoffs.

Die Tatsache, dass einige nicht zielführende Lösungsansätze die Stufe 2 erreichen, liegt an der Definition von „Stufe", wie wir sie hier benutzen. Es ist leicht nachvollziehbar, dass auch Ansätze die zu keiner Lösung führen, wie es z. B. durch das Aufstellen eines fehlerhaften Realmodells geschehen kann, einen gewissen Grad an Modellierungskompetenz erkennen lassen.

Da die Stufen, wie bereits erwähnt, nicht äquidistant verteilt sind, also keine metrische Skala zu Grunde liegt, können wir die erreichten Stufen nicht per Durchschnittsberechnung vergleichen. Dennoch können mit Abb. 5.18 die unterschiedlichen Modellierungsleistungen der einzelnen Lösungsansätze veranschaulicht werden. Es ist klar ersichtlich, dass der Rechteckansatz (■-Linie) zu den höchsten Stufenbewertungen führte, wohingegen Funktions- ( ▲ -Linie) und Kreisansatz (x-Linie) die schlechtesten Resultate zeigten (siehe auch Ludwig & Reit, 2012).

## 5.5.2  Modellierungskompetenz der Testpersonen

Die abgegebenen Lösungen wurden in sechs verschiedene Stufen eingeteilt (siehe 5.3.2). Betrachtet man zunächst die Lösungen aller Probanden so ergibt sich eine Verteilung die bei Stufe 3 ein lokales Maximum besitzt (siehe Abb. 5.19). Es scheint so, als ob diese Stufe für die Testpersonen eine besondere Hürde darstellt. Betrachten wir noch einmal die Definition von Stufe 3, so kann der Proband sein reales Modell (durch Zeichnung sichtbar) in ein mathematisches Modell mit einer konkreten Aufgabenstellung übertragen.

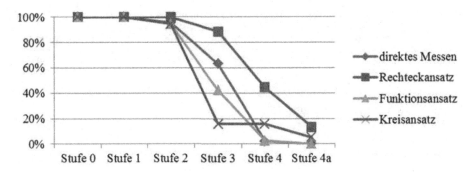

**Abb. 5.18**  Prozentsatz der Lösungsansätze die Stufe x erreichten

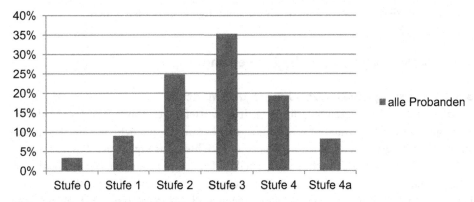

**Abb. 5.19**  Die erreichten Stufen aller Probanden

Allerdings ist die Testperson nicht in der Lage, dieses Problem allgemein zu lösen; das konkrete Ergebnis wird auch nicht weiter betrachtet, analysiert oder validiert. Die Mehrzahl der Testpersonen ist also nicht in der Lage ihre Lösung zu einer allgemeinen Formel weiter zu entwickeln und mit der realen Welt rück zu koppeln. Dieses Phänomen wurde auch schon bei deutschen Schülerinnen und Schülern in der PISA Studie 2006 festgestellt. Auch Ludwig und Xu konnten dies bei Ihren Untersuchungen bestätigen (Ludwig & Xu, 2010).

Man spricht in diesem Zusammenhang auch von einer Barriere (Ludwig & Xu, 2010). Quantitativ lässt sich die Größe der Barriere durch den so genannten Barrierelevelvalue (blv) bestimmen. Dieser berechnet sich aus dem Quotienten der Probanden, die bei Stufe 3 gestoppt haben und der Anzahl der Probanden, die eine höhere Stufe erreicht haben. Ist der Wert größer 1 und liegt bei der entsprechenden Stufe ein lokales Maximum vor, so spricht man dieser Stufe eine Barrierequalität zu. Je größer der Wert, desto stärker die Barriere.

**Tab. 5.1** Anzahl der Teilnehmenden die eine Stufe x erreicht haben.

|        | Stufe 0 | Stufe 1 | Stufe 2 | Stufe 3 | Stufe 4 | Stufe 4a |
|--------|---------|---------|---------|---------|---------|----------|
| Anzahl | 16      | 43      | 118     | 168     | 92      | 39       |

Mit den Werten aus Tab. 5.1 ergibt sich

$$blv(3) = \frac{168}{92+39} = \frac{168}{131} \approx 1,28 \ .$$

Stufe 3 ist also über alle Teilnehmenden betrachtet eine Barriere. Somit haben die Testpersonen Probleme, Stufen über Stufe 3 zu erreichen. Ein beachtlicher Teil der Testpersonen der Stufe 3 erreicht hat, kommt zu keiner allgemein Lösung der Aufgabe. Diese Barriere impliziert eine nicht äquidistante Verteilung der einzelnen Stufen.

### 5.5.3 Geschlechtsspezifische Auswertung

#### 5.5.3.1 Lösungsansätze von Jungen und Mädchen
Bei der Wahl der Lösungsansätze ähneln sich die Verteilungen von Jungen und Mädchen sehr (siehe Abb. 5.20). Auch hier wird noch mal besonders deutlich, dass der Rechteckansatz am häufigsten benutzt wurde. Neben der leichten Zugänglichkeit dieses Ansatzes mag hinzukommen, dass durch die dargestellten Längenmaße auf dem Arbeitsblatt eine Approximation des Schlägers mittels Rechtecks suggeriert wurde (siehe Abb. 5.6). Der Funktions- und Kreisansatz wurde von Jungen und Mädchen fast gleichselten angewandt. Einzig beim direkten Messen und beim Rechteckansatz zeigen sich marginale Geschlechtsunterschiede. Etwa 10,5 % der Mädchen nutzten das direkte Messen zum Lösen der Modellierungsaufgabe im Gegensatz zu 5,1 % der Jungen. Im Ganzen betrachtet kann man nicht von einem signifikanten Geschlechtsunterschied in der Benutzung der Lösungsansätze ausgehen. Eine Interpretation dieses Sachverhalts legt die Vermutung nahe, dass sowohl Mädchen als auch Jungen über den gleichen mathematischen Kenntnisstand verfügen, so dass sich diese, innerhalb der Jahrgangsstufen, oft für den gleichen Lösungsansatz entscheiden.

#### 5.5.3.2 Modellierungskompetenz von Jungen und Mädchen
Zwischen den Geschlechtern zeigen sich kaum Unterschiede bezüglich ihrer Modellierungsleistung. Abb. 5.21 zeigt, dass sich die Verteilungen von Jungen und Mädchen durchaus ähneln. Auffällig ist allerdings der hohe Anteil an Jungen, die Stufe 0 erreichten im Vergleich zu den Mädchen. Ein umgekehrtes Ergebnis lässt sich bei Stufe 2 erkennen. Der Barrierelevelvalue ist mit $blv(3) = 1,34$ bei den Mädchen größer als bei den Jungen, die bei Level 3 einen Barriere-levelvalue von $blv(3) = 1,16$ aufweisen.

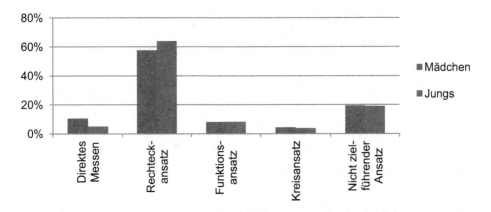

**Abb. 5.20**  Lösungsansätze von Jungen und Mädchen.

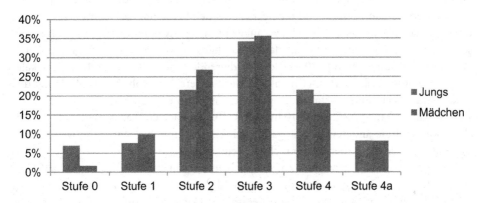

**Abb. 5.21**  Die erreichten Stufen von Jungen und Mädchen.

Da die vorliegende Grundgesamtheit nicht normalverteilt ist haben wir den nicht-parametrischen Mann-Whitney-U-Test (Bortz, Lienert & Boehnke, 2008) gewählt, um die Ähnlichkeit der Verteilungen von Jungen und Mädchen zu untermauern. Aus den daraus gewonnenen Daten lässt sich kein signifikanter Unterschied in der Modellie-rungsleistung von Jungen und Mädchen erkennen ($z = -0,29$, $p = 0,77$). Abb. 5.22 spiegelt diese Tatsache gut wider. Es ist deutlich zu sehen, dass es in dieser Untersuchung zwischen Jungen und Mädchen keine generellen Unterschiede in der Modellierungsleistung gibt.

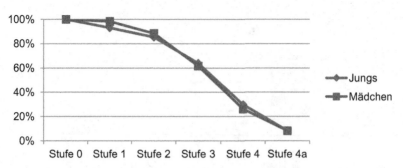

**Abb. 5.22** Prozentsatz von Jungen und Mädchen, die Stufe x erreichten.

## 5.5.4 Vergleich der Jahrgangsstufen

Interessante Einblicke liefert die Verteilung der Stufen auf die verschiedenen Jahrgänge (siehe Abb. 5.23). Lösungen der Stufe 4a traten erst ab Klasse 9 auf, dennoch ist positiv zu bewerten, dass in Klasse 7 und 8 (wie auch bei den Studierenden) kein Lösungsansatz die Stufe 0 erhielt. In allen Jahrgängen, außer in Jahrgangsstufe 10 und der Universität, stellt Stufe 3 eine besondere Hürde dar, erkennbar am Barrierelevelvalue größer 1. Die Lösungen der Jahrgangsstufe 10 und der Studierenden erreichen bei Stufe 2 ein lokales Maximum, was in Klasse 10 aber nicht zu einer Barriere führt (blv(2) = 0,44). Unter den Studierenden stellt Stufe 2 statistisch gesehen eine schwache Barriere dar, mit blv(2) = 1,06. Warum gerade Klassenstufe 10 und die Universität lokale Maxima bei Stufe 2 erreichen, während die anderen Jahrgangsstufen lokale Maxima bei Stufe 3 aufweisen, lässt sich mit den hier erhobenen Daten nicht eindeutig klären.

Richten wir unser Augenmerk auf die höchste erreichbare Stufe 4a, so fällt auf, dass erst ab Klasse 9 Lösungsansätze dieser Stufe abgegeben wurden. Bei der Vermutung warum das so ist, müssen wir uns noch einmal in Erinnerung rufen, welche Merkmale Stufe 4a aufweist: das Verbessern der eigenen Formel durch Einführen von zusätzlichen Variablen, um auch die Saitenlänge für Schläger mit verschiedener vertikaler und horizontaler Saitenanzahl zu berechnen. Dieses Vorgehen setzt einen gewissen Grad an Abstraktionsvermögen voraus und verlangt zudem, sich weiterführende Gedanken über die eigentliche Aufgabe hinaus zu machen. Mit diesem Verfahren scheinen gerade jüngere Schülerinnen und Schüler noch nicht vertraut. Sie bleiben im engen Umfeld der Aufgabe. Eine Einordnung in einen größeren Kontext findet nicht statt.

Ein positiver Aspekt zeigt sich allerdings bei Betrachtung der Stufe 0. Keine der Testpersonen aus Klasse 7 und 8, oder auch der Universität, dokumentierte einen nicht zielführenden Lösungsansatz und somit erreichten alle zumindest Stufe 1. Warum dies gerade auf Siebt- und Achtklässler zutrifft, lässt sich hier nicht klären. Da wir Studierende mit Haupt- oder Nebenfach Mathematik aussuchten, ist anzunehmen, dass diese Positivselektion sich dahingehend auswirkt. Betrachtet man zudem noch den Schwierigkeitsgrad der Aufgabe im Hinblick auf die mathematischen Fähigkeiten von Testpersonen mit abgeschlossenem Abitur, so ist durchaus nachvollziehbar, dass diese zumindest einen zielführenden Ansatz dokumentieren konnten.

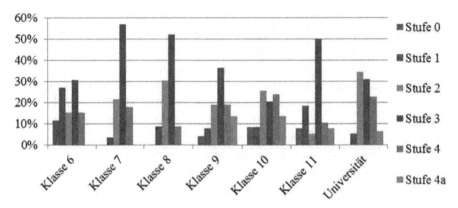

**Abb. 5.23** Prozentualer Anteil der Stufen in den jeweiligen Jahrgängen

## 5.6 Diskussion

Im Folgenden wollen wir die Ergebnisse im Hinblick auf unsere Forschungsfrage aus Kapitel 5.2 zusammenfassen und interpretieren. Vor der Durchführung der Studie war nicht eindeutig absehbar, wie viele verschiedene Lösungsansätze die Testpersonen überhaupt anwenden würden. Umso erfreulicher ist nun, dass das Ergebnis vier verschiedene Ansätze umfasst. Das heißt, die Probanden waren durchaus in der Lage mit der Modellierungsaufgabe umzugehen, was angesichts der schwachen Leistung bei PISA 2000 nicht selbstverständlich zu sein schien (Artelt, et al., 2001).

Im Vorhinein war allerdings abzusehen, dass die Verteilung der Lösungsansätze auf die jeweilige Jahrgansstufe doch recht unterschiedlich war. Auch wenn die gestellte Modellierungsaufgabe dazu geeignet war, von allen Jahrgangsstufen mit der gleichen Lösungsqualität beantwortet zu werden, da die dafür nötigen mathematischen Kenntnisse Lerninhalte von Klasse 5 sind, so spielt dennoch die Erfahrung im Bearbeiten von Modellierungsaufgaben eine nicht zu unterschätzende Rolle. Dies spiegelte sich gerade in der Phase des Interpretierens und Validierens der eigenen Ergebnisse wider. Dennoch kann nicht eindeutig behauptet werden, dass die Modellierungskompetenz konstant mit Alter, also Fortschritt und Festigung der mathematischen Kenntnisse, steigt. Bei der Frage nach der Qualität der Lösungsansätze im Kontext unserer Modellierungsstufen konnte zwar evaluiert werden, dass Stufe 4a erst ab Klasse 9 erreicht wurde, dies war allerdings nicht ausreichend, um einen generellen Anstieg der Modellierungskompetenz zu folgern. Im Bezug auf Kreis- und Funktionsansatz zeigten die Schülerinnen und Schüler das gegenwärtige Bild schulischen Lernens. Kreis- und Funktionsansatz wurde vorherrschend in den Jahrgangsstufen benutzt, in denen der jeweilige Ansatz gerade Inhalt des Lehrplans war.

Was die Modellierungsqualität der einzelnen Lösungsansätze angeht, gab es doch große Unterschiede. Der Rechteckansatz, da leicht zugänglich und funktionell, erwies sich als am besten geeignet, die Aufgabe adäquat zu lösen, und erreichte mitunter die besten Modellierungsstufen. Testpersonen die Kreis- oder Funktionsansatz wählten, konnten meist kein richtiges Ergebnis vorweisen. Sie schienen diesen Ansatz zu benutzen, ohne, dass sie ein durchdachtes Lösungskonzept vor Augen hatten. Auch das spricht wieder für eine sture Anwendung des gerade gelernten Schulstoffs, so wie es die Übungsaufgabenkultur der meisten Schulbücher suggeriert.

Bei Betrachtung der Modellierungskompetenz aller Probanden stellt sich Stufe 3 als Barriere heraus. Da Stufe 4 die Bearbeitung von Teilaufgabe b), nämlich das Aufstellen einer allgemeinen Formel zur Berechnung der Saitenlänge verlangt, ist das ein nachvollziehbares Ergebnis. Da sich das eigentliche Modellieren hinter Teilaufgabe b) verbirgt, zeigt dieses Resultat aber auch, obwohl vielerlei Anstrengungen unternommen werden, Modellieren in der Schule zu integrieren, dass immer noch große Schwierigkeiten vorherrschen.

Zwischen Jungen und Mädchen gibt es keine signifikanten Unterschiede bezüglich ihrer Modellierungskompetenz, so dass wir zumindest im Bereich der mathematischen Modellierung den allgemeinen Trends in der Mathematik des Leistungsunterschieds zugunsten der Jungen nicht bestätigen können (siehe unter anderem Brunner, Krauss, & Martignon, 2011). Allerdings bedarf es zu einer eindeutigen Klärung dieses Sachverhalts weitere Untersuchungen. Ein ähnliches Bild zeigte sich bei der Auswertung der benutzten Lösungsansätze von Jungen und Mädchen. Auch dort konnten keine geschlechtsspezifischen Unterschiede aufgedeckt werden. Zusammenfassend ist das Geschlecht bei dieser Modellierungsaufgabe also weder statistisch relevant für die Modellierungskompetenz noch für die Wahl eines jeweiligen Lösungsansatzes.

Die Unterschiede in der Verteilung der Stufen innerhalb der Jahrgangsstufen lassen sich nur teilweise erklären. Das Ergebnis, dass gerade die Siebt- und Achtklässler keine Lösungsansätze der Stufe 0 abgaben, lässt sich an dieser Stelle nicht erklären. Erst ab Klasse 9 konnten Lösungsansätze der Stufe 4a verzeichnet werden, was im Hinblick auf die fehlende Erfahrung der jüngeren Schülerinnen und Schüler im Hinblick auf Validieren und Interpretieren der eigenen Ergebnisse erklärt werden kann. Gerade das Verbessern und Hinterfragen des eigenen Resultats wird bei den meisten Sach- oder Textaufgaben oft nicht benötigt, sodass erst ein wiederholter Umgang mit Modellierungsaufgaben den Blick dafür schärft. Dennoch konnte nicht belegt werden, dass die Modellierungskompetenz mit höherer Jahrgangsstufe steigt.

In einer weiterführenden Untersuchung könnte man der Frage nachgehen, ob ein Zusammenhang von angefertigten Skizzen und der Modellierungskompetenz besteht. Eine interviewgestützte Studie könnte zudem klären, inwieweit der Modellierungskreislauf tatsächlich durchlaufen wurde.

## 5.7 Literaturverzeichnis

Artelt, C., Baumert, J., Klieme, E., Neubrand, M., Prenzel, M., Schiefele, U. et al. (2001). *PISA 2000 Zusammenfassung zentraler Befunde.* Berlin: Max-Planck-Institut für Bildungsforschung.

Blum, W. (2007). Modellierungsaufgaben im Mathematikunterricht – Herausforderungen für Schüler und Lehrer. *Humenberger et al (Hrsg.), Festschrift für HWH* (S. 8–22). Hildesheim: Franzbecker.

Blum, W. & Leiß, D. (2005). How do students and teachers deal with mathematical modelling problems? The example „Sugarloaf". *ICTMA 12,* (S. 222–231).

Borromeo Ferri, R. (2006). Theoretical and empirical differentiations of phases in the modelling cycle. *Zentralblatt für Didaktik der Mathematik,* S. 86–95.

Borromeo Ferri, R. (2010). On the influence of mathematical thinking styles on learners' modelling behaviour. *Journal for Didactics of Mathematics 31(1),* S. 99–118.

Bortz, J., Lienert, G. A. & Boehnke, K. (2008). *Verteilungsfreie Methoden in der Biostatistik.* Berlin: Springer.

Brunner, M., Krauss, S. & Martignon, L. (August 2011). Eine alternative Modellierung von Geschlechtsunterschieden in Mathematik. *Journal der Mathematik-Didaktik 32(2),* S. 179-204.

English, L. D. (2010). Modeling with Complex Data in the Primary School. *ICTMA 13: Modeling Students' Mathematical Modeling Competencies,* S. 287–299.

Greefrath, G. (2010). *Didaktik des Sachrechnens in der Sekundarstufe.* Heidelberg: Spektrum Akademischer Verlag.

Iversen, S. M. & Larson, C. J. (2006). Simple Thinking using Complex Math vs. Complex Thinking using Simple Math – A study using Model Eliciting Activities to compare students' abilities in standardized tests to their modelling abilities. *Zentralblatt Didaktik der Mathematik 38(3),* S. 281–292.

Leiß, D. (2010). Adaptive Lehrerinterventionen beim mathematischen Modellieren – empirische Befunde einer vergleichenden Labor- und Unterrichtsstudie. *Journal für Mathematik-Didaktik 31 (2),* S. 197–226.

Ludwig, M. (2008). *Mathematik+Sport: Olympische Disziplinen im mathematischen Blick.* Wiesbaden: Vieweg+Teubner Verlag.

Ludwig, M. & Reit, X.-R. (2012). A Cross-section Study about Modelling Task Solutions. ICME 12 Conference (S. 3376–3387), Seoul, Korea: ICME.

Ludwig, M. & Xu, B. (März 2010). A Comparative Study of Modelling Competencies Among Chinese and German Students. *Journal für Mathematik-Didaktik 31(1),* S. 77–97.

Schukajlow, S. (2011). *Mathematisches modellieren. Schwierigkeiten und Strategien von Lernenden als Bausteine einer lernprozessorientierten Didaktik der neuen Aufgabenkultur.* Münster: Waxmann.

Schukajlow, S. (2012). *Forschungsprojekt MulitMa.* Abgerufen am 06.08.2012 von http://home pages.uni-paderborn.de/schustan/Multima.htm

Weinert, F. E. (2001). Vergleichende Leistungsmessung in Schulen – eine umstrittene Selbstverständlichkeit. In F. E. Weinert. Weinheim: Beltz.

# Lesekompetenz und mathematisches Modellieren   6

Stanislaw Schukajlow

## 6.1   Einleitung

Die Bearbeitung mathematischer Modellierungsaufgaben erfordert neben anderen Aktivitäten ein fundiertes Verständnis der Aufgabenstellung. Obwohl es eine Reihe von Untersuchungen von Bedingungsfaktoren „mathematischen" Lesens im Bereich Textaufgaben gibt (vgl. Reed, 1999), liegen bisher nur wenige Beiträge vor, in denen speziell die mathematische Modellierungskompetenz unter diesem Gesichtspunkt analysiert wird.

Im folgenden Beitrag werden im ersten Kapitel Lesekompetenz im Zusammenhang mit der mathematischen Grundbildung betrachtet, kognitive Grundlagen des Lesens vorgestellt und der Einfluss der Lesekompetenz auf den Erwerb von mathematischem Wissen und mathematischen Kompetenzen diskutiert. Im zweiten Kapitel werden Leseaktivitäten beim Modellieren analysiert und an einer Modellierungsaufgabe veranschaulicht. Die Vorstellung ausgewählter Determinanten der Lesekompetenz und Ansätze zu ihrer Förderung beim Modellieren stehen im Mittelpunkt des dritten Kapitels. Ein Beispiel zur Förderung von Leseaktivitäten im Unterricht wird im vierten Kapitel dokumentiert und Bausteine eines Programms zur Leseförderung mit strategischen Schwerpunkten vorgeschlagen.

## 6.2   Lesekompetenz

### 6.2.1   Verständnis der Lesekompetenz im Kontext mathematischer Grundbildung

Lesefähigkeit gilt als eine grundlegende Voraussetzung für „die Teilhabe an vielen Bereichen des gesellschaftlichen Lebens" (Artelt et al., 2005, S. 6) und für den Wissenserwerb allgemein. Traditionell wird Lesekompetenz als Fähigkeit bestimmt, schriftliche Texte zu verstehen. In den letzten Jahrzehnten ist eine Erweiterung des Begriffs Lesekompetenz auf andere schriftliche Repräsentationsformen zu verzeichnen. Es wird zunehmend darauf geachtet, welches Wissen, welche Fähigkeiten und Fertigkeiten für einen Menschen notwendig sind, um sich auf dem Arbeitsmarkt und im Alltag zurecht zu finden. Da in modernen Gesellschaften Fotographien, Bilder, Zeichnungen, Tabellen, Diagramme und andere Bild- und Textsorten weit verbreitet sind, wurde der Begriff Lesekompetenz in den zeitgenössischen Leseforschungen (siehe z. B. Mosenthal & Kirsch, 1991) wesentlich erweitert. Schnotz und Dutke (2004, S. 63) schreiben in diesem Zusammenhang: „Lesekompetenz ist vielmehr als Fähigkeit anzusehen, schriftliche Dokumente zu verstehen, in denen sowohl verbale Informationen in Form von Schriftzeichen als auch piktoriale Informationen in Form von Bildzeichen enthalten sind". Solch eine breite Definition von Lesekompetenz kann nicht mehr nur als ein Bestandteil des Deutschunterrichts angesehen werden. Sie ist eine fächerübergreifende Fähigkeit, die in verschiedenen Schulfächern erworben wird und auch im jeweiligen Fach gefördert werden soll. Insbesondere das Erstellen und Interpretieren von Graphen, Tabellen, Diagrammen und zum Teil auch Bildern sowie auch das Agieren mit den mathematischen Symbolen sind bedeutende Teile des Mathematikunterrichts und fallen traditionell unter mathematische Kompetenzen. Lesen der genannten Informationsquellen kann als „mathematisches" Lesen bezeichnet werden (Leiss, Schukajlow, Blum, Messner & Pekrun, 2010). Der Umgang mit Graphen, Tabellen und anderen Darstellungsformen ist ein Teil der Kompetenz „mathematische Darstellungen verwenden" oder/und der mathematischen Kompetenz „mit symbolischen, formalen und technischen Elementen arbeiten" (Blum, 2006). Die genannten Darstellungen zu verstehen und zwischen Darstellungen zu übersetzen sind wichtige Fähigkeiten, die in verschiedenen Inhaltsbereichen und Leitideen – insbesondere aber vor allem bei der Entwicklung des Funktionsbegriffs und der Betrachtung stochastischer Modelle – beachtet werden müssen. In diesem Beitrag konzentriere ich mich primär auf die Fähigkeit Texte und Bilder zu lesen, welche in Bildungsstandards vor allem unter den Kompetenzen „mathematisch Kommunizieren" und „mathematisch Modellieren" erfasst werden. Wie aber in weiteren Ausführungen deutlich wird, kann auch das Erstellen von piktorialen Repräsentationen eines Sachverhalts eine wichtige Rolle im Verstehensprozess spielen und zur Förderung von verschiedenen mathematischen Kompetenzen beitragen.

## 6.2.2  Kognitive Grundlagen des Lesens

Der Leseprozess ist ein komplexes Geschehen, das gleichzeitig auf Wort-, Satz- und Textebene stattfindet (Christmann & Groeben, 1999). Auf allen drei Ebenen läuft das Lesen nicht linear-additiv ab, so dass einzelne Buchstaben, Wörter und Sätze nacheinander sequenziell gelesen und die so gewonnenen Informationen in das Arbeitsgedächtnis des Lesers eingespeist werden. Viel mehr kann man über das Interagieren von zwei gleichzeitig ablaufenden Prozessen sprechen: Der eine wird vom Text (Textbasis) und der andere von den Wissensstrukturen des Lesers geleitet (vgl. die Zusammenfassung von Goldmann & Rakestraw, 2000). Nur wenn die dadurch entstandene mentale Repräsentation eines im Text beschriebenen Sachverhaltes in sich kohärent ist, kann man über das Verstehen des Textes sprechen. Die Kohärenz bedeutet in diesem Zusammenhang „die Verknüpfung von mentalen Einheiten im Kopf zu einem zusammenhängenden Ganzen" (Kintsch & Van Dijk, 1978; Schnotz, 1994, S. 17). Ein anderer Aspekt des Textverständnisses ist die Übereinstimmung zwischen der vom Autor intendierten Repräsentation des Gegenstandes und der des Lesers. Es ist beim Lesen durchaus möglich, dass der Leser zwar eine in sich kohärente Repräsentation aufbaut, diese mit der objektiven Bedeutung des Textes aber nicht übereinstimmt und dann als fehlerhaft bezeichnet wird.

Wie eine mentale Repräsentation eines Textes im Gedächtnis eines Menschen aufgebaut ist, konnte endgültig noch nicht geklärt werden. Derzeit geht man davon aus, dass beim Lesen mehrere mit einander zusammenhängende mentale Repräsentationen gebildet werden (Zwaan & Radvansky, 1998). Sieht man von der Repräsentation der Textoberfläche und anderen Repräsentationsarten ab (vgl. zur Bedeutung der Textoberfläche im Zusammenhang mit der mathematischen Kompetenz Nesher, Hershkovitz & Novotna, 2003), geht die Mehrheit der Theorien zum Textverstehen von einer dualen Natur der mentalen Repräsentation aus: Beim Lesen wird sowohl eine propositionale Repräsentation als auch ein mentales Modell (Situationsmodell) konstruiert (Kintsch, 1986; Kintsch & Greeno, 1985). Eine propositionale Repräsentation erinnert in ihrer Struktur an ein Begriffsnetz, in dem einzelne Objekte mit Hilfe von Prädikaten miteinander verbunden sind. Eine ganz andere Repräsentationsform ist das Situationsmodell, das erst in den 1980er Jahren theoretisch eingeführt und deren Existenz in vergangenen Jahrzenten empirisch nachgewiesen wurde (Zwaan & Radvansky, 1998). Im Situationsmodell werden Informationen als eine Einheit mit verschiedenen Teilelementen gespeichert. Diese Einheit kann man sich als eine Repräsentation darstellen, in der verschiedene sensorische Informationen (auditive, visuelle, taktile u. a.) zusammengefügt worden sind. Eine charakteristische Eigenschaft des Situationsmodells ist, dass es zusätzliche Informationen enthält und somit über die im Text beschriebene Situation hinausgeht. Der Vorteil eines Situationsmodells gegenüber der propositionalen Repräsentation besteht in der Möglichkeit, Schlussfolgerungen direkt aus der Repräsentation der jeweiligen Situation abzulesen (Johnson-Laird, 1983; van Dijk & Kintsch, 1983). Da das Schlussfolgern beim Lösen mathematischer Aufgaben eine wichtige Rolle spielt, ist die Bedeutung des Situationsmodells für einen erfolgreichen Lösungsprozess besonders groß (vgl. z. B. Forschungen zu Textaufgaben bei Mayer & Heagarty, 1996; Reusser, 1989).

### 6.2.3   Zum Einfluss der Leskompetenz auf Wissenserwerb in Mathematik

Beim Erwerb der mathematischen Kompetenz im Sinne der Bildungsstandards hilft Lesekompetenz auf verschiedene Arten. Zum einen läuft der Lernprozess von lesestärkeren Schülerinnen und Schülern autonomer als bei den leseschwächeren Lernenden. In unserer Umwelt werden viele Informationen in schriftlicher Form an die Interessenten weitergegeben. Ein guter Leser kann diese Informationen aus den vorhandenen Quellen entnehmen, ins Wissensnetz integrieren und sein mathematisches Wissen und Können verbessern. Solche schriftlichen Informationsquellen sind z. B. Lehrbücher der Mathematik. Ein neues Thema wird in einem Lehrbuch schriftlich erklärt und an einem oder mehreren Beispielen veranschaulicht. Lernende, die in der Lage sind, mathematische Erklärungen in Text- und Bildform zu verstehen, sind beim Lesen von Lehrbüchern im Vorteil. Auch wenn sie die Inhalte nicht sofort vollständig erfassen, stellen sie häufiger spezifische Fragen zu einem bestimmten Bearbeitungsschritt oder Begriff. Solche spezifischen Fragen können von der Lehrkraft unmittelbar beantwortet werden, wohingegen schwache Leser oft die Bedeutung fachspezifischer Texte nicht erfassen können und dies der Lehrkraft auch so allgemein rückmelden. Die Unterstützung von Lernenden ist im Fall allgemeiner Nachfragen („Ich habe nichts verstanden") viel schwieriger und zeitintensiver, da zuerst diagnostiziert werden soll, an welcher Textstelle die Schwierigkeiten genau auftreten. Erst danach können Lehrerinterventionen angeleitet werden.

Zum anderen werden mathematische Aufgaben in der Regel schriftlich formuliert und enthalten je nach Fragestellung mehr oder weniger Text, Bilder und andere symbolische oder piktoriale Informationen. Werden diese Informationen bei der Bearbeitung der Aufgabe nicht korrekt erfasst, kann der Lösungsprozess schon von Anfang an gehindert werden. Gerade leistungsschwächere Lernende unterbrechen in solchen Situation die Bearbeitung der Aufgabe und warten ab, bis alle offenen Fragen zu der Aufgabe geklärt werden. Die gestellte Aufgabe bleibt unbearbeitet. Der eigene, konstruktive Lösungsprozess wird auf Eis gelegt. Die anschließenden Erklärungen eines Lösungsweges, die z. B. in den Phasen der Ergebnissicherung erfolgen, sind für diese Schülerinnen und Schüler nicht mehr so gewinnbringend wie die Eigenbearbeitung einer Aufgabe bei anderen Lernenden.

## 6.3   Modellierungskompetenz der Schülerinnen und Schüler

In der Didaktik der Mathematik wie auch in der Leseforschung hat die pragmatische Sichtweise auf mathematisches Wissen und mathematische Kompetenzen in den letzten Jahrzehnten an Bedeutung gewonnen. Die Notwendigkeit, Realitätsbezüge stärker in den Alltagsunterricht zu integrieren, ist sowohl international als auch national anerkannt und wurde unter anderem in Anlehnung an Freudenthals Konzeption „realistic education" als Leitmotiv für die internationale PISA-Studie ausgewählt (Blum et al., 2004; Freudenthal, 1977). National orientiert man sich an der Konzeption von Heinrich Winter, der neben formalen und kulturbezogenen Aspekten mathematischer Grundbildung auch die pragmatische Sichtweise in den Mittelpunkt des Mathematikunterrichts gestellt hat: „Der Mathematikunterricht sollte anstreben, Erscheinungen der Welt um uns, die uns alle angehen oder angehen sollten, aus Natur, Gesellschaft und Kultur, in einer spezifischen Art wahrzunehmen und zu verstehen" (Winter, 1995).

**Zuckerhut**

Aus einer Zeitungsmeldung:

Die Zuckerhutbahn benötigt für die Fahrt von der Talstation bis zum Gipfel des als Zuckerhut bekannten Berges rund 3 Minuten. Dabei fährt sie mit einer Geschwindigkeit von 30 km/h und überwindet einen Höhenunterschied von ca. 180 m. Der Cheftechniker Giuseppe Pelligrini würde viel lieber zu Fuß gehen. So wie früher, als er Bergsteiger war und erst von der Talstation über die ausgedehnte Ebene zum Berg rannte und diesen dann in 12 Minuten bestieg.

**Aufgaben:** Wie weit ist die Strecke ungefähr, die Giuseppe von der Talstation bis zum Fuß des Berges rennen musste? Schreibe deinen Lösungsweg auf.

**Abb. 6.1**  Modellierungsaufgabe Zuckerhut

Eine weitgehende Einigkeit besteht darin, dass das mathematische Modellieren im engeren Sinn als Übersetzungsprozess zwischen Realität und Mathematik beschrieben werden kann (Blum & Niss, 1991; Niss, Blum & Galbraith, 2007). Zugleich existieren verschiedene Prozessbeschreibungen des Modellierens. Dies kann durch das unterschiedliche Verständnis des Modellierens sowie durch verschiedene Forschungszugänge zum Modellierungsprozess erklärt werden (Borromeo Ferri, 2006). Der vorliegenden Konzeption zugrunde liegenden kognitiven Sichtweise auf das Modellieren entspricht der Modellierungskreislauf von Blum und Leiss (2005) und das Modell der sequenziellen Bearbeitung von Modellierungsaufgaben von Schukajlow (2011), in dem strategische Handlungen von Lernenden eine besondere Beachtung gefunden haben. In beiden Modellen werden den Verstehensprozessen und Leseaktivitäten eine wichtige Rolle zugesprochen.

Da Lesekompetenz vor allem bei der Konstruktion eines Situations- und eines Realmodells eine Rolle spielt, konzentriere ich mich hier auf diese beiden Modellierungsaktivitäten. Diese Aktivitäten werden an der Aufgabe „Zuckerhut" (Abb. 6.1) veranschaulicht und diskutiert. Weitere Modellierungsschritte – die Übersetzung aus der Realität in die Mathematik, mathematisches Arbeiten, Interpretation der Ergebnisse, Validierung der Lösung und Dokumentation des Lösungsweges – werden hier nicht betrachtet (vgl. hierzu Schukajlow, 2011).

**Verstehen.**  Da Modellierungsaufgaben in der Regel schriftlich gestellt werden, beginnt ihre Bearbeitung mit dem Lesen der Aufgabe und gegebenenfalls mit dem Betrachten des Bildes. Die Aufgabestellung, welche im Modellierungskreislauf „reale Situation" genannt wird, beinhaltet die Beschreibung einer realitätsbezogenen Situation. Diese Situation soll zuerst verstanden werden. Für einen Problemlöser bedeutet Verstehen, auf der Grundlage des vorhandenen Textes und Bildes ein Situationsmodell zu konstruieren. Dabei werden unter Rückgriff auf Vorwissen Schlussfolgerungen (Inferenzen) gezogen, welche die in dem Aufgabentext enthaltenen Informationen ergänzen. Van Dijk & Kintsch betonen, dass die Konstruktion des Situationsmodells nicht ausschließlich über Schlussfolgerungen aus der Textbasis erfolgt (van Dijk & Kintsch, 1983, S. 336–337). Die Textbasis leitet nur das Bilden des Situationsmodells. Es gibt aber noch einen Prozess, der die Konstruktion des Situationsmodells konstituiert. Reusser nennt ihn die Vergegenwärtigung der Sachstruktur. Darunter versteht er unter anderem „die Identifikation der Protagonisten der Handlung, die zeitliche und funktionale Bestimmung des Handlungsablaufs und die Identifikation einer mathematisch bedeutsamen Lücke" (der Fragestellung) im Handeln (Reusser, 1997, S. 152). Das Verstehen kann hierbei als durch die Aufgabenstellung geleitetes Strukturieren des eigenen Wissens charakterisiert werden. In der Aufgabenstellung enthaltene Informationen werden einerseits reduziert und andererseits durch individuelles Wissen ergänzt. Durch diese Aktivitäten wird das erste Modell im Lösungsprozess – das Situationsmodell – konstruiert.

In der Aufgabe Zuckerhut umfasst das Situationsmodell die Gegebenheiten der Situation, einschließlich Vermutungen über die Person Giuseppe Pelligrini, die aus dem Text hergeleitet werden und für die Bearbeitung einer mathematischen Aufgabe eine untergeordnete bis keine Rolle spielen. Beispielsweise kann man denken, dass Guiseppe Pelligrini nicht ganz jung ist, da er als *Chef*techniker arbeitet und keine Berge mehr besteigt. Besondere Schwierigkeiten haben Lernende bei der Konstruktion der beiden Wege von der Talstation bis zum Gipfel des Berges sowie bei der Identifikation der gesuchten Strecke.

**Vereinfachen.** Nachdem die Realsituation in einem Situationsmodell erfasst wurde, muss es vor der Mathematisierung zum Realmodell vereinfacht werden. Im Unterschied zum Verstehensschritt erfolgen dabei keine Ergänzungen des Situationsmodells mehr. Es sind nur rein reduktive Prozesse. Die Komplexität dieser Prozesse hängt mit der Komplexität der Aufgabenstellung zusammen. Schon das Verständnis einfacher Textaufgaben kann durch die Umformulierung des Textes oder durch seine Ergänzung mit einem neuen, für die Lösung irrelevanten Textabschnitt erschwert werden (Reed, 1999). Da authentische Anwendungssituationen oft überflüssige Angaben beinhalten, sollten solche unnötigen Informationen bei der Konstruktion von Modellierungsaufgaben in die Aufgabestellung aufgenommen werden. Eine besondere Art reduktiver Strategien ist die Festlegung einer nicht angegebenen Größe (Annahme), die eine Alternative zur Einführung einer Variablen darstellt. Zusammenfassend lässt sich sagen, dass reduktive Strategien eine eigene Strategiegruppe darstellen. Sie unterscheiden sich von Verstehensstrategien durch eine weniger ausgeprägte, individuelle Ergänzung von vorgegebenen Informationen.

Beim Bearbeiten der Aufgabe Zuckerhut werden viele Informationen, die im Situationsmodell noch Platz finden können, für die spätere Mathematisierung nicht benötigt bzw. können zwecks Vereinfachung modifiziert werden. Im Hinblick auf die typische Lösung, die von Schülerinnen und Schülern des 9. Jahrgangs entwickelt wird, sind von allem die Geschwindigkeit und Zeitangaben zur Seilbahnfahrt (3 min mit 30 km/h), der Höhenunterschied (180 m), sowie Informationen über den räumlichen Aufbau der Situation von Bedeutung.

## 6.4   Ausgewählte Determinanten der Lesekompetenz und Ansätze zu ihrer Förderung im Kontext der Modellierungsaktivitäten

Nun soll die Frage beleuchtet werden, welche Eigenschaften gute von mäßigen Lesern unterscheiden. Als Grundlage dient das Modell der Einflussfaktoren der Lesekompetenz von Artelt u. a. (2005), in dem zwischen vier Einflussfaktoren unterschieden wird: Merkmale des Lesers/ der Leserin, Aktivitäten des Lesers/ der Leserin, Leseanforderung und Beschaffenheit des Textes. Die vier Einflussfaktoren des Modells stehen in einer Wechselwirkung, sodass z. B. der Zusammenhang zwischen der Lesekompetenz und dem Vorwissen durch Leseanforderungen beeinflusst wird. Sind durch den Text gestellte Anforderungen hoch, steigt auch die Rolle des Vorwissens oder auch die Rolle der Motivation für das Verstehen dieses Textes. In diesem Beitrag konzentriere ich mich auf vier ausgewählte Teilaspekte der genannten Einflussfaktoren und konkretisiere diese an mathematischen Inhalten und unter Berücksichtigung fachdidaktischer Arbeiten.

### 6.4.1   Vorwissen

Domänespezifisches Vorwissen, einschließlich des Wortschatzes der Leser, gehört traditionell zu den stärksten Prädiktoren des Lernerfolges in allen Wissensbereichen. Zwischen dem Vorwissen und der Lesekompetenz besteht eine wechselseitige Beziehung. Leser mit mehr Vorwissen können neue Texte besser verstehen, zugleich erschließen sie durch ihre hohe Lesekompetenz einfacher die neuen Inhalte und reichern das Wissen kontinuierlich an.

Leser mit fundiertem Vorwissen können bei der Konstruktion eines Situations-, Real- und eines mathematischen Modells in der Regel ohne große Probleme Inferenzen bilden und kommen dadurch im Lösungsprozess besser voran. Zudem werden bei vielen Sachtexten – unter anderem auch bei mathematischen Texten – Fachbegriffe benutzt, deren Kenntnis vorausgesetzt wird. Speziell bei Modellierungsaufgaben, in denen eine Situation aus der realen Welt im Vordergrund steht, ist Alltagswissen von besonderer Bedeutung. Sind der Aufgabenkontext vertraut und das gestellte Problem bekannt, kann auch das Situationsmodell ohne große Probleme konstruiert werden. Bei der Bearbeitung der Aufgabe Zuckerhut ist Vorwissen über die Fahrt mit der Seilbahn von Vorteil. Wenn man selbst mit der Seilbahn gefahren ist oder eine solche Fahrt beobachtet hat, kann man die räumliche Anordnung der Wege von der Talstation bis zum Gipfel des Berges einfacher rekonstruieren.

Ausgehend von den beiden Vorwissensbereichen, die bei der Bearbeitung von Modellierungsaufgaben – den alltagsbezogenen und den innermathematischen – eine Rolle spielen, können sich auch die Förderansätze zur Aktivierung von Vorwissen an beiden Komponenten orientieren. Die Aktivierung der beiden Vorwissensbereiche kann auf ähnliche Weise stattfinden. Die Lernenden können aufgefordert werden, an die Situation zu erinnern, in der relevantes Wissen erworben oder gebraucht wurde. Eine solche Intervention für den alltagsbezogenen Bereich könnte lauten: „Bist du schon einmal mit der Seilbahn gefahren oder hast du solch eine Fahrt aus der Nähe beobachtet? Stell dir die Situation genau vor!"

## 6.4.2   Textaufbau

Ein wichtiger Faktor, der das Verständnis beeinflussen kann, ist die Beschaffenheit des Textmaterials. Hierzu gehören der globale und lokale Textaufbau, welche durch die Textkohärenz charakterisiert werden. Im Rahmen der Leseforschung wird der Textaufbau vor allem im Hinblick auf eine Textoptimierung untersucht. Man hat eine Reihe von Textmerkmalen identifiziert, die das Verstehen eines Textes erschweren bzw. erleichtern. Da die Fähigkeit, den Schwierigkeitsgrad mathematischer Texte einzuschätzen und zu variieren, als ein wichtiger Bestandteil des fachdidaktischen Wissens betrachtet werden kann, wird in diesem Unterabschnitt auf den globalen und lokalen Textaufbau eingegangen.

Beim globalen Textaufbau geht es um die Struktur des Textes. Die Texte sind demnach einfacher zu verstehen, wenn sie einer fachspezifischen Logik (einer so genannten Superstruktur) folgen. Bei einer mathematischen Textaufgabe erwarten Leser in der Regel, dass zuerst eine vollständige Beschreibung einer Situation gegeben wird, zu der anschließend eine mathematikbezogene Frage kommt. Wird eine Textaufgabe anders strukturiert, erhöht sich vermutlich ihre Schwierigkeit aufgrund der Verstehensprobleme. Die globale Textkohärenz umfasst also eine Abstimmung zwischen einzelnen Textteilen, welche bei einer mathematischen Modellierungsaufgabe in einem klaren Zusammenhang – wie etwa Situationsbeschreibung – Fragestellung – zueinander stehen sollen.

Der lokale Textaufbau wird durch den Bezug zwischen einzelnen Sätzen charakterisiert. Die Textkohärenz auf lokaler Ebene kann unter anderem durch die Wiederholung von Begriffen und Satzteilen, durch das Herausstellen von Zusammenhängen zwischen einzelnen Sätzen und Sinneinheiten (weil, deshalb etc.) oder auch durch das Hervorheben wichtiger Informationen verstärkt werden. In der Aufgabe „Zuckerhut" wird der Bezug zwischen dem ersten und zweiten Satz durch die Verwendung des Adverbs „dabei" deutlich gemacht, das hier als Ersatz für die Wortgruppe „bei dieser Fahrt" verwendet wird. Lässt man dieses Adverb weg, beginnt die Aufgabe wie folgt:

*„Die Zuckerhutbahn benötigt für die Fahrt von der Talstation bis zum Gipfel des als Zuckerhut bekannten Berges rund 3 Minuten. Sie fährt mit einer Geschwindigkeit von 30 km/h und überwindet einen Höhenunterschied von ca. 180 m."*

Beim Lesen dieser Sätze muss der Zusammenhang zwischen beiden Sätzen vom Leser aktiv konstruiert werden. Dies erfordert eine zusätzliche – wenn auch recht einfache – Schlussfolgerung und führt zu einer leichten Erhöhung der Textschwierigkeit.

Der Aufbau eines Textes bei einer Modellierungsgabe hängt vom Leistungsstand der Lernenden sowie von den angestrebten Lernzielen ab. Es erscheint bei der Aufgabenkonstruktion sinnvoll, solche sprachlichen Hürden einzubauen, welche die Lesekompetenz in Mathematik herausfordern. In der Aufgabe Zuckerhut bilden die zwei Sätze über die Vergangenheit von Giuseppe Pelligrini eine solche Hürde, die unter anderem auch eine Zahlenangabe (12 Minuten) beinhalten. Eine weitere Herausforderung wurde durch das Abbilden eines Fotos geschaffen, das einen wichtigen Anhaltspunkt zur Abschätzung der Breite des Berges liefert. Zugleich ist aber dieses Foto perspektivisch verzerrt und legt dadurch ein falsches Situationsverständnis nahe. Lernende vermuten – durch dieses Foto in die Irre geführt –, dass die Seilbahn zwischen zwei Bergen fährt. Allerdings enthält der Text einen Hinweis über die Lage der Seilbahnstationen. Der Begriff „Talstation" soll signalisieren, dass sich diese Station im Tal und nicht auf einem Berg befindet. Dieser Hinweis wird aber von den leistungsschwächeren Lernenden übersehen bzw. nicht in ihre Überlegungen miteinbezogen (vgl. Schukajlow, 2011). Unter anderen sprachlichen Schwierigkeiten ist auch die Verwechslung zwischen den Begriffen „Fuß des Berges" und „zu Fuß" zu nennen. In einer Unterrichtsstunde wurde beobachtet, dass Schülerinnen und Schüler diese Verwechslung lange nicht artikulieren und lediglich ihre Verständnisschwierigkeiten wiederholt zum Ausdruck bringen konnten. Die unterrichtende Lehrkraft brauchte deshalb einige Zeit, um diese Hürde zu diagnostizieren und auszuräumen.

### 6.4.3  Lesemotivation und Leseinteresse

Motivation und Interesse sind wichtige persönliche Merkmale von Leserinnen und Lesern, welche den Leistungserwerb oft erst ermöglichen und auch für sich genommen wichtige Unterrichtsziele darstellen. Trotz offensichtlicher Bedeutung der Motivation für Wissenserwerb, die theoretisch unter anderem in der Selbstbestimmungstheorie von Decy & Ryan (1993) angenommen wird, wurde der direkte Zusammenhang zwischen Motivation und Leistungserwerb bisher eher selten empirisch nachgewiesen. Die Korrelation zwischen Motivation und Leistungen bewegt sich oft nur im unteren Bereich um .20. In der Metaanalyse von Fraser et al. (1987) betrug die durchschnittliche Korrelation zwischen beiden Konstrukten sogar lediglich .12. Etwas höhere Korrelationen wurden zwischen Interesse von Lernenden und ihren Leistungen ermittelt (Korrelation von .30 bei Schiefele, Krapp & Schreyer, 1993), wobei auch hier die Stärke des Zusammenhangs vermutlich davon abhängt, inwieweit Lernende ihre Interessen in den Unterricht einbringen und diese ausleben können. In Fächern mit streng reglementierten Inhalten wie Mathematik ist es nur punktuell möglich, persönliches Interesse von Lernenden bei der Auswahl von Lernmaterial und bei der Unterrichtsgestaltung zu berücksichtigen.

Im Rahmen der Leseforschung wurde festgestellt, dass der Zusammenhang zwischen Motivation und Leistungen sogar etwas höher als zwischen der Lesemenge und den

Leistungen ist (Guthrie, Wigfield, Metsala & Cox, 1999). Lernende, welche über eine hohe Lesemotivation verfügen, lesen vermutlich nicht nur mehr, sie wählen anspruchsvollere Texte, strengen sich gegebenenfalls beim Lesen mehr an und haben ein höheres Selbstkonzept in diesem Bereich (Artelt et al., 2005). Umgekehrt kann es sein, dass die höhere Motivation nicht immer in Leseaktivität übergeht. In diesem Fall bleiben auch die besseren Leseleistungen aus.

Es wurden bisher noch kaum Untersuchungen durchgeführt, die sich mit dem Lesen von mathematischen Texten außerhalb des regulären Unterrichts befasst haben. Es kann jedoch vermutet werden, dass solche Texte sehr selten von Lernenden in ihrer Freizeit gelesen werden. Mathematikspezifische Leseaktivitäten finden den Eingang in den Alltag vermutlich daher eher über primär nicht mathematische Texte, die das Verständnis mathematischer Inhalte an bestimmten Stellen punktuell erfordern. Solche mathematikhaltigen Abschnitte etwa in den Zeitungen wahrzunehmen und sich damit aktiv zu befassen, wäre ein wichtiger Schritt zur Intensivierung mathematikbezogener Lesaktivitäten. Die Motivation hierfür kann im Mathematikunterricht durch die Behandlung von realitätsbezogenen Aufgaben aufgebaut werden. Dabei kann jedoch nicht von Anfang an vorausgesetzt werden, dass Schülerinnen und Schüler eine realitätsbezogene Aufgabe gleich interessanter als eine innermathematische Aufgabe einschätzen (Schukajlow et al., 2012). Eine geeignete Einbettung einer Modellierungsaufgabe in den Alltags- oder Berufskontext, das Hervorheben der Fähigkeit, diese konkrete Aufgabe zu lösen oder die Stimulierung der Neugier der Lernenden in Bezug auf die Antwort auf eine konkrete Frage wären geeignete Maßnahmen, welche motivationale Dispositionen von Lernenden positiv beeinflussen können. Zur Erhöhung des Interesses und zur Stimulierung von mathematikbezogenen Aktivitäten erscheint zudem hilfreich, Lernende dazu anzuleiten, Mathematik im Alltag zu erkennen. Dies sollte durch die Identifikation von Mathematik in Büchern oder Zeitungen im Unterricht stattfinden. Längerfristig müsste zudem ein unterrichtlicher Rahmen geschaffen werden, in dem mathematische Inhalte aus Alltagslektüren gemeinsam besprochen werden. Allerdings ist die Wirkung solcher Interventionsmaßnahmen auf motivationale und kognitive Variablen bisher unbekannt und muss noch evaluiert werden.

### 6.4.4  Strategien

Analog zu Lernstrategien (siehe Überblick bei Friedrich & Mandl, 2006) können unter Lesestrategien aufrufbare, mentale Handlungspläne verstanden werden, die sich mit der Konstruktion der Bedeutung eines Textes oder auch mit der Planung, Überwachung oder Regulation des Leseprozesses befassen. Eine eigene Gruppe bilden in der Lernstrategieforschung die ressourcenbezogenen Strategien. Da die Ressourcenstrategien eher einen allgemeinen Unterstützungscharakter haben, werden sie hier nicht behandelt.

Die Wirksamkeit der Strategien hängt unter anderem auch davon ab, welche Lernziele durch Lesen erreicht werden sollen. Da es beim Lesen mathematischer Texte selten um das Abspeichern, Behalten und Abrufen von vorgegebenen Informationen geht, sind

Memorierstrategien, wie z. B. mehrfaches lautes Lesen, kaum hilfreich. Bei der Konstruktion eines Situationsmodells sind Strategien notwendig, die eine tiefere Verarbeitung der Inhalte einleiten. Diese Strategien werden nach Weinstein & Mayer (1986) Elaborations- und Organisationsstrategien bezeichnet. Bei der Anwendung von Elaborationsstrategien werden die Inhalte aus dem Text mit dem Vorwissen zusammengeführt. Bei der Bearbeitung einer Mathematikaufgabe wird eine Elaborationsstrategie aktiviert, wenn man über die Lösung ähnlicher Aufgaben nachdenkt. Die Organisationsstrategien haben als Ziel, die im Text enthaltenen Informationen miteinander auf produktive Weisen zu verbinden. Mathematikbezogene Beispiele hierfür können das Anfertigen graphischer Repräsentationen der Inhalte sowie Entwerfen einer Tabelle oder eines Graphen sein. Auch eine Concept Map, welche die Verbindungen zwischen den zentralen Begriffen expliziert, gehört zu dieser Strategiegruppe. Zu der dritten Gruppe der so genannten kognitiven Strategien, welche sich unmittelbar mit der Informationsverarbeitung beschäftigen, gehören Wiederholungsstrategien, die auch eine Selektionsfunktion im Lösungsprozess ausführen. Solche Strategien sind z. B. Unterstreichen, Markieren oder Ausschreiben der Angaben. Die genannten Strategien können speziell bei der Bearbeitung von offenen Modellierungsaufgaben hilfreich sein, da diese oft überflüssige und fehlende Angaben enthalten, welche im Lese- und Bearbeitungsprozess ausgefiltert bzw. eingeschätzt werden müssen (siehe Überblick bei Schukajlow & Leiss, 2011).

Die bereits angesprochenen Strategien Planung, Überwachung und Regulation bilden die Gruppe der metakognitiven Strategien. Diese Strategien sind auf einer übergeordneten Ebene angesiedelt und Wirken über die kognitiven Strategien auf die Informationsverarbeitung. Beim Lösen der Aufgabe Zuckerhut planen Schülerinnen und Schüler eine Skizze zu zeichnen, die Geschwindigkeit und Fahrtzeit für die Berechnung der Strecke zu verwenden und dann den Satz des Pythagoras anzuwenden (Schukajlow, 2011). Auf diese Weise wird die Planung des Lösungsprozesses realisiert. Überwachung des Lösungsprozesses findet permanent statt. Sollte eine Strategie sich als nicht erfolgreich erweisen, wird eine andere kognitive Strategie über die Regulationsstrategie aktiviert. Beim Lesen der Aufgabe Zuckerhut müsste die Überwachungsstrategie registrieren, dass die aus dem Foto abgeleitete Vorstellung über die Fahrt der Seilbahn zwischen zwei Bergen im Widerspruch zur Textinformation (*Tal*station) steht. Mögliche Handlungen sind nochmaliges Lesen des Textes, Betrachten des Bildes oder auch Anfertigen einer Skizze zu dieser Situation. Beim Lesen könnte insbesondere der Satz, in dem der Weg von Pelligrini als „von der Talstation über die ausgedehnte Ebene" beschrieben ist, einen Hinweis für den Aufbau der Situation geben.

Die Möglichkeit, Strategiewahl und -anwendung von Lernenden durch Interventionsmaßnahmen deutlich zu verändern (Weinstein, Husman & Dierking, 2000), hat dazu geführt, dass eine Vielzahl von Interventionen zum strategischen Verhalten in verschiedenen Bereichen implementiert und positiv evaluiert wurde. In den Studien, bei denen Strategien bei der Bearbeitung von Modellierungsaufgaben mit Hilfe von Selbstberichten in Fragebogenverfahren erfasst wurden, wurden jedoch selten deutliche Zusammenhänge zwischen Leistungen und Strategien festgestellt (Schukajlow & Leiss, 2011; Spörer &

Brunstein, 2006). Im Mittelpunkt der Interventionsstudien standen sowohl einzelne Strategien als auch ihre Kombinationen (Strategieskripts). Beim Lesen von Sachtexten konnten z. B. die Vorteile des Hervorhebens von Informationen im Zusammenhang mit der Selbstregulation gezeigt werden (Leutner & Leopold, 2003; Leutner, Leopold & Elzen-Rump, 2007). Effekte eines metakognitiven Trainings in kooperativen Lernumgebungen im Mathematikunterricht wurden in der Studie von Kramarski, Mevarech & Arami (2002) untersucht und bestätigt. In dieser Studie haben die Schülerinnen und Schüler gelernt, sich selbst Fragen zu vier Bereichen zu stellen und zu beantworten: (1) zum Verständnis der Aufgabe, (2) zu Gemeinsamkeiten und Unterschieden zwischen den neuen und schon bearbeiteten Aufgaben, (3) zu Strategien bei der Aufgabenbearbeitung und (4) zur Reflexion über den Lernprozess. In einer Studie wurde die Wirkung des strategischen Instrumentes Lösungsplan speziell auf die Modellierungskompetenz von Lernenden erforscht. Der Lösungsplan (siehe Schukajlow, Blum & Krämer, 2011) orientiert sich in seiner Struktur an dem Modellierungskreislauf in einer vereinfachten Form und enthält strategische Hilfen zu vier Aktivitäten:

- Aufgabe verstehen,
- Mathematik suchen,
- Mathematik benutzen und
- Ergebnis erklären.

Eine quasi-experimentelle Studie zeigte eine positive Wirkung eines selbständigkeitsorientierten 10-stündigen Unterrichts mit dem Lösungsplan im Vergleich zum gleichen Unterricht ohne Lösungsplan auf die Modellierungskompetenz von Schülerinnen und Schülern (Schukajlow et al., 2010).

## 6.5  Leseförderung: Beispiel aus der Praxis

In diesem Kapitel soll an einem Beispiel aus der Praxis gezeigt werden, wie Lesekompetenz bei der Bearbeitung von Modellierungsaufgaben gefördert werden kann. Dabei wird auf die Daten zurückgegriffen, die in einer Studie im Rahmen des DISUM-Projektes gesammelt wurden. In der so genannten Hauptstudie 2 wurden sieben Klassen gemäß einer selbständigkeitsorientierten, operativ-strategischen Methode unterrichtet (Leiss et al., 2008). Diese bestand im Wesentlichen aus vier Phasen:

- *Individuelle Arbeit der Schülerinnen und Schüler.* Die Lehrperson unterstützt jeden einzelnen Lernenden individuell.
- *Ko-konstruktiver Austausch* von Lernenden zu ihren Lösungsansätzen. Lehrperson gibt nach Möglichkeit strategische Hilfen und achtet zugleich darauf, dass jede/r Schüler/in eigene Lösungsansätze weiter verfolgt.

- *Individuelle Arbeit*, bei der jede Schülerin bzw. jeder Schüler seine Lösung aufschreibt.
- *Reflexion über verschiedene Lösungen im Plenum.* Lernende stellen ihre Lösungen vor. Die Lehrperson moderiert die Diskussion.

Die Analyse von im Rahmen der Hauptstudie 2 aufgezeichneten Videodaten zeigt eine Lehrkraft, die einen besonderen Wert auf die strategische Unterstützung von Lernenden beim Verstehen der Aufgabe legt (siehe genaue Beschreibung ihrer Lehrerinterventionen in Leiss et al., 2010). Zum strategischen Repertoire von Frau R. gehören unter anderem die Selektionsstrategien „Hervorheben" und „Ausschreiben der Angaben" sowie die Organisationsstrategie „Zeichnen einer Skizze". Ein positiver Zusammenhang zwischen Häufigkeiten beim Hervorheben wichtiger Informationen und Modellierungsleistungen im Posttest in dieser Klasse, deutet auf die Wirksamkeit solcher Strategien hin.

In den 5./6. Stunden der 10-stündigen Unterrichtseinheit zum Modellieren beschäftigen sich Lernende unter anderem mit der Lösung der Aufgabe Zuckerhut. Schülerinnen und Schüler arbeiten jeweils zu viert an einem Tisch und beginnen die Bearbeitung der Aufgabe mit der ersten Phase – individuelle Arbeit. Sie lesen den Aufgabentext durch und betrachten das Foto. Einige machen Notizen oder Zeichnungen. Nach etwa vier Minuten meldet sich Mario. Die Lehrerin kommt an seinen Platz und es entsteht folgender Dialog:

M.: *„Ich weiß nicht, wie ich das rechnen soll…"*
Frau R.: *„… du hast noch gar nicht die wichtigen Sachen aus dem Text …"*
M.: *„Sollen wir das immer machen?"*
Frau R.: *„Immer. Überlegt euch genau, welche Sachen sind hier zentral, wichtig für die Aufgabe. Guckt euch genau an, was die Fragestellung ist. Als erstes unterstreichen und die gegebenen Größen raussuchen, dann hast du deinen Ansatz."*

Mario stellt zu Beginn der Stunde eine allgemeine Frage, die auf einen fehlenden Ansatz bei der Aufgabenbearbeitung hindeutet. Die Lehrerin schaut sich das Aufgabenblatt an und stellt fest, dass keine sichtbaren Produkte der Textarbeit festgehalten wurden. Dies spiegelt sie an den Lernenden zurück und unterstreicht die Notwendigkeit, die Auswahl von wichtigen Angaben durchzuführen. Sie benennt dann die ersten Schritte, welche bei der Bearbeitung einer Modellierungsaufgabe gemacht werden sollen: Analyse der Aufgabe, einschließlich der Fragestellung, im Hinblick auf die wichtigen Angaben und Hervorheben dieser Angaben z. B. durch eine Unterstreichung. Daraufhin unterstreicht Mario die Angaben „3 Minuten", „180 m" und „12 Minuten". Dabei vergisst er die Geschwindigkeit der Seilbahn hervorzuheben, zugleich hebt er eine Angabe hervor, die für die Lösung nicht gebraucht wird (12 Minuten). Die Unterstreichung von 12 Minuten radiert er aus, als er feststellt, dass diese Angabe für die Bearbeitung der Aufgabe Zuckerhut nicht notwendig ist.

Nach etwa vier Minuten, in denen Mario die genannte Textarbeit durchführt, kommt die Lehrerin wieder an den Tisch und gibt einen weiteren Impuls:

Frau R.: „...vielleicht wäre es für euch und für euren Diskussionsprozess erst mal ganz gut, wenn ihr versucht eine Skizze zu machen. Ihr habt drüber geredet, welche Größen wichtig sind. Versucht eine Skizze zu machen, indem ihr dann die Beschriftung stattfinden lasst. Dann ergibt sich von alleine schon eure Fragestellung. Versucht doch jeder allein zu gucken, wie könnte eine gute Skizze aussehen."
(UE3,LK,00:12:30-00:13:06)

Frau R. sagt hiermit nicht, welche Angaben nun tatsächlich für die Bearbeitung wichtig sind. Stattdessen gibt sie einen strategischen Hinweis, eine Skizze zu zeichnen und zu beschriften und legt einen großen Wert darauf, dass jeder Lernende dies in Einzelarbeit zuerst macht und erst dann mit den Anderen über die gezeichnete Skizze spricht.

Später hält sie die Schülerinnen und Schüler an, sich noch einmal mit dem Aufgabentext und eigenen Aufzeichnungen zu beschäftigen. Um die Motivation der Lernenden zu erhöhen, unterstreicht Frau R. die Bedeutung von Modellierungsaufgaben für den Alltag.

Frau R.: „...guckt euch euren Text noch mal an. Die Leute, die die Aufgabe gemacht haben, die wollen ja gucken ... ganz realistisch wenn ihr am Abend Fernsehen guckt, dann sind ganz viele Informationen...und ihr müsst dann gucken, was ist das Wichtige für euch. Ihr müsst das ausblenden, was euch nicht interessiert... formuliert ganz genau, was die von Aufgabe von euch wissen wollen ..."

Mario gelingt es nun, eine richtige Skizze zu zeichnen, die gesuchte Strecke zu identifizieren und die Zahlenangaben den Strecken zuzuordnen. Bei der Berechnung des Weges, den die Seilbahn zurücklegt, macht er einen Rechenfehler und notiert erst 0,5 km statt 1,5 km in der Skizze.

Dies führt zum Folgefehler bei der Anwendung des Satzes des Pythagoras, den er erst in der Reflexionsphase im Plenum bemerkt und korrigiert. Kritisch ist an dieser Stelle die Genauigkeit des Ergebnisses anzumerken. Das Ergebnis von 1.309 m sollte sinnvoll z. B. auf ca. 1.300 m abgerundet werden.

Die Analyse der Hilfen von Frau R. zeigt, dass sich ihre Interventionen stark an dem Verstehensprozess orientieren. Die Empfehlungen, die Angaben zu unterstreichen, eine Skizze eigenständig zu zeichnen und zu beschriften sowie selbst zu formulieren, was in der Aufgabe gesucht ist, erfordern von Schülerinnen und Schülern ein mehrfaches Durcharbeiten der Aufgabenstellung. Diese Aktivitäten führen zu einer vertieften Auseinandersetzung mit der Aufgabe und helfen Mario, wie auch anderen Lernenden, ihren Lösungsprozess voranzubringen und ein adäquates Situations-, Realmodell und mathematisches Modell zu bilden. Die Erläuterung der Bedeutung von Modellierungsaufgaben im Alltag sollte die Motivation und die Anstrengungsbereitschaft der Lernenden erhöhen.

Kritisch ist anzumerken, dass Frau R. an keiner Stelle demonstriert, wie Selektions- und Organisationsstrategien anzuwenden sind. Die Hilfsimpulse, die genannten Strategien anzuwenden, reichen offenbar alleine jedoch nicht aus, um diese fehlerfrei zu benutzen (siehe auch De Bock, Verschaffel & Janssens, 1998).

Zuckerhut

Aus einer Zeitungsmeldung:

Die Zuckerhutbahn benötigt für die Fahrt
von der Talstation bis zum Gipfel des als
Zuckerhut   bekannten   Berges   rund
3 Minuten. Dabei fährt sie mit einer Geschwindigkeit von 30 km/h und überwindet
einen Höhenunterschied von ca. 180 m.
Der  Cheftechniker  Giuseppe  Pelligrini
würde viel lieber zu Fuß gehen. So wie

früher, als er Bergsteiger war und erst von der Talstation über die ausgedehnte Ebene zum
Berg rannte und diesen dann in zwölf Minuten bestieg.

Wie weit ist die Strecke ungefähr, die Giuseppe von der Talstation bis zum
Fuß des Berges rennen musste? Schreibe deinen Lösungsweg auf.

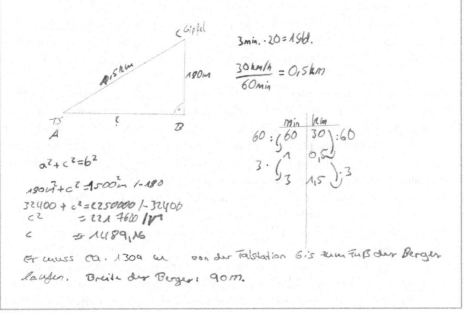

**Abb. 6.2**   Eine Schülerlösung der Aufgabe „Zuckerhut"

Bei der Anwendung der Unterstreichungsstrategie zeigt sich ein ähnliches Fehlermuster, wie auch oft beim Lesen von Sachtexten. Mario unterstreicht eine Angabe, die nicht unbedingt für das Bearbeiten notwendig ist, vergisst zugleich eine relevante Angabe hervorzuheben.

## 6.6    Implikationen für die Unterrichtspraxis

In diesem Abschnitt werden wichtige Eckpunkte für die lesespezifische Strategieförderung in der Unterrichtspraxis mit Modellierungsaufgaben hergeleitet. Zentral erscheinen in diesem Zusammenhang die Einführung und Einübung des Arbeitsablaufs, der speziell die Verstehensstrategien bis zur Konstruktion eines mathematischen Modells in den Vordergrund stellt. Vorteilhaft wäre bei der Einführung dieses Arbeitsablaufs ein sicheres Beherrschen von lösungsrelevanten, mathematischen Verfahren. Dadurch könnte die Aufmerksamkeit von Lernenden auf die Verstehens- und Übersetzungsprozesse fokussiert werden. Aufgrund von empirischen und theoretischen Evidenzen kann folgender Arbeitsablauf vorgeschlagen werden:

Hervorheben der Bedeutung von Modellierungsaufgaben und Sensibilisierung von Lernenden für die spezifischen Herausforderungen bei ihrer Bearbeitung. Diese Herausforderungen sind Verständnis der Aufgabestellung, Identifikation überflüssiger und fehlender Angaben sowie erforderliche Mathematisierungsprozesse.

Demonstration von geeigneten Strategien einschließlich Irrwegen an einem Aufgabenbeispiel. Die Schwerpunkte bilden eine oder mehrere Strategien wie Unterstreichen oder Notieren wichtiger Angaben, Zeichnen einer Skizze, Konstruktion einer Concept Map.

Bearbeitung von Modellierungsaufgaben in Gruppen, bei denen individuelle und ko-konstruktive Aktivitäten abwechselnd stattfinden. Der Austausch sollte dabei nicht nur über konkrete Aufgaben sondern auch über die Arbeitsweisen bei ihrer Bearbeitung stattfinden. Die Aufgaben sollten Hürden bei der Konstruktion eines Situationsmodells, Realmodells und des mathematischen Modells enthalten. Das innermathematische Arbeiten sollte hingegen ohne große Schwierigkeiten zu bewältigen sein.

Sicherungsphasen im Plenum, in denen gemeinsam über die Lösungswege, Lösungsergebnisse und erlernte Strategien reflektiert wird.

Bei der Konkretisierung von Interventionsmaßnahmen können theoretische Rahmenkonzeptionen wie der Cognitiv-Apprenticeship-Ansatz (Collins, Brown & Newman, 1989) oder auch Interventionsprogramme zur Förderung von Strategien im Bereich Lesen (Leopold, 2009) und Modellieren (Krämer, Schukajlow, Blum, Messner & Pekrun, 2011; Maaß, 2004; Maaß & Mischo, 2011; Schukajlow et al., 2011) hilfreich sein. Eine Gestaltung, Durchführung und Evaluation solcher, auf die Leseförderung im Mathematikunterricht fokussierter Trainingsprogramme ist eine wichtige und noch weitgehend ungelöste Aufgabe der Unterrichtsforschung.

## 6.7 Literatur

Artelt, C., McElvany, N., Christmann, U., Richter, T., Groeben, N., Köster, J. et al. (2005). *Expertise - Förderung von Lesekompetenz.* Bonn: BMBW.

Blum, W. (2006). Die Bildungsstandards Mathematik. In W. Blum, C. Drüke-Noe, R. Hartung & O. Köller (Hg.), *Bildungsstandards Mathematik: konkret Sekundarstufe I: Aufgabenbeispiele, Unterrichtsanregungen, Fortbildungsideen* (S. 14–32). Berlin: Cornelsen Scriptor.

Blum, W. & Leiss, D. (2005). Modellieren im Unterricht mit der „Tanken"-Aufgabe. *mathematik lehren* (128), 18–22.

Blum, W., Neubrand, M., Ehmke, T., Senkbeil, M., Jordan, A., Ufig, F. et al. (2004). Mathematische Kompetenz. In M. Prenzel, J. Baumert, W. Blum, R. Lehmann, D. Leutner, M. Neubrand, R. Pekrun, H.-G. Rolff, J. Rost & U. Schiefele (Hg.), *PISA 2003. Der Bildungsstand der Jugendlichen in Deutschland – Ergebnisse des zweiten internationalen Vergleichs* (S. 47–92). Münster: Waxmann.

Blum, W. & Niss, M. (1991). Applied mathematical problem solving, modelling, applications, and links to other subjects. State, trends, and issues in mathematics instruction. *Educational Studies in Mathematics, 22,* 37–68.

Borromeo Ferri, R. (2006). Theoretical and empirical differentiations of the phases in the modelling process. *ZDM – The International Journal on Mathematics Education, 38*(2), 86–95.

Christmann, U. & Groeben, N. (1999). Psychologie des Lesens. In B. Franzmann (Hg.), *Handbuch Lesen* (S. 145–223). München: Saur Verlag.

Collins, A., Brown, J. S. & Newman, S. E. (1989). Cognitive apprenticeship: Teaching the crafts of reading, writing, and mathematics. In L. B. Resnik (Hg.), *Knowing, learning and instruction: essays in honor of Robert Glaser* (S. 453–492). Hillsdale, NJ: Erlbaum.

De Bock, D., Verschaffel, L. & Janssens, D. (1998). The Predominance of the Linear Model in Secondary School Students' Solutions of Word Problems Involving Length and Area of Similar Plane Figures. *Educational Studies in Mathematics, 35*(1), 65–83.

Deci, E. L. & Ryan, R. M. (1993). Die Selbstbestimmungstheorie der Motivation und ihre Bedeutung für die Pädagogik. *Zeitschrift für Pädagogik, 39*(2), 223–238.

Fraser, B. J., Walberg, H. J., Welch, W. W. & Hattie, J. (1987). Synthesis of educational productivity research. *International Journal of Educational Research, 11,* 147–252.

Freudenthal, H. (1977). *Mathematik als pädagogische Aufgabe.* Stuttgart: Klett.

Friedrich, H. F. & Mandl, H. (2006). Lernstrategien: Zur Strukturierung des Forschungsfeldes. In H. Mandl & H. F. Friedrich (Hg.), *Handbuch Lernstrategien* (S. 1–23). Göttingen: Hogrefe.

Goldmann, S. R. & Rakestraw, J. A. (2000). Structural Aspekts of Constructing Meaning From Text *Handbook of Reading Research* (Bd. III, S. 311–336).

Guthrie, J. T., Wigfield, A., Metsala, J. L. & Cox, K. E. (1999). Motivational and cognitive predictors of text comprehension and reading amount. *Scientific Studies of Reading, 3,* 231–256.

Johnson-Laird, P. N. (1983). *Mental models towards a cognitive science of language, inference, and consciousness.* Cambridge <etc.>: Cambridge University Press.

Kintsch, W. (1986). Learning from text. *Cognition and Instruction, 3*(2), 87–108.

Kintsch, W. & Greeno, J. G. (1985). Underständing and Solving Word Arithmetic Prolblems. *Psychological Review, 92*(1), 109–129.

Kintsch, W. & Van Dijk, T. A. (1978). Toward a model of text comprehension and production. *Psychological Review, 85*(5), 363–394.

Kramarski, B., Mevarech, Z. R. & Arami, M. (2002). The effects of metacognitive instruction on solving mathematical authentic tasks. *Educational Studies in Mathematics, 49*(2), 225–250.

Krämer, J., Schukajlow, S., Blum, W., Messner, R. & Pekrun, R. (2011). Strategische Unterstützung von Lehrenden in einem methoden-integrativen Unterricht mit Modellierungsaufgaben. *Beiträge zum Mathematikunterricht 2011.* (S. 479–482). Münster: WTM Verlag.

Leiss, D., Blum, W., Messner, R., Müller, M., Schukajlow, S. & Pekrun, R. (2008). Modellieren lehren und lernen in der Realschule. *Beiträge zum Mathematikunterricht* (S. 370–373). Münster: WTM Verlag.

Leiss, D., Schukajlow, S., Blum, W., Messner, R. & Pekrun, R. (2010). The role of the situation model in mathematical modelling – task analyses, student competencies, and teacher interventions. *Journal für Mathematikdidaktik, 31*(1), 119–141.

Leopold, C. (2009). *Lernstrategien und Textverstehen. Spontaner Einsatz und Förderung von Lernstrategien.* Münster: Waxmann.

Leutner, D. & Leopold, C. (2003). Selbstreguliertes Lernen als Selbstregulation von Lernstrategien. Ein Trainingsexperiment mit Berufstätigen zum Lernen aus Sachtexten. *Unterrichtswissenschaft, 31*(1), 38–56.

Leutner, D., Leopold, C. & Elzen-Rump, V. d. (2007). Self-Regulated Learning with a Text-Highlighting Strategy. *Zeitschrift für Psychologie, 215*(3), 174–182.

Maaß, K. (2004). *Mathematisches Modellieren im Unterricht. Ergebnisse einer empirischen Studie.* Hildesheim: Franzbecker.

Maaß, K. & Mischo, C. (2011). Implementing Modelling into Day-to-Day Teaching Practice – The Project STRATUM and its Framework. *Journal für Mathematikdidaktik.*

Mayer, R. E. & Heagarty, M. (1996). The Process of Understanding Mathematical Problems. In R. J. Sternberg & T. Ben-Zeev (Hg.), *The Nature of Mathematical Thinking* (Bd. 6, S. 29–54): Lawrens Erlbaum Associates.

Mosenthal, P. B. & Kirsch, I. S. (1991). Toward an explanatory model of document literacy. *Discourse Processes, 12,* 147–180.

Nesher, P., Hershkovitz, S. & Novotna, J. (2003). Situation model, Text Base and what else? Factors affecting Problem Solving *Educational Studies in Mathematics, 52*(2), 151–176.

Niss, M., Blum, W. & Galbraith, P. L. (2007). Introduction. In W. Blum, P. L. Galbraith, H.-W. Henn & M. Niss (Hg.), *Modelling and Applications in Mathematics Education: the 14th ICMI Study* (S. 1–32). New York: Springer.

Reed, S. K. (1999). *Word Problems Research and Curriculum Reform.* Mahwah, NJ: Lawrence Erlbaum.

Reusser, K. (1989). *Vom Text zur Situation zur Gleichung. Kognitive Simulation von Sprachverständnis und Mathematisierung beim Lösen von Textaufgaben.* Bern: Universität Bern.

Reusser, K. (1997). Erwerb mathematischer Kompetenzen: Literaturüberblick. In F. E. Weinert & A. Helmke (Hg.), *Entwicklung im Grundschulalter* (S. 141–155). Weinheim: Psychologie Verlags Union.

Schiefele, U., Krapp, A. & Schreyer, I. (1993). Metaanalyse des Zusammenahngs von Interesse und schulischer Leistung. *Zeitschrift für Entwicklungspsychologie und Pädagogische Psychologie, 25,* 120–148.

Schnotz, W. (1994). *Aufbau von Wissensstrukturen Untersuchungen zur Kohärenzbildung beim Wissenserwerb mit Texten.* Weinheim: Beltz.

Schnotz, W. & Dutke, S. (2004). Kognitionspsychologische Grundlagen der Lesekompetenz: Mehrebenenverarbeitung anhand multipler Informationsquellen. In U. Schiefele, C. Artelt, W. Schneider & P. Stanat (Hg.), *Struktur, Entwicklung und Förderung von Lesekompetenz* (S. 61–100). Wiesbaden: VS Verlag für Sozialwissenschaften.

Schukajlow, S. (2011). *Mathematisches Modellieren. Schwierigkeiten und Strategien von Lernenden als Bausteine einer lernprozessorientierten Didaktik der neuen Aufgabenkultur.* Münster u. a.: Waxmann.

Schukajlow, S., Blum, W. & Krämer, J. (2011). Förderung der Modellierungskompetenz durch selbständiges Arbeiten im Unterricht mit und ohne Lösungsplan. *Praxis der Mathematik in der Schule, 53*(2), 40–45.

Schukajlow, S., Krämer, J., Blum, W., Besser, M., Brode, R. & Leiss, D. (2010). Lösungsplan in Schülerhand: zusätzliche Hürde oder Schlüssel zum Erfolg? *Beiträge zum Mathematikunterricht 2010* (S. 771–774). Münster: WTM Verlag.

Schukajlow, S. & Leiss, D. (2011). Selbstberichtete Strategienutzung und mathematische Modellierungskompetenz. *Journal für Mathematikdidaktik, 32*(1), 53-77.

Schukajlow, S., Leiss, D., Pekrun, R., Blum, W., Müller, M. & Messner, R. (2012). Teaching methods for modelling problems and students' task-specific enjoyment, value, interest and self-efficacy expectations. *Educational Studies in Mathematics, 79(2)*, 215–237.

Spörer, N. & Brunstein, J. C. (2006). Erfassung selbstregulierten Lernens mit Selbstberichtsverfahren: Ein Überblick zum Stand der Forschung. *Zeitschrift für Pädagogische Psychologie, 20*(3), 147–160.

van Dijk, T. A. & Kintsch, W. (1983). *Strategies of Discourse Comprehension*. NY: Academic Press.

Weinstein, C. E., Husman, J. & Dierking, D. R. (2000). Self-Regulation Interventions with a Focus on Learning Strategies. In M. Boekaerts, P. R. Pintrich & M. Zeidner (Hg.), *Handbook Self-Regulation* (S. 728–747). San Diego: Academic press.

Weinstein, C. E. & Mayer, R. E. (1986). The Teaching of Learning Strategies. In M. C. Wittrock (Hg.), *Handbook of Research on Teaching* (3 Aufl., S. 315–327). New York/ London: Collier-Macmillan.

Winter, H. (1995). Mathematikunterricht und Allgemeinbildung. *Mitteilungen der Gesellschaft für Didaktik der Mathematik,* (61), 37–46.

Zwaan, R. A. & Radvansky, G. A. (1998). Situation Models in Language Comprehension and Memory. *Psychological Bulletin, 123*(2), 162–185.

# Teil III

# Modellierungsbeispiele und Erfahrungen aus der Praxis

In diesem Teil liegt der Schwerpunkt auf Erfahrungen aus der Praxis des mathematischen Modellierens. Dabei werden zum einen konkret durchgeführte Modellierungsprojekte vorgestellt und zum anderen daraus auch allgemeine Erkenntnisse bezüglich bestimmter Inhalte, Methoden und Medien im Zusammenhang mit realitätsbezogenen Problemen abgeleitet. Die Modellierungsprojekte stammen teilweise aus dem Unterricht, teilweise auch aus Modellierungswochen an Hochschulen. Sie zeigen, dass bestimmte Inhalte des Mathematikunterrichts unter der Modellierungsperspektive neu betrachtet und gewinnbringend aufbereitet werden können. Die Beispiele dienen zum einen dazu aufzuzeigen, wie Modellierungsaktivitäten konkret durchgeführt werden können und zum anderen beinhalten sie Reflektionen, die über die konkreten Aktivitäten hinaus gehen.

*Martin Bracke, Simone Göttlich und Thomas Götz* berichten von traditionsreichen Modellierungsveranstaltungen an der TU Kaiserslautern. Modellierungsprojekte dienen hier auch dazu, ein anderes Bild von Mathematik zu vermitteln und zu zeigen, dass Mathematik im Alltag an vielen Stellen eine wichtige Rolle spielt. Lernende erfahren in solchen Modellierungswochen, wie Probleme aus der Realität Querverbindungen der klassischen mathematischen Inhaltsbereiche erfordern. Als Beispiel wird die Frage bearbeitet, wie man optimal Darts spielt. Lösungen von Studierenden und Lernenden zeigen, wie reichhaltig dieses Problem ist und wie vielfältig reale Lösungen aussehen können.

Der Beitrag von *Andreas Eichler und Markus Vogel* verdeutlicht den Umgang mit Daten im Zusammenhang mit mathematischen Modellen. In diesem Zusammenhang sind Datenanalyse und Wahrscheinlichkeitsanalyse wichtige Werkzeuge um relevante Entscheidungen treffen zu können. Andreas Eichler und Markus Vogel beschreiben an konkreten Modellierungsproblemen wie Datenanalyse als Modellierung verstanden werden kann. Dabei wird besonders die Bedeutung der Reste diskutiert. Auch die Wahrscheinlichkeitsanalyse wird unter dem Aspekt der Modellierung diskutiert und mit Blick auf den Einsatz in der Schule dargestellt.

*Gilbert Greefrath und Jens Weitendorf* widmen sich dem Themenfeld des Einsatzes digitaler Werkzeuge bei der Bearbeitung von Modellierungsproblemen. Sie verdeutlichen die unterschiedlichen Einsatzmöglichkeiten digitaler Werkzeuge, die im Zusammenhang mit Modellierungsaktivitäten eine Rolle spielen und diskutieren entsprechende Modellierungskreisläufe. Ein weiterer Aspekt ist der Einsatz von digitalen Werkzeugen bei Aufgaben mit Realitätsbezügen in Prüfungen. Eine Fülle von Beispielen für den Unterricht zeigt, dass der Einsatz von digitalen Werkzeugen in jeder Phase des Modellierungsprozesses sinnvoll und nützlich sein kann.

*Hans-Wolfgang Henn und Jan Hendrik Müller* stellen an konkreten Beispielen unterschiedliche Typen von Modellen, deskriptive und normative Modelle, vor. Sie diskutieren aber auch die Wechselwirkung zwischen deskriptiver und normativer Modellierung etwa am Beispiel des Head Injury Criterion. Ausführlich wird ein Projekt zu Parabeln im Mathematikunterricht vorgestellt, bei dem viele Modellierungsaspekte eine Rolle spielen. Der Einsatz digitaler Werkzeuge – in diesem Fall GeoGebra – wird integriert. Das beschriebene Vorgehen lässt sich entsprechend auf die Einführung anderer Funktionstypen übertragen.

*Stefan Siller* stellt ein Unterrichtsprojekt im Kontext der Verkehrsproblematik vor. Er zeigt, wie mit Schülerinnen und Schülern die Blockabfertigung im Tauerntunnel als Ausgangspunkt für Modellierungsaktivitäten genutzt wurde. In diesem Beitrag werden die einzelnen Phasen dieses Projekts transparent dargestellt und ausführlich erläutert. Ebenso werden mögliche mathematische Modelle für das Blockabfertigungsproblem entwickelt und ausführlich erläutert.

# Modellierungsproblem Dart spielen

Martin Bracke, Simone Göttlich und Thomas Götz

Modellierungsveranstaltungen am Fachbereich Mathematik der TU Kaiserslautern haben eine lange Tradition. Seit Mitte der 1980er Jahre werden regelmäßig Modellierungsseminare für Studierende im Grund- sowie Hauptstudium angeboten. Als Gründungsmitglied des ECMI[1] (European Consortium for Mathematics in Industry) veranstaltet der Fachbereich Mathematik der TU Kaiserslautern weiterhin in Zusammenarbeit mit anderen Partneruniversitäten in Europa seit 1988 jährlich europäische Modellierungswochen für Studierende. In kleinen Gruppen bekommen die Studierenden die Möglichkeit, eine praxisrelevante Aufgabe zu bearbeiten. Dies erfordert neben organisatorischen Fähigkeiten auch die Fähigkeit, wesentliche Punkte einer Aufgabenstellung, die in Textform ohne detaillierte Fakten gegeben ist, zu extrahieren. Diese Art der Wissensvermittlung wird seit 1993 auch erfolgreich mit Schülerinnen und Schülern verschiedener Altersstufen in Form von Modellierungstagen an bzw. mit Schulen durchgeführt. Darüber hinaus besteht seit 1995 eine Kooperation mit dem Pädagogischen Institut des deutschen Schulamtes in Südtirol, Italien. Jährlich veranstaltet der Fachbereich Mathematik zusammen mit dem Pädagogischen Institut eine Modellierungswoche für Lehrkräfte und Schülerinnen und Schüler in Südtirol.

Die Literatur bietet eine große Anzahl von Publikationen, die die Idee des Modellierens aufgreifen und mit zahlreichen illustrativen Aufgaben motivieren. Je nach Komplexität und Schwierigkeitsgrad der verwendeten Aufgaben werden die Kategorien Schulunterricht, z. B. Kiehl (2006) und Maaß (2007), sowie Studium, z. B. Pesch (2002) und Sonar (2001), unterschieden. Bücher dieser Art liefern einen schönen Überblick über mögliche Problemstellungen und skizzieren einen denkbaren Lösungsansatz, um den Schwierigkeitsgrad der Aufgabe besser einschätzen zu können. An dieser Stelle sei aber auch erwähnt, dass das Generieren neuer Problemstellungen ein wichtiger Bestandteil unseres Modellierungskonzeptes an sich ist. Denn die Verwendung von bereits bekann-

---

[1] http://www.ecmi-indmath.org

ten Projekten, deren Ergebnisse leicht zugänglich sind, kann dazu führen, dass die Motivation zur eigenen Bearbeitung des Themas drastisch sinkt.

Bei Modellierungsprojekten geht es unter anderem auch darum, ein anderes Bild von Mathematik zu vermitteln. Das Jahr 2008 wurde vom Bundesministerium für Bildung und Forschung zum Jahr der Mathematik ausgerufen. Auf der zentralen Homepage[2] wird die Mathematik als „(…) *faszinierende Wissenschaft, als ständige Begleiterin in Beruf und Alltag und als Basis aller Naturwissenschaften und technischen Entwicklungen*" beworben. Diese Aussage unterstreicht an prominenter Stelle, dass Mathematik viele Bereiche des heutigen Alltags durchdrungen hat. Moderne Technik, die Schülerinnen und Schüler jeden Tag verwenden, ist ohne Mathematik nicht möglich und nicht zu verstehen. Mobiltelefone, MP3-Player, das Internet, die Steuerung des Aufzugs im Schulgebäude, die Einsatzplanung der Schulbusse oder die optimale Grilldauer einer Fast-Food-Frikadelle sind Anwendungen und Probleme im Alltag, die – neben anderen Disziplinen – auch und teilweise vor allem Mathematik benötigen. Schülerinnen und Schüler sollten hierfür sensibilisiert werden.

Die Quintessenz liegt auf der Hand: Mathematik ist alles andere als langweilig und unverständlich. Unsere Motivation ist also Lernenden und Studierenden vor Augen zu führen, in welchen Bereichen des täglichen Lebens Mathematik eine wichtige Rolle spielt, um deren Interesse und Aufmerksamkeit zu wecken. Eine weitere Erfahrung, die das Bearbeiten von Modellierungs-aufgaben mit sich bringt, ist, dass Lösungswege oftmals mehrdeutig und vielschichtig sein können. In normalen Unterrichtsformen ist dies meist nur schwer vermittelbar.

Die oben aufgeführten positiven Aspekte des Modellierens finden sich in den Bildungsstandards der Kultusministerien – wir verweisen hier auf die Kultusministerkonferenz[3] – wieder. In diesen Bildungsstandards wird bereits im Grundschulbereich – ebenso wie für die höheren Abschlüsse – unter anderem mathematische Kompetenz im Bereich Modellieren gefordert. Schülerinnen und Schüler sollen „… *Sachtexten und anderen Darstellungen der Lebenswirklichkeit die relevanten Informationen entnehmen.*" und diese „… *in die Sprache der Mathematik übersetzen, innermathematisch lösen und diese Lösungen auf die Ausgangssituation beziehen*", siehe Seite 8 „Bildungsstandards im Fach Mathematik für den Primarbereich[3]". Die Anwendung von Mathematik wurde hier ganz bewusst gleichberechtigt neben die klassische Fähigkeit „… *mit symbolischen, formalen und technischen Elementen der Mathematik umgehen*" gestellt.

Klassische Schulmathematik behandelt oftmals einzelne Themenbereiche isoliert voneinander – beispielsweise Geometrie contra Bruchrechnung, Wahrscheinlichkeitsrechnung contra Analysis – und zeigt nur wenige Querverweise auf. Schülerinnen und Schüler werden so mit einer Inhaltsflut konfrontiert und sehen die Struktur und Zusammenhänge nicht. Im Alltag oder im späteren Berufsleben tauchen allerdings keine klassischen Schulbuchaufgaben auf, vielmehr sind Querverbindungen gefragt.

---

[2]  http://www.jahr-der-mathematik.de
[3]  http://www.kmk.org/bildung-schule/qualitaetssicherung-in-schulen/bildungsstandards/dokumente.html

Die Bearbeitung realer Fragestellungen impliziert des Weiteren den Ansatz des inter-disziplinären Arbeitens, da die Probleme in der Regel physikalisch, biologisch oder öko-nomisch motiviert sind. Der Einfluss der Mathematik als Mittel zur Erkenntnisgewin-nung und Kommunikation spiegelt sich in den Bildungsstandards für die naturwissen-schaftlichen Fächer wider. Schülerinnen und Schüler sollen Modelle mathematisieren, gewonnene Daten mathematisch auswerten und diese Daten mit mathematischen Mit-teln veranschaulichen können. Interessanterweise findet sich in den Bildungsstandards für die Mathematik selbst kein Hinweis auf die Verbindung von Mathematik und Na-turwissenschaften.

Durch die hohe Verfügbarkeit von Online-Datenbanken und den schnellen Zugriff mittels Computer und Internet auf Datenquellen verliert heutzutage reines Faktenwissen an Bedeutung. Vielmehr ist das Wissen um die Vernetzung von Fakten und Methoden von Bedeutung. Diese Tatsache spiegelt sich im klassischen Mathematikunterricht wenig wider. Modellierungsprojekte können ein Hilfsmittel sein, um die Vernetzung und Kombination verschiedener Methoden zu trainieren. Je nach Hintergrund des Modellie-rungsproblems gilt es das Wissen aus verschiedenen Unterrichtsfächern (Physik, Che-mie, Sport oder Sozialkunde) mit erlernten mathematischen Methoden zu kombinieren. Eine besondere Rolle kommt hierbei dem Einsatz des Computers als Werkzeug zu.

Um die obengenannten Punkte mit Leben zu füllen, stellen wir nun ein Beispiel vor, das wir bereits mehrfach mit Schülerinnen und Schülern verschiedener Altersstufen sowie Studierenden des Grund- bzw. Hauptstudiums Mathematik durchgeführt haben. Wir gehen auf Anforderungen an Lernende bzw. Studierende ein, präsentieren deren Lösungswege und kommentieren diese.

## 7.1   Wie spielt man optimal Darts?

Das Ziel dieses Projekts ist in wenigen Worten erklärt und wird idealer Weise durch eine praktische Demonstration den Lernenden bzw. Studierenden vorgestellt. Die meisten werden aus der eigenen Erfahrung das Dartspiel kennen; kaum jemand hat noch nie eine Dartscheibe gesehen. Zunächst braucht man nur zu wissen, dass zwei Spieler abwech-selnd jeweils drei Pfeile aus einem Abstand von *2,37 m* auf die Dartscheibe, deren Mit-telpunkt sich in einer Höhe von *1,73 m* befindet, werfen. Die Scheibe selbst hat einen Durchmesser von *340 mm* und ist in 20 Sektoren sowie den *Bull* – einen Kreis um den Mittelpunkt – unterteilt (siehe Abb. 7.1).

Die mit einem Pfeil erzielten Punkte entsprechen der Punktzahl des zugehörigen Sek-tors, die bei einem Treffer in den *Double*-Ring oder den *Triple*-Ring verdoppelt bzw. verdreifacht wird. Das *Bull* bzw. *Bull's Eye* (der kleinere Kreis im *Bull*) bringen 25 bzw. 50 Punkte. Die genauen Abmessungen der einzelnen Segmente lassen sich für die späte-ren Untersuchungen leicht nachschlagen (z. B. Wikipedia[4]).

---

[4]  http://de.wikipedia.org/wiki/Darts

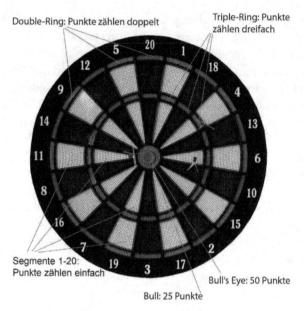

**Abb. 7.1**  Dartscheibe

Für das Dartspiel gibt es verschiedene Spielvarianten: Bei den gängigen starten die Spieler mit 301 bzw. 501 Punkten, wovon jeweils ihre in einer Runde (drei Pfeile) erzielten Punkte abgezogen werden. Am Ende muss man exakt auf 0 Punkte gelangen. Erzielt man mehr, so werden alle in dieser Runde erzielten Punkte ungültig. Es gibt auch die Variante, dass man mit einem Treffer in den *Double-Ring* das Spiel beginnen und/oder abschließen muss (*double in/out*).

Es stellt sich nun die einfache Frage, wohin denn ein Hobbyspieler zielen muss, um im Spiel möglichst gut abzuschneiden. Stellt man diese Frage in den Raum, wird die Antwort zunächst vermutlich sein, dass man auf die *Triple-20* zielen sollte, da man im Erfolgsfall mit 60 Punkten die höchste in einem Wurf zu erzielende Punktzahl erhält.

Daraufhin könnte der Problemsteller folgendes Experiment vorführen: Er wirft eine größere Anzahl von Pfeilen (z. B. 10) auf die Scheibe, wobei er sich zunächst als Ziel die *Triple-20* vornimmt, und addiert die Punkte. Anschließend wiederholt er den Versuch, wobei er allerdings eine andere Stelle als Zielpunkt nimmt – sagen wir die *Triple-7*. Wenn der Experimentator nicht ein sehr guter Dartspieler ist, werden sich daraufhin Zweifel darüber einstellen, ob die *Triple-20* wirklich der optimale Zielpunkt ist …

Doch wenn die *Triple-20* nicht das Ziel der Wahl ist, wohin sollte man denn dann werfen?

Gibt es ein bestes Ziel für alle Spieler, oder ist dieses abhängig von der Spielstärke, vielleicht sogar von der Spielsituation? An dieser Stelle ist typischer Weise die Motivation, sich mit dieser Fragestellung zu befassen, für die meisten Lernenden und Studierenden sehr hoch. Schnell folgen eigene Experimente mit den Darts, die natürlich sehr gewünscht sind – man muss allerdings aufpassen, dass auch irgendwann Mathematik ins Spiel kommt und nicht versucht wird, das Problem durch hinreichend ausdauerndes Spielen zu lösen.

## 7.2   Schülerinnen-, Schüler- und Studierendenlösungen

Das Dartproblem wurde von uns bereits mehrfach in Modellierungsveranstaltungen mit Schülerinnen und Schülern bzw. Studierenden eingesetzt. Im Folgenden wollen wir die Herangehensweisen von fünf verschiedenen Gruppen (siehe Tab. 7.1) diskutieren. Wir werden zuerst die Lösungsansätze und Ergebnisse der einzelnen Gruppen vorstellen und danach ein vergleichendes Fazit ziehen. Wir werden sehen, dass – unabhängig von den Vorkenntnissen – einige Überlegungen von allen Gruppen analog angestellt wurden. Die konkrete Umsetzung und schlussendliche Berechnung differiert jedoch stark in Abhängigkeit von den Vorkenntnissen und den zur Verfügung stehenden mathematischen Methoden und Werkzeugen. Dies ist auch nicht weiter verwunderlich.

### 7.2.1   Wettbewerb „Mathematik bewegt – steig' ein!"

Zu Beginn der Vorstellung ausgewählter Lösungen von Schülerinnen und Schülern bzw. Studierenden stehen Ergebnisse aus dem Wettbewerb „Mathematik bewegt – steig' ein!", den der Fachbereich Mathematik der TU Kaiserslautern anlässlich des Jahres der Mathematik 2008 veranstaltet hat. Das Dart-Problem war hierbei unter dem Titel „Gelingt der große Wurf?" eine von insgesamt sieben Modellierungsaufgaben, für die jeweils ein Monat Bearbeitungszeit zur Verfügung stand. Innerhalb des Wettbewerbs waren die Problemstellungen bewusst sehr einfach – gleichzeitig aber offen – gehalten. Der gesamte Wettbewerb war für Jedermann offen, doch der Großteil der Teilnehmer bestand aus Schülerinnen und Schüler ab der Mittelstufe sowie einigen Studierenden unterschiedlicher Fachrichtungen.

Wir beginnen mit der Vorstellung einiger Ergebnisse aus diesem Wettbewerb, weil hier unser Augenmerk stärker auf der Formulierung kreativer Ideen als auf einer mathematisch exakten und vollständigen Beschreibung derselben lag. Die Einsendungen geben daher vor allem einen Eindruck davon, welche Annahmen jeweils zugrunde gelegt wurden und wie mit relativ einfachen Methoden trotzdem überraschend gute Resultate erzielt werden können.

Ausgangspunkt der Überlegungen war immer die Frage nach der Zielgenauigkeit eines Spielers. Unser erster Lösungsvorschlag stammt von einem jungen Schüler, der mit einfachen mathematischen Werkzeugen zu einem schönen Resultat gelangt. Dazu werden vier Spielertypen unterschieden:

**Tab. 7.1** Übersicht Modellierungsveranstaltungen

| Veranstaltung | Dauer | Altersklasse | Vorkenntnisse |
|---|---|---|---|
| Wettbewerb „Mathematik bewegt – steig' ein!" | 1 Monat | alle | keine |
| Modellierungstage am Gymnasium Trier | 2 Tage | 11. Klasse | Leistungskurs Mathematik |
| Modellierungswoche in Tramin (I) | 5 Tage | 12. Klasse | Realgymnasium |
| Proseminar an der TU Kaiserslautern | 1 Semester | 3.–4. Semester | Abitur |
| ECMI Modellierungswoche in Rouen (F), 2007 | 7 Tage | 6.–9. Semester | Vordiplom oder Bachelor in Mathematik |

**Abb. 7.2** Originale Aufgabenstellung des Wettbewerbs

1. Der (1,1,1)-Werfer trifft bei drei Würfen jeweils ein Mal den Sektor, auf den er gezielt hat sowie die beiden angrenzenden Sektoren, z. B. bei Zielsektor „20" jeweils ein Treffer von „5", „20" und „1".
2. Der (1,2,1)-Werfer trifft bei vier Würfen den Zielsektor zweimal, beide angrenzenden Sektoren jeweils ein Mal.
3. Der (1,3,1)-Werfer trifft noch genauer, d. h. aus fünf Würfen sogar dreimal das Ziel sowie jeweils ein Mal die angrenzenden beiden Sektoren.
4. Der (2,1,2)-Werfer ist am wenigsten treffsicher und trifft bei ebenfalls fünf Würfen nur einmal den Zielsektor, aber jeweils zweimal die angrenzenden beiden.

Dieser Aufstellung können leicht weitere Typen hinzugefügt werden, doch der Einsender verzichtete wegen des Aufwands bei einer Auswertung per Hand darauf. Für die vier gewählten Typen wurde nun in Form einer Tabelle für jeden der möglichen 20 Zielsektoren die im Durchschnitt erwartete Punktzahl bei den 3–5 Würfen berechnet und ermittelt, welcher Zielsektor als Konsequenz am besten zum Erreichen einer hohen Punktzahl geeignet ist (siehe Abb. 7.3, die besten Ziele sind dort markiert).

**Abb. 7.3** Ergebnisliste

| | 1 1 7 1 2 1 | 1 3 1 | 2 1 2 |
|---|---|---|---|
| 1 | 39 40 | 41 | 77 |
| 2 | 39 38 | 38 | 66 |
| 3 | 39 42 | 45 | 78 |
| 4 | 35 39 | 43 | 53 |
| 5 | 37 43 | 45 | 63 |
| 6 | 29 35 | 47 | 52 |
| 7 | 32 39 | 46 | 67 |
| 8 | 35 43 | 57 | 62 |
| 9 | 26 44 | 53 | 57 |
| 10 | 31 41 | 57 | 52 |
| 11 | 33 44 | 55 | 52 |
| 12 | 26 38 | 50 | 40 |
| 13 | 23 36 | 49 | 33 |
| 14 | 39 48 | 62 | 54 |
| 15 | 27 42 | 57 | 39 |
| 16 | 31 47 | 63 | 31 |
| 17 | 22 39 | 56 | 27 |
| 18 | 23 41 | 59 | 28 |
| 19 | 29 48 | 67 | 39 |
| 20 | 26 46 | 66 | 32 |

Die Empfehlung ist demnach, dass Typ 1 auf die Zahlen „1" oder „3" zielen sollte, Typ 2 auf „14" oder „19", Typ 3 auf die „18" und Typ 4 ebenfalls auf die „3". Dies mag zunächst verwundern, aber ein Blick auf die Verteilung der Werte der Dartscheibe zeigt, dass an die „3" die sehr hohen Zahlen „17" und „19" angrenzen und so natürlich ein Spieler, der eher die nähere Umgebung als das eigentliche Ziel trifft, trotz des niedrigen Zielwerts „3" im Durchschnitt zu einer sehr hohen Punktzahl kommt.

Man kommt also mit einer im Grunde sehr einfachen Annahme schon auf ziemlich brauchbare Ergebnisse! Ein großer Vorteil für die Praxis ist dabei, dass die resultierenden Anweisungen äußerst einfach zu merken sind. Dazu kann man diese Idee relativ leicht erweitern, indem man – wie vom Einsender auch vorgeschlagen – weitere Spielertypen einführt und die entsprechende Auswertung mittels eines Computers vornimmt. Dies könnte noch dahingehend erweitert werden, dass man die Treffer eines so vorgegebenen Spielers anhand einer passenden Wahrscheinlichkeitsverteilung simuliert und so im Grund auf experimentellem Weg ein noch realistischeres Ergebnis erhält.

Eine zweite Einsendung, die wir hier kurz vorstellen möchten, verwendet ein verfeinertes Modell für die Zielgenauigkeit eines Spielers und basiert auf einer umfangreichen Auswertung mittels eines Computerprogramms: Die Grundannahme ist, dass ein Spieler beim Werfen (gleichmäßig[5]) alle Punkte innerhalb eines Streukreises um den gewählten Zielpunkt trifft; der Radius ist dabei wählbar und bestimmt die Treffsicherheit des Spielers. Anschließend werden zwei Phasen des Spiels unterschieden:

---

[5] Aus der Einsendung geht nicht ganz klar hervor, welche Verteilungsfunktion zur Beschreibung der Streuung verwendet wurde. Es wird lediglich explizit gesagt, dass sie radialsymmetrisch ist, die Gleichmäßigkeit scheint aus dem Kontext hervorzugehen.

*Spieler mit Genauigkeit R=50mm*        *Spieler mit Genauigkeit R=20mm*        *Spieler mit Genauigkeit R=10mm*
*Dargestellt: 13 bis 16(=Max) Punkte*   *Dargestellt: 20 bis 30(=Max) Punkte*   *Dargestellt: 31 bis 41(=Max) Punkte*

**Abb. 7.4**  Abbildungen zu Phase 1

*Spieler mit Genauigkeit R=50mm*        *Spieler mit Genauigkeit R=20mm*        *Spieler mit Genauigkeit R=10mm*
*Dargestellt: 10 bis 13Punkte*          *Dargestellt: 10 bis 13 Punkte*         *Dargestellt: 10 bis 13Punkte*

**Abb. 7.5**  Abbildungen zu Phase 2

- In **Phase 1 („Max. Punkte")** geht es um das Erreichen einer möglichst großen durchschnittlichen Punktzahl pro Wurf. Abbildung 7.4 zeigt empfohlene Zielbereiche für
  Spieler mit den „Streuradien" 50 mm, 20 mm sowie 10 mm (von links nach rechts).
- In **Phase 2 („Exaktheit")** des Spiels muss der Spieler ausgehend von einer relativ geringen Punktzahl möglichst exakt werfen, da er im Idealfall genau die zu werfende
  Restpunktzahl erreicht, dabei aber keinesfalls eine größere Summer erzielen darf. Abbildung 7.5 zeigt exemplarisch empfehlenswerte Zielbereiche bei Restpunktzahl „13",
  wieder für Spieler mit den „Streuradien" 50 mm, 20 mm sowie 10 mm (von links nach
  rechts).

Durch Anpassen des Streuradius bzw. sogar Wahl anderer Verteilungen für die Streuung
zusammen mit den passenden Simulationen kann man mit dieser Strategie schon sehr
differenzierte Ergebnisse erzielen, die eine große Praxisnähe aufweisen. Interessant ist
der Vorschlag des Einsenders, die markierten Zielgebiete zu Trainingszwecken über

einen Beamer direkt auf die Dartscheibe zu projizieren – natürlich passend zum aktuellen Punktestand.

Zusammenfassend kann festgestellt werden, dass sich unter der Vielzahl eingegangener Lösungen Ansätze auf unterschiedlichen mathematischen Niveaus befanden, die zum Großteil sehr gut für den praktischen Einsatz geeignet sind (was auch der Hauptfokus in der Aufgabenstellung war).

Natürlich können diese Ergebnisse weiter verbessert werden – Vorschläge dazu wurden in vielen Beiträgen gemacht – doch dies bedarf eines erheblichen zeitlichen Mehraufwands sowie unter Umständen auch mächtigerer mathematischer Werkzeuge. Die folgenden Ergebnisse von Teilnehmern der mathematischen Modellierungswoche (JGS 11–12) bzw. eines mathematischen Proseminars geben einen Eindruck dieser Erweiterungsmöglichkeiten.

## 7.2.2  Modellierungstage Trier

Die Modellierungstage am Max-Planck Gymnasium in Trier fanden im Dezember 2007 statt. Angesichts der kurzen Zeitspanne von nur zwei Tagen (die Schülerinnen und Schüler waren in dieser Zeit vom restlichen Unterricht befreit) und der Tatsache, dass noch kein Teilnehmer (inkl. der betreuenden Lehrkräfte) mit dem Gebiet der Modellierung jemals in Kontakt gekommen waren, mussten zunächst grundlegende Prinzipien wie vielfältige Lösungsansätze und interdisziplinäres Arbeiten erläutert und besprochen werden. Das erfordert natürlich zunächst einiges an Zeit, ist aber für das Gelingen einer Kompaktveranstaltung in Form von Projekttagen an einer Schule eine notwendige Voraussetzung. Nachdem alle nötigen Details geklärt wurden, standen für die Schülerinnen und Schüler des LK Mathematik der Klasse 11 eigene Experimente im Vordergrund. Dafür einigten sich die Schülerinnen und Schüler auf die Erfassung der erzielten Punkte in Form eines kartesischen Koordinatensystems mit Ursprung in der Scheibenmitte. Zur Auswertung der Experimental-Ergebnisse waren grundlegende Kenntnisse in Excel sehr hilfreich.

Im Wesentlichen basierten die Modellannahmen der Schülerinnen und Schüler auf der Idee, dass ein Anfänger-Spieler einen Streuradius hat, der ungefähr ein Viertel der Dart-Scheibe einnimmt. Dabei wurden die Viertel der Dart-Scheibe den vier Quadranten des kartesischen Koordinatensystems zugeordnet. Im Fokus der Schülerinnen und Schüler stand nun das Problem, auf welchen Teil der Dartscheibe ein Anfänger am besten zielen sollte, um möglichst viele Punkte zu erreichen.

Dabei stellte sich hier die Frage: Wie viele Würfe muss man eigentlich auswerten, um eine einigermaßen verlässliche Aussage über die durchschnittlich pro Wurf erzielten Punkte zu erhalten (jeweils denselben Zielpunkt vorausgesetzt)? Die Schülerinnen und Schüler kamen zu der Erkenntnis, dass 50 Würfe einen guten Stichprobenumfang lieferten. Also wurden jeweils 50 Würfel pro Viertel durchgeführt und die Summe der erzielten Gesamtpunkte errechnet.

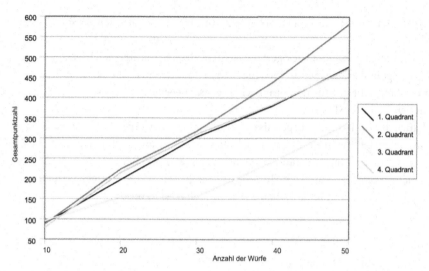

**Abb. 7.6**  Gesamtpunktzahl nach 50 Würfen

In Abb. 7.6 sind die Anzahl der Würfe gegen die erreichte Gesamtpunktzahl abgetragen. Offensichtlich liefert dieses Experiment das Ergebnis, dass der zweite Quadrant deutlich mehr Punkte ermöglicht als die übrigen Quadranten. Schlussendlich sollte ein Anfänger versuchen die Zahlen im 2. Quadranten (nämlich 11-14-9-12-5-20) anzupeilen, um möglichst viele Punkte zu erzielen. Mögliche Erweiterungen dieser experimentellen Vorgehensweise sind in den folgenden Projektbeschreibungen zu finden.

### 7.2.3  Modellierungswoche Tramin

Während der gemeinsamen Modellierungswoche 2008 des Pädagogischen Institutes des deutschen Schulamtes in Südtirol und des Fachbereichs Mathematik der TU Kaiserslautern bearbeiteten fünf Schüler und zwei Lehrkräfte das Dartproblem. Am Anfang wurden Experimente durchgeführt, um die Treffgenauigkeit der Gruppenmitglieder (allesamt unerfahrene Dartspieler) zu ermitteln. Jedes Gruppenmitglied zielte in mehreren Würfen auf die Scheibenmitte (*Bull's Eye*). Aus dem Trefferbild wurde die durchschnittliche Abweichung ermittelt; diese lag innerhalb der Gruppe bei ca. *7 cm*. Die folgende Grafik 7.7 veranschaulicht die Verteilung der einzelnen Pfeile innerhalb konzentrischer Kreisringe um den Zielpunkt mit Abstand *1 cm*. Als *vorbei* wurden Pfeile gewertet, die das Ziel um mehr als *7 cm* verfehlt haben.

Diese Verteilung rechtfertigt die Annahme, dass die Treffer innerhalb eines Umkreises von *7 cm* den Zielpunkt näherungsweise gleichverteilt sind. Diese Annahme ist unabhängig vom anvisierten Ziel. In Abb. 7.8 wird die relative Häufigkeit der Treffer bei anvisierter *Triple-20* gezeigt. Ca. *60 %* der Treffer liegen dem *20er*-Sektor oder in den beiden links bzw. rechts angrenzenden Sektoren (12 und 5 bzw. 1 und 18).

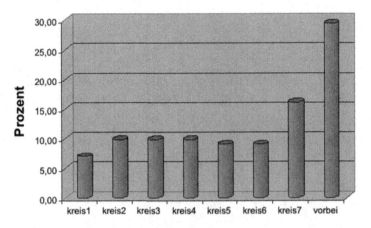

**Abb. 7.7** Trefferverteilung beim Zielen auf das Bull's Eye

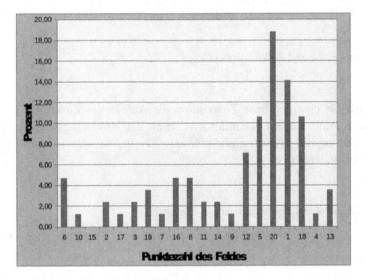

**Abb. 7.8** Punkteverteilung beim Zielen auf die Triple-20

In einem nächsten Schritt wurde nun für einen beliebigen Zielpunkt die zu erwartende Punktzahl berechnet. Zur Berechnung der dafür notwendigen Integrationen wurde das Programmpaket GeoGebra[6] verwendet. Die Dartscheibe samt *Bull*, *Bull's Eye* sowie den *Double-* und *Triple-*Feldern wurde eingezeichnet und der Zielkreis lässt sich beliebig über die Dartscheibe legen (siehe Abb. 7.9).

---

[6] http://www.geogebra.org/cms/

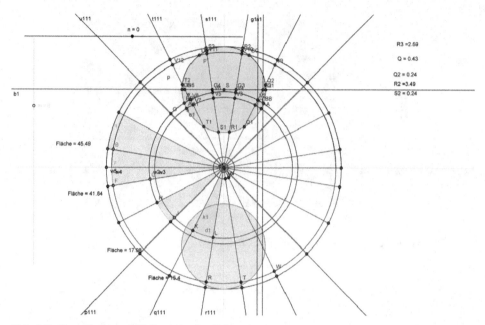

**Abb. 7.9** Dartscheibe und Zielkreis in GeoGebra

Nun wurden für eine gegebene Zielposition die Anteile des Zielkreises an Einfach-, *Double*- und *Triple*-Feldern bestimmt und somit der Erwartungswert der Punktzahl berechnet. Die folgende Tabelle enthält für einige Zielpunkte den so ermittelten Erwartungswert der Punktzahl.

**Tab. 7.2** Zielpunkte und Erwartungswert der Punktzahl

| Zielpunkt | *triple*-13 | *bull's eye* | *triple*-20 | *triple*-7 |
|---|---|---|---|---|
| **Erwartungswert** | 8,53 | 9,57 | 9,93 | 11,4 |

Die Gruppe konnte somit, basierend auf der Annahme einer Treffgenauigkeit von ca. 7cm, als optimalen Zielpunkt die *triple*-7 empfehlen.

### 7.2.4 Proseminar TU Kaiserslautern

Während des Wintersemesters 2007/08 befasste sich eine aus vier Teilnehmern bestehende Gruppe im Proseminar „Mathematische Modellierung" mit der jetzt schon sehr gut bekannten Frage nach der optimalen Strategie beim Dartspiel. Im Folgenden werden wir aus Platzgründen die Ergebnisse nicht im Detail darstellen, sondern lediglich die auffälligen Unterschiede zu den bisher skizzierten Lösungen aufzeigen.

Wie zuvor muss natürlich die Treffgenauigkeit des Spielers beschrieben werden. Hier wird die zentrale Annahme getroffen, dass die Treffpunkte sich durch eine konstante, zweidimensionale Normalverteilung mit dem Zielpunkt im Zentrum beschreiben lassen. Deren insgesamt fünf Parameter werden aus vorab vom Spieler experimentell ermittelten Daten bestimmt (z. B. durch Erfassen einer Serie von 100 Testwürfen des Spielers auf das Zentrum der Scheibe). Entscheidend ist hierbei die Zusatzannahme, dass diese Verteilung in der Realität nicht von der Wahl des Zielpunktes abhängt.

Im Weiteren wird das Spiel nun nicht mehr in unterschiedliche Phasen unterschieden, sondern es wird vor jedem Wurf derjenige Zielpunkt ermittelt, für den die Wahrscheinlichkeit für den Verlust des gesamten Spiels minimal wird. Dabei werden neben der erwähnten Verteilungsfunktion auch der aktuelle Punktestand (also Punkte des Spielers sowie des Gegners) sowie eine Schätzung für zukünftige Punkte des Gegners einbezogen. An dieser Stelle ist anzumerken, dass die Berechnung der Verlustwahrscheinlichkeit natürlich nicht unerheblich von einer möglichst guten Schätzung der zukünftigen Gegnerpunkte anhängt, die demnach im Idealfall adaptiv während des Spiels ständig angepasst wird.

Im Kern des Algorithmus zur Berechnung des optimalen Zielpunkts steht das Aufstellen einer Tabelle, die zu jedem möglichen Spielstand diesen optimalen Zielpunkt enthält. Um diese zu erhalten, wird rekursiv eine weitere Tabelle erzeugt, die für jeden möglichen Spielstand die minimale Wahrscheinlichkeit für den Verlust des gesamten Spiels beinhaltet; der mathematische Hintergrund hierzu ist das Konzept der totalen Wahrscheinlichkeit. Weiter soll erwähnt werden, dass aus Effizienzgründen aller erforderlichen Berechnungen numerisch für ein feines quadratisches Raster ($\approx 0{,}88$ mm Rasterweite) und nicht mit den kontinuierlichen Daten erstellt wurden.

Insgesamt wurde die Lösung hier sehr systematisch und mit fundiertem mathematischen Hintergrund aufgebaut. Die getroffenen Annahmen sind für die Praxis relevant und es werden Möglichkeiten aufgezeigt, diese sogar noch weiter zu verbessern. Stichwort ist hier die adaptive Anpassung sowohl der Normalverteilung für das Trefferbild des Spiels als auch der Schätzung der zukünftigen Punkte des Gegners.

## 7.2.5 ECMI-Modellierungswoche

Zu Beginn führte auch die Studierendengruppe während der ECMI-Modellierungswoche 2007 in Rouen (Frankreich) ausgiebige Experimente an der Dartscheibe durch. In mehreren hundert Würfen wurde die eigene Trefferverteilung bei unterschiedlichen anvisierten Zielpunkten ermittelt. Hieraus gewann man die Annahme eines um den Zielpunkt $p = \left( p_x, p_y \right)$ normalverteilten Trefferbildes

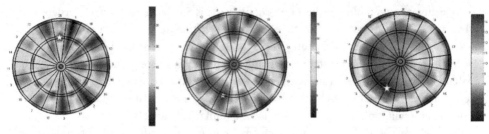

**Abb. 7.10**  Erwartungswert der Punktzahl bei einer Standardabweichung von 10, 20 und 30 mm (von links nach rechts). Der Stern markiert den optimalen Zielpunkt.

$$f_p(x) = \left( \frac{1}{2 \cdot \pi \cdot \sigma_x \cdot \sigma_y} \right) \cdot \exp\left( -0.5 \cdot \left( \frac{x - p_x}{\sigma_x} \right)^2 \right) \cdot \exp\left( -0.5 \cdot \left( \frac{y - p_y}{\sigma_y} \right)^2 \right)$$

(3.1)

mit Standardabweichungen $(\sigma_x, \sigma_y)$. Um den optimalen Zielpunkt $p$ zu errechnen, wird die zu erwartende Punktzahl

$$E[s(p)] = \int_{R^2} \xi(x) f_p(x) \, d^2x$$

(3.2)

maximiert. Hierbei bezeichnet $\xi(x)$ die Punktzahl, die einem Treffer im Punkt $x \in R^2$ zugeordnet ist. Zur Berechnung der auftretenden Integrale sowie zur Lösung des Optimierungsproblems wurde die kommerzielle Software Matlab[7] eingesetzt. Die folgenden Grafiken illustrieren die zu erwartende Punktzahl in Abhängigkeit vom Zielpunkt und der Standardabweichung.

Wie zu erwarten, sollte ein guter Spieler mit einer kleinen Standardabweichung auf die *Triple-20* zielen (linke Abbildung), während schlechtere Spieler mit einer größeren Standardabweichung auf die *Triple-19/Triple-7* zielen sollten.

Als Ergänzung hierzu befasste sich die Gruppe mit zwei weiteren Fragestellungen. Einerseits wurden Quantile der Punkteverteilung berechnet, um den Einfluss der Risikobereitschaft des Spielers zu berücksichtigen. Die Maxima des *70 %-Quantils* der Punktverteilung werden als optimale Zielpunkte für einen risikobereiten Spieler empfohlen, wohingegen für einen sicherheitsbewussten Spieler die Maxima des *40 %-Quantils* verwendet werden.

Andererseits wurden Strategien für das das Beenden eines *double-out* Spiels (Punktzahl muss mit einem Treffer in ein Doppelfeld auf Null gebracht werden) betrachtet. Hierzu stellte man Entscheidungsbäume für das Endspiel auf und errechnete die optimale Strategie. Für verschiedene Punktzahlen und in Abhängigkeit von der Standardabweichung des Spielers können Empfehlungen für den Zielpunkt angegeben werden. Die folgende Tabelle enthält einige Ergebnisse für einen sehr guten Spieler ($\sigma = 10\ mm$) sowie einen schlechten Spieler ($\sigma = 45\ mm$).

---

[7]  http://www.mathworks.de

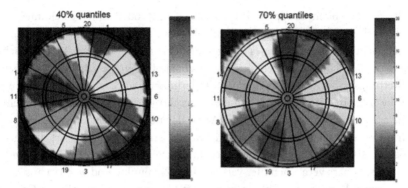

**Abb. 7.11**  40 %- und 70 %-Quantil der Punktverteilung für einen mittelmäßigen Spieler ($\sigma = 30$ mm).

**Tab. 7.3**  Empfohlene Zielpunkte zum Beenden eines double-out Spiels für einen guten bzw. schlechten Spieler in Abhängigkeit von der aktuellen Spielzahl

| Punktzahl | 5 | 10 | 14 | 21 | 25 | 43 | 55 |
|---|---|---|---|---|---|---|---|
| **Ziel** $\sigma = 10$ mm | 1 außen | 5 double | 7 double | 19 außen | 17 außen | 11 außen | 15 außen |
| **Ziel** $\sigma = 45$ mm | 1 triple | 5 double | 10 triple | 3 triple | 17 triple | 19 triple | 3 triple |

## 7.3    Zusammenfassung

Abschließend möchten wir auf Gemeinsamkeiten und Unterschiede der vorgestellten Projektstudien eingehen. Im Fokus aller hier vorgestellten Lösungsansätze stand die Frage der Maximierung der Punktzahl pro Wurf. Um sich dieser Frage zu nähern, führten alle Gruppen zunächst Experimente zur Bestimmung des Trefferbildes eines individuellen Dart-Spielers durch. Basierend auf den experimentellen Daten wurde die Zielgenauigkeit mittels eines Streukreises bzw. durch angrenzende Sektoren modelliert. Dadurch konnte die Zielgenauigkeit eines Spielers durch eine Wahrscheinlichkeitsverteilung beschrieben werden. In einem nächsten Schritt wurde der Erwartungswert der Punktzahl in Abhängigkeit vom Zielpunkt (entspricht dem Mittelpunkt des Streukreises) berechnet. Nun suchte man denjenigen Zielpunkt, der zu einem möglichst hohen Erwartungswert führt.

Die unterschiedlichen Vorkenntnisse der Gruppen spiegeln sich in den eingesetzten mathematischen Ansätzen und Methoden wider. So nahmen die jüngeren Teilnehmer durchweg eine uniforme Trefferwahrscheinlichkeit innerhalb des Streukreises an, während die Studierenden-Gruppen das realistischere Modell einer zweidimensionalen Normalverteilung verwendeten. Dies ist nicht weiter verwunderlich, da den Schülerinnen- und Schüler-Gruppen dieses fortgeschrittene mathematische Modell nicht zur Verfügung stand. Ebenso zeigten sich Unterschiede in den Verfahren zur Berechnung des Erwartungswertes. Die Gruppe von Schülerinnen und Schülern aus Tramin setzte hierfür die Software GeoGebra ein, um die Integrale quasi analytisch zu berechnen, während die anderen Gruppen verschiedene Arten der numerischen Integration verwendeten. Ein weiterer Punkt, der die unterschiedlichen Ansätze reflektiert, ist die Suche des „optimalen" Zielpunktes: Die Schülerinnen und Schüler-Gruppen sowie die Studierenden des Proseminars verglichen hier verschiedene Zielpunkte und wählten anschließend denjenigen mit der höchsten Punktzahl aus. Im Gegensatz hierzu griff die Gruppe der ECMI-Modellierungswoche auf ihren größeren mathematischen Fundus zurück und setzte numerische Optimierungs-Algorithmen ein. Die Frage nach dem „optimalen" Spiel, d. h. Spielstrategien, um die Punktzahl möglichst schnell von 301 auf 0 zu reduzieren, wurde von den meisten Gruppen ausgeklammert. Lediglich die Studierenden-Gruppen befassten sich mit diesem Aspekt des Problems.

Wie oben skizziert sind die eingesetzten Lösungsideen sehr vielfältig, weisen jedoch auch einige Gemeinsamkeiten auf. Trotz des unterschiedlichen Vorkenntnisstandes der Gruppen konnte mit den jeweils zur Verfügung stehenden mathematischen Methoden eine plausible und praxisgerechte Lösung gefunden werden. Natürlich beeinflussen die verschiedenen Vorkenntnisse sowie der gegebene Zeitrahmen (zwei Tage bis ein Semester) den Verfeinerungsgrad des Modells maßgeblich.

Die hier vorgestellten Ergebnisse zeigen die Einsetzbarkeit des Modellierungsproblems „Dart-Spielen" für ein sehr breites Spektrum des Schul- und Universitätsalltags. Unsere Erfahrungen legen nahe, dass dies auf nahezu alle anwendungsbezogenen und realitätsnahen Fragestellungen zutrifft.

## 7.4   Literatur

Kiehl, Martin (2006). *Mathematisches Modellieren für die Sekundarstufe II.* Cornelsen Verlag, Berlin.

Maaß, Katja (2007). *Praxisbuch Mathematisches Modellieren, Aufgaben für die Sekundarstufe I.* Cornelsen Verlag, Berlin.

Pesch, Hans Josef (2002). *Schlüsseltechnologie Mathematik – Einblicke in aktuelle Anwendungen der Mathematik.* Teubner Verlag, Wiesbaden.

Sonar, Thomas (2001). *Angewandte Mathematik, Modellbildung und Informatik.* Vieweg Verlag, Wiesbaden.

# Daten- und Wahrscheinlichkeitsanalyse als Modellierung

**8**

Andreas Eichler und Markus Vogel

## 8.1 Daten regieren unsere Welt

Gesellschaftliche, politische oder wirtschaftliche Entscheidungen basieren auf der Analyse von Daten, die aus Erhebungen hervorgehen können, die auf einer Beobachtung, einer Umfrage oder einem Experiment basieren. Durch Daten können Phänomene, Situationen oder – ganz allgemein gesprochen – Informationen der natürlichen, technischen oder sozialen Umwelt quantifiziert werden. Im Jahr 2011 wurde beispielsweise europaweit und auch in Deutschland das Volk gezählt. Prognosen über die Ausbreitung von Krankheiten und, allgemeiner, der medizinische Fortschritt beruhen auf systematisch und zielgerichtet analysierten Daten. Selbst die Interpretation der Qualität der schulischen Ausbildung durch die Empirische Bildungsforschung basiert auf der Analyse einer erheblichen Datenbasis.

Sowohl bei der Art der Daten wie auch der Zielrichtung ihrer Analyse gibt es dabei zwei wesentliche Bereiche:

1. Die *Datenanalyse* umfasst die Beschreibung eines in statistischen Daten manifestierten Ist-Zustands der Realität und ist damit in der Gegenwart verankert. Unmittelbar einsichtig ist dabei, dass sich in Daten nicht die gesamte Komplexität der Realität darstellen lässt, sondern nur ein auf bestimmte Aspekte ausgerichtetes, vereinfachtes Abbild der Realität, d. h. ein (beschreibendes) *Modell*. So wurde bei der genannten Volkszählung 2011 nicht etwa der Zustand der Bevölkerung in all seinen Facetten erhoben, sondern nur ein kleiner, eng umrissener Ausschnitt.

2. Bei vielen statistischen Fragestellungen reicht es aber nicht, den durch Daten repräsentierten Ist-Zustand zu beschreiben. Es wird einerseits nach Verallgemeinerungen gefragt: „Was besagen die Ergebnisse der Volkszählung, die nur in einer Stichprobe durchgeführt wird, über die Eigenschaften des gesamten Volks?" Andererseits sind

häufig die besagten Entscheidungen in einer Gesellschaft in die Zukunft gerichtet, umfassen also auf konkreten Daten beruhende Prognosen zukünftiger Daten. Sowohl für die Verallgemeinerung wie auch die Prognose benötigt man die *Wahrscheinlichkeitsanalyse*, um auf der Basis vorhandener (noch) nicht bekannte Daten in ihrer Größe abschätzbar zu machen.

Dass der Verallgemeinerung wie auch der Prognose ein Modell von der Realität zugrunde liegt, scheint noch offensichtlicher zu sein, als es für die Beschreibung der Realität gilt. Akzeptiert man den Gedanken, dass sich ein wesentlicher Teil der Stochastik auf die Beschreibung aktueller und zukünftiger Daten mit einem realen Kontext richtet (Wild & Pfannkuch, 1999), so besteht die Stochastik, repräsentiert durch Daten- und Wahrscheinlichkeitsanalyse, aus dem Aufstellen, Bearbeiten und Bewerten von Modellen der Realität oder kurz: aus Modellbildung.

## 8.2  Daten und Modelle

Warum können Daten – bestehende wie prognostizierte – nur ein Modell der Realität sein? Das liegt einerseits an dem genannten Grund, dass die komplexe Realität prinzipiell nur in Ausschnitten beschrieben, erklärt oder prognostiziert werden kann. Zum anderen hängen aber statistische Daten in ihrem Entstehungsprozess stets vom Zufall ab. Das ist bei prognostizierten Daten offensichtlich: Eine detaillierte Prognose – etwa zu einem Wahlergebnis – wird in den seltensten Fällen genau, sondern bestenfalls ungefähr eintreten. Aber auch den bereits erhobenen Daten wohnt der Zufall inne. In dem Moment, in dem sie erhoben werden, sind sie zwar festgelegt – etwa die Körpergröße eines Menschen von 185 cm –, aber die Entstehung jedes einzelnen Datums wie etwa der erhobenen Körpergröße basiert auf dem auch vom Zufall abhängigen Zusammenspiel vieler Einflussgrößen (Erbanlagen, Umwelt, Ernährung, …). Jede weitere Manipulation der Daten, sei es etwa beschreibend hinsichtlich der Berechnung eines Mittelwerts oder prognostisch im Sinne der Berechnung eines zukünftigen Mittelwerts, z. B. eines Erwartungswerts, basiert wiederum auf weiteren bestimmten Modellvorstellungen.

Wird die Daten- und Wahrscheinlichkeitsanalyse aus der Perspektive der Modellbildung betrachtet, so stellt sich die Frage, welche Anforderungen an Modelle der Realität, insbesondere für den Bereich der Schulmathematik, gestellt werden und welche Merkmale sie auszeichnen. Der wesentliche Kern des Modellierens besteht wie bereits gesagt darin, dass nicht die gesamte Komplexität der Ausgangsfragestellung berücksichtigt wird. Es wird vielmehr mit Verkürzungen gearbeitet, die nur jeweils relevante Merkmale berücksichtigen. Was aber als relevant angesehen wird, darüber entscheidet das modellbildende Subjekt. Eine eindeutige, zeitlich und inhaltlich allgemeingültige Zuordnung von Original und Modell gibt es daher nicht (*Pragmatisches Merkmal* des allgemeinen Modellbegriffs nach Stachowiak, 1973). „Modelle sind Modelle für jemanden, zu einer bestimmten Zeit und zu einem bestimmten Zweck." (Schupp, 1988, S. 10) Aus diesem

Grund sind Modelle nicht hinsichtlich ihrer Richtigkeit, sondern hinsichtlich ihrer Nütz-
lichkeit zu beurteilen (vgl. Box & Draper, 1987). Für die Modellbeurteilung sind nach
Stachowiak (1973) zwei weitere Merkmale wesentlich: Die Güte eines Modells bemisst
sich zum einen über das *Abbildungsmerkmal* daran, wie gut es die relevanten Eigenschaften des Ausgangssachverhalts wiedergeben kann, und zum anderen über das *Verkürzungsmerkmal* daran, wie gut es der mathematischen Bearbeitung zugänglich ist und
intuitive Einsichten zu vermitteln vermag.

In der mathematikdidaktischen Literatur wurde der so genannte mathematische Modellierungskreislauf nunmehr seit einigen Jahrzehnten verschiedentlich vorgestellt und
diskutiert. Die Arbeit von Blum (1985) hat großen Einfluss auf diese Diskussion genommen. Er veranschaulicht den mathematischen Modellierungsprozess anhand des
Kreislaufschemas, das in Abb. 8.1 dem Original inhaltlich entsprechend in der Darstellung nachempfunden ist.

Idealtypisch vollzieht sich der Modellierungsvorgang folgendermaßen:

- Zunächst müssen in einem ersten Schritt erkenntnisleitende Fragen zur problemhaltigen Ausgangssituation gestellt werden, um diese Situation dann darauf hin mit weiteren notwendigen Informationen anzureichern, sie zu strukturieren, zu idealisieren
  und entsprechend zu reduzieren. Aus diesen Prozessen entsteht ein Realmodell zur
  Ausgangssituation.
- Im Schritt des Mathematisierens wird dieses Realmodell in der Sprache der Mathematik so gefasst, dass das entstehende mathematische Modell die mathematische Weiterverarbeitung in inhaltlicher wie formaler Hinsicht erlaubt. Im Allgemeinen sind verschiedene mathematische Modelle möglich.
- Das mathematische Modell wird mit mathematischen Werkzeugen bearbeitet, sodass
  sich mathematische Resultate ergeben.
- Die mathematischen Ergebnisse werden in den Kontext der realen Ausgangssituation
  übersetzt, interpretiert und validiert hinsichtlich dessen, ob die Ausgangsfrage dadurch eine tragfähige Antwort erhält.

Sollte sich keine zufrieden stellende Lösung ergeben haben, muss der Modellierungskreislauf unter modifizierten oder vollständig neuen Modellannahmen nochmals durchlaufen werden. Der Modellierungsdurchlauf erfolgt erfahrungsgemäß nicht strikt sequenziell. Einzelne Schritte greifen teilweise ineinander und werden bereits durch partielle Rückblicke im Modellierungsprozess auf Angemessenheit und Richtigkeit hin
überprüft. Von diesem Modell des Modellbildungskreislaufs wollen wir in den folgenden
Abschnitten anhand von Beispielen der Schulstochastik zeigen, dass er bei gewisser Um-
benennung das Vorgehen in der Daten- wie auch der Wahrscheinlichkeitsanalyse nahezu idealtypisch repräsentiert. Diese Doppelbetrachtung geht über die allgemeine Betrachtung einer stochastischen Modellbildung von Kütting (1994) hinaus, der sich auf
die Modellierung durch bzw. von Wahrscheinlichkeiten beschränkt.

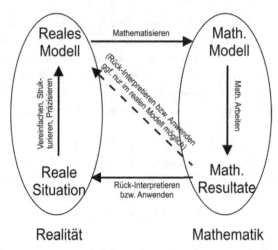

**Abb. 8.1**   Modellierungskreislauf nach Blum (1985)

## 8.3   Datenanalyse als Modellierung

Dass sich die Analyse von Daten in ihrer strukturellen Vorgehensweise als Modellierung beschreiben und begreifen lässt, kann am Beispiel des Ärzteprotests (vgl. Eichler & Vogel, 2009, aber auch an beliebigen anderen Beispielen) exemplarisch aufgezeigt werden:

**„Klagen nicht nachvollziehbar"**
Ein Drittel aller Praxen kämpft ums Überleben, klagen die Ärzte. Niedergelassenen Medizinern gehe es gut, sagt dagegen der SPD-Gesundheitsexperte Lauterbach. Es gebe keinen Grund für die Politik, etwas zu ändern. [...] Ärzteverbände hatten beklagt, rund 30.000 Praxen müssten mit einem Nettoeinkommen von 1.600 bis 2.000 Euro im Monat auskommen. Die Kassenärztliche Bundesvereinigung (KBV) rechnet für 2005 mit 125 Praxisinsolvenzen, mehr als jemals zuvor. Lauterbach sagte dazu, in keiner anderen freiberuflichen Tätigkeit gebe es so wenige Insolvenzen wie bei niedergelassenen Ärzten, und die Durchschnittseinkommen seien gut. [...] Schon heute verdiene ein niedergelassener Allgemeinarzt in Westdeutschland nach Abzug aller Betriebskosten rund 82.000 Euro im Jahr alleine mit der Behandlung gesetzlich Krankenversicherter.
(Quelle: gekürzte Fassung eines Artikels aus der ZEIT online, 17.1.2006)

Die Problemsituation kristallisiert sich in den Zahlen, die in dem Artikel genannt werden. Daher müssen, wenn es darum geht, den geschilderten Streitpunkt zu beurteilen und sich eine eigene Meinung zu bilden, zunächst verfügbare Daten zu den Einkommensverhältnissen in der Ärzteschaft beschafft werden (die bei diesem wie auch vielen anderen Beispielen im Netz verfügbar sind, http://daris.kbv.de/daris.asp). Die verfügbaren Daten zum Einkommen von Ärzten (Abb. 8.2) beinhalten hinsichtlich der Ausgangsfrage, ob denn die Klagen der Ärzte berechtigt sind oder nicht, die entscheidenden Informationen.

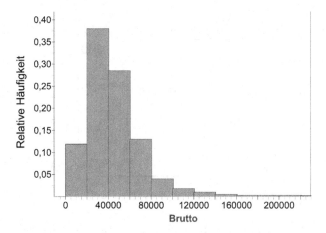

**Abb. 8.2**  Realmodell zum Einkommen von niedergelassen Ärzten in einem mathematischen Modell im weiten Sinne, einer Häufigkeitsverteilung (Daten geschätzt auf der Basis der Angaben der KBV)

Die Komplexität der Realsituation lässt sich durch den Fokus der erkenntnisleitenden Frage, durch den die „Ausgangssituation vergröbert, vereinfacht, eingeschränkt, idealisiert, strukturiert" (Blum, 1985, S. 201) wird, auf die Daten reduzieren. So können die Daten in der Terminologie des Modellierens als das – wenn auch weitest möglich – reduzierte Realmodell zur problemhaltigen Ausgangssituation bezeichnet werden, bei dem politische Überzeugungen, Kommentare oder sonstige Informationen, die nicht das Einkommen betreffen, keine Rolle spielen.

Im Schritt des Mathematisierens wird dieses Realmodell in ein *statistisches Modell* übertragen, das in inhaltlicher wie formaler Hinsicht die mathematische Weiterverarbeitung ermöglicht. Im vorliegenden Fall ist dies im weiten Sinne die linksschiefe statistische Verteilung der Einkommenswerte (Abb. 8.2) und im engeren Sinne die Berechnung eines Datenzentrums. Diese Reduktion der statistischen Verteilung auf geeignete statistische Kennwerte von Lage- und (hier nicht beachteten) Streuungsmaßen oder weiteren Momenten, die die Verteilung repräsentieren, führt in dem Beispiel zu den gegensinnigen Aussagen, da das eine statistische Modell die Reduktion der Einkommensverteilung auf ein arithmetisches Mittel, das andere statistische Modell die Reduktion auf ein Quantil betrifft. Das nachfolgende Analyseergebnis und dessen Interpretation wird dadurch ganz wesentlich beeinflusst: Im vorliegenden Fall kristallisiert sich hier der Streitpunkt der Auseinandersetzung zwischen Vertretern der Ärzteschaft einerseits („[…] ein Drittel aller Praxen […]") und Vertretern der Politik andererseits („[…] Durchschnittseinkommen seien gut. […]").

Die bei der mathematischen Verarbeitung ermittelten mathematischen Ergebnisse – *die statistischen Kennwerte,* die das Muster des Datensatzes quantifizieren – müssen in den Kontext des Realmodells, also in den Datenkontext übersetzt werden, es findet eine *Interpretation* der Ergebnisse statt.

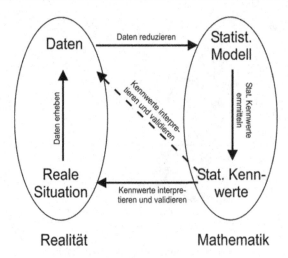

**Abb. 8.3**  Statistischer Modellierungskreislauf

Hier sind dies die Aussagen „Ärzte verdienen im Schnitt mehr als Professoren, nämlich 82.000 Euro im Jahr" oder „Ein Drittel der Ärzte bangt um die Existenz bei 1.500 Euro monatlich", je nachdem, ob bei der Reduktion mit dem arithmetischen Mittel oder dem 33 %-Quantil gearbeitet wurde. Mit dieser Interpretation ist die *Validierung* der gewonnenen Ergebnisse verbunden: Ist der Ärzteprotest nun gerechtfertigt oder eben nicht, d. h. sind in diesem Fall die ermittelten Lageparameter der Einkommensverteilung ausreichend für eine Beurteilung oder sollten andere Aspekte wie etwa Arbeitsbelastung, Verantwortung, Vergleich zu anderen Berufsgruppen oder andere Aspekte auch betrachtet werden?

Abstrahiert man dieses Beispiel, so lässt sich die Datenanalyse bezogen auf den Modellierungskreislauf nach Blum (1985) idealtypisch als statistischer Modellierungskreislauf darstellen (Abb. 8.3).

## 8.4  Grundgleichung der Modellierung von Daten

Beide Modelle zu den Einkommensverhältnissen der Ärzte, so unterschiedlich ihre Interpretationen auch sind, beziehen sich auf so genannte Lageparameter der Einkommensverteilung, die ein Muster in den Daten (Wild & Pfannkuch, 1999), also eine Eigenschaft der Ärzte als Kollektiv beschreiben. Von keinem der Muster oder Modelle kann unmittelbar auf einen einzelnen Arzt zurückgeschlossen werden. Ebenso gibt keines der beiden Muster Aufschluss darüber, in welcher Form die Einkommen der Ärzte in der Realität tatsächlich von dem Muster oder Modell abweichen können.

In einer stochastischen Weltsicht ist aber gerade die Variabilität statistischer Daten (Wild & Pfannkuch, 1999) und ihre Erfassung, etwa bei Ärzteeinkommen, allgemein bei allen belebten und unbelebten Wesen, Objekten und Situationen des realen Lebens das paradigmatische Grundmotiv. Dem Volksmund nach mag zwar ein Ei dem anderen gleichen, aber bei genauem Hinsehen wird man feststellen, dass dem tatsächlich nicht so ist. Selbst industriell gefertigte Objekte, wie z. B. Bleistifte unterscheiden sich in ihrer Länge, wenn man nur genau genug misst. Die absolute Gleichheit gibt es nur als theoretisches Konstrukt in der Gedankenwelt. Sobald die theoretische Welt aber verlassen wird, begegnet man der Variationsvielfalt der empirischen Welt – Variabilität, nicht Uniformität ist Gegenstand des statistischen Denkens.

Wären im Leben alle Phänomene der natürlichen, sozialen und geistigen Welt uniform, bräuchte es keine Statistik. Mit einem individuellen Objekt oder Vorgang wären alle Informationen der gesamten statistischen Masse gegeben, das gesuchte Muster des Kollektivs ergäbe sich aus der Betrachtung eines Individuums – wie langweilig: alle Menschen wären gleich, alle Autos und alle Modelle! Es gäbe also auch keinen Grund zu modellieren, da ein Original seinem Modell vollkommen gliche. Gäbe es auf der anderen Seite keinerlei Struktur, keinerlei Muster in Daten, so würde wiederum die Statistik sinnlos, deren Methoden darauf zielen, im Datennebel Muster zu finden, und mitsamt der in den Daten enthaltenen Abweichungen vom Muster zu beschreiben. So sind Muster und Variabilität zwei sich gegenseitig ergänzende Seiten einer Medaille. Ohne Muster verliert der Reiz der Variabilität, ohne Variabilität verliert der Reiz des Musters. Das Spannende der Stochastik ist gerade, dieses Verhältnis in Daten auszuloten.

Den Zusammenhang zwischen Daten und dem ihnen innewohnenden Paar aus Variabilität und Muster kann man durch die *Grundgleichung der Datenmodellierung* (vgl. Eichler & Vogel, 2009) ausdrücken, die sich in verschiedener Weise darstellen lässt:

*Daten*      *= Muster + Variabilität*
               *= Trend + Zufall*
               *= Signal + Rauschen*
               *= Funktion + Residuen*

Die additive Struktur der Grundgleichung der Datenmodellierung ist ein pragmatisches Konstrukt, um mit der omnipräsenten Variabilität von Daten fertig zu werden: Der Teil der Datenvariabilität, der erklärt werden kann, wird mit einer deterministischen Komponente zum Ausdruck gebracht. Das, was übrig bleibt, der unerklärte Anteil an Variabilität wird mit dem Konstrukt *Zufall* modelliert. Damit kommt eine stochastische Komponente in die Modellierung der Daten. Diese Grundgleichung gilt unabhängig davon, wie die Daten dimensioniert sind. Bei univariaten Daten (also bei den Daten, die nur entlang einer Merkmalsauprägung streuen, wie beispielsweise die oben genannte Einkommensverteilung der Ärzteschaft) kann das gesuchte Muster aus einem Mittelwert oder dem Median bestehen. Bei bivariaten Daten kann dies eine elementare Funktion[1] sein, wie z. B. eine Proportionalität bei der Modellierung von Schallgeschwindigkeits- daten. Die Abweichungen von solchen Mustern werden als Residuen bezeichnet, deren Bedeutung wir anhand zweier Beispiele erläutern wollen.

## 8.5    Bedeutung der Reste im Modellierungsprozess

Die deterministische Komponente, das Muster, bei der Modellierung eines Abkühlungs- prozesses (vgl. Abb. 8.4, links) ist eine Exponentialfunktion. Statt einer elementaren Funktion kann das Muster aber auch, wenn wie im Beispiel einer Zeitreihe zum atmo- sphärischen $CO_2$-Gehalt ein parametrisches Funktionenstandardmodell fraglich er- scheint, beispielsweise eine gleitende Mittelwertkurve sein – eine Kurve, die sich aus der Abfolge von monatsweise gebildeten Jahresmittelwerten ergibt (vgl. Abb. 8.4, rechts).

In beiden Fällen gibt es Residuen $r_i$, das sind die Abweichungen $y_i - f(x_i)$ zwischen ei- nem Datenpunkt $(x_i|y_i)$ und einem Punkt $(x_i|f(x_i))$ der modellierenden Funktion f(x), die in den beiden Residuendiagrammen graphisch dargestellt sind. Im Residuendiagramm lässt sich weiter spezifizieren, was eine „möglichst gute" Datenanpassung meinen kann: Nach der begründeten Entscheidung für ein Funktionenmodell soll dieses so angepasst werden, dass die Residuen möglichst klein sowie zufällig im Sinne von trendfrei sein sollten und sich insgesamt nach oben und unten ausgleichen. Damit erhält man aus der Betrachtung der Residuen ein Maß für die Güte der Datenmodellierung.

Beim Blick auf die Residuendiagramme, die in Abb. 8.4 abgebildet sind, zeigt sich im Falle der $CO_2$-Daten deutlich, dass der Modellierungsvorgang noch nicht abgeschlossen ist: die Residuen zeigen ein periodisch wiederkehrendes Muster, das die Überlegung nahe legt, sich mit einer phänomenologischen Erklärung dafür zu beschäftigen (Be- und Entlaubung der Vegetation im Rhythmus der Jahreszeiten) und mathematische Überle- gungen anzustellen, wie dieser Residuentrend als Ausgangspunkt eines zweiten Model- lierungsschritts mathematisch zu fassen ist (z. B. mögliche Anpassung einer Sinusfunk- tion und Interpretation der Funktionsparameter von Amplitude als Spannweite zwi- schen Jahreshöchst- und Tiefstwerten und Periodendauer als jahreszeitlich bedingter Zyklus der Be- und Entlaubung). Auch im Fall des dargestellten Abkühlungsprozesses lässt das Residuendiagramm einen Resttrend vage erkennen, was ebenfalls zu weiterfüh- renden kontextuellen und mathematischen Überlegungen führen kann, um die Residuen im Sinne des oben genannten Kriteriums zu minimieren. Das Kriterium der Residuen- minimierung darf allerdings nicht so missverstanden werden, dass die Residuen um den Preis einer sachgerechten funktionalen Modellierung zu vermeiden sind.

---

[1] Auch ein Lageparameter wie das arithmetische Mittel oder der Median einer Verteilung lässt sich mathematisch als konstante Funktion betrachten, die jedem Datenwert eines univariaten Datensatzes einen konstanten Wert zuordnet.

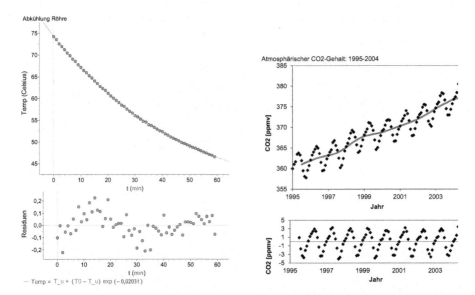

**Abb. 8.4** Modellieren bivariater Datensätze über Streudiagramm und Residuenplot

Im Extremfall hieße das, dass die bestmögliche funktionale Datenmodellierung immer darin besteht, dass alle Abweichungen zwischen Modell und Daten – die Residuen – verschwinden und der Funktionsgraph genau durch alle n Datenpunkte $(x_1, y_1)$, …, $(x_n, y_n)$ verläuft. Über die Interpolation durch ein Polynom der Form $p(x) = a_0 + a_1x + a_2x^2 + … + a_kx^k$ wäre mit $k = n-1$ eine solche Funktion $p(x)$ für n Datenpunkte prinzipiell immer zu finden, im Datenkontext betrachtet ist ein solches Modell jedoch mitunter kaum sinnvoll zu interpretieren.

Das Beispiel in Abb. 8.5 kann dies verdeutlichen: Durch die vollständige Erfassung aller Datenpunkte verliert das funktionale Modell im linken Beispiel der Abb. 8.5 die Möglichkeit, einen sachlich sinnvoll begründbaren Zusammenhang zwischen Körpergröße und Gewicht von erwachsenen Personen trendgemäß abzubilden. Dadurch büßt es ein zentrales Merkmal ein, das ein Modell nach Stachowiak (1973) kennzeichnet: das *Abbildungsmerkmal*. Dagegen erweckt die in Abb. 8.5 rechts dargestellte Regressionsgerade, die auf der Basis der Minimierung der quadratischen Abweichungen durch den Computer ermittelt wurde, hinsichtlich einer Trendabbildung eine größere Glaubwürdigkeit deshalb, weil sie nicht vorhandene Messwerte in ihrer Größenordnung besser abschätzen lässt. Kontextuell betrachtet kommt hier die einfache Annahme zum Ausdruck, dass durchschnittlich betrachtet größere Menschen auch schwerer sind.

Es ist ein wichtiges modellierungsdidaktisches Ziel, dass die Schülerinnen und Schüler lernen zwischen der kontextfreien Punkte-Erfassung und der funktionalen Anpassung zu unterscheiden, die die kontextuelle Bedeutung der Datenwolke im Blick hat. Das bedeutet, dass die mathematischen Mittel, mit denen im Modellierungsvorgang gearbeitet wird, wie z. B. die verwendeten Funktionsparameter, ebenfalls der inhaltlichen Interpretation und Validierung unterliegen.

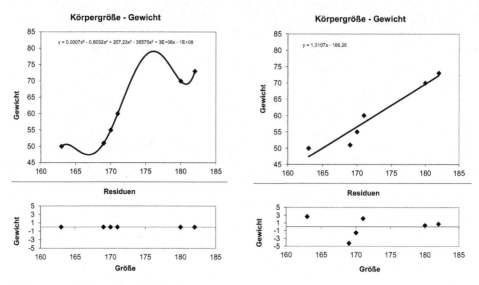

**Abb. 8.5** Perfekte Datenmodellierung?

Dies ist ein Kriterium für die pragmatische Beantwortung der Frage, wann sich die modellierende Person mit einem Modell (zumindest im Moment) zufrieden geben sollte: Solange die kontextuelle Bedeutung der verwendeten Funktionen und ihrer Parameter herausgearbeitet werden kann, solange kann die Datenanpassung weitergehen und kann dabei auch das Verständnis des mathematischen Begriffs der Funktion anreichern (vgl. Vollrath, 1989). Ein weiteres Kriterium ist die Handhabbarkeit des mathematischen Modells: Bei einer parametrischen Überfrachtung leidet das *Verkürzungsmerkmal* der Modellierung, bei einer allzu robust vereinfachenden Datenmodellierung leidet dagegen das *Abbildungsmerkmal*.

Hier das richtige Maß zu finden unterliegt der Verantwortung der modellierenden Person, die den Zweck der Modellierung im Blick hat. Erickson (2004, S. 37) formuliert folgende Faustregel: „Make your models with as many parameters as you need – but no more.“

## 8.6　Wahrscheinlichkeitsanalyse als Modellierungsprozess

Anhand der Beispielaufgabe zu den Schokolinsen (Abb. 8.6: Eichler & Vogel, 2009) lässt sich einerseits die Datenanalyse von der Wahrscheinlichkeitsanalyse abgrenzen, andererseits die Wahrscheinlichkeitsanalyse, in der Abweichungen von einem Muster durch Wahrscheinlichkeiten quantifiziert werden, in ihrer Parallelität zum allgemeinen Modellierungsprozess darstellen.

Aufgabe: Untersucht den Anteil der roten Schokolinsen in einer Tüte. Macht eine Prognose zu diesem Anteil und überprüft diese Prognose.

**Abb. 8.6**  Beispielaufgabe zu den Schokolinsen

Die beschreibende *Datenanalyse* der Farbverteilung in den Tüten mit Schokolinsen basiert auf den Daten zu einer bestimmten Anzahl geöffneter Tüten mit einem möglichen Ergebnis, das in Abb. 8.7 dargestellt ist. Als Muster der offensichtlich unterschiedlichen Farbanzahlen in den Tüten (Variabilität der Daten) kann etwa das arithmetische Mittel der Anzahl von Schokolinsen in einer Tüte (ungefähr 18) sowie das arithmetische Mittel der Anzahl der Linsen einer Farbe (ungefähr 3) dienen, um ein Modell aufzustellen: In dem Modell einer Tüte mit Schokolinsen sind 18 Linsen, wobei von jeder Farbe (im Durchschnitt) 3 vorhanden sind. Für eine Prognose reicht aber dieses Ergebnis nicht aus: Die Daten zeigen einerseits, dass nicht in jeder Packung drei Linsen einer Farbe sind, und andererseits, dass die Verteilung der Anzahlen insgesamt (oder zumindest Mittelwert und Streuung) bei wenigen Tüten noch ausreichend scheint, um gute Überprüfungskriterien zu konstruieren. Diese wie auch eine theoretisch fundierte Einschätzung der Abweichungen (Residuen) vom Muster (3 Linsen einer Farbe in jeder Tüte) gewinnt man durch eine *Wahrscheinlichkeitsanalyse*, bei der die ursprüngliche Problemstellung durch die Frage nach der Farbverteilung in den Tüten erhalten bleibt.

Im Gegensatz zur Datenanalyse lässt sich bei der Wahrscheinlichkeitsanalyse ein *Realmodell* nicht mehr auf die Daten selbst reduzieren. Es besteht aus theoretischen Überlegungen zum Prozess der Entstehung von Daten, die hier auf der vorgeschalteten Analyse empirischer Daten basiert, nämlich auf der Analyse von Farbverteilungen in einer größeren Anzahl von Tüten. Hier ist das Realmodell nicht mehr trennscharf zum *mathematischen Modell*, da bereits in die Überlegungen eines Füllprozesses auch mathematische Modelle eingehen können. Konkret könnte solch eine Überlegung darin bestehen, dass, da beispielsweise durchschnittlich 3 von 18 Linsen einer Packung rot sind, der Füllprozess als zufälliger Vorgang modelliert wird, bei dem jede in eine Tüte eingefüllte Linse mit der Wahrscheinlichkeit 1/6 eine bestimmte Farbe hat. Diese Überlegung basiert auf dem mathematischen Modell der stochastischen Unabhängigkeit, d. h. die Farbeigenschaft der gerade eingefüllten Schokolinse hat keinen Einfluss auf die Farbeigenschaft der folgenden Linsen. Diese Annahmen sind im Voraus nicht richtig oder falsch, es sind Modellannahmen, die mehr oder weniger plausibel sind und deren Validität oder Prognosegüte überprüft werden kann. Hier ist die vorgestellte Modellannahme der Unabhängigkeit genau genommen tatsächlich problematisch.

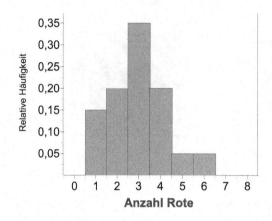

**Abb. 8.7** Verteilung der Anzahl roter Linsen beim nach dem Öffnen von 20 Tüten

So würde bei einer endlichen Menge von Schokolinsen jede in eine Tüte eingefüllte Linse tatsächlich die Wahrscheinlichkeit für alle Farben für die nächste Schokolinse – wenn auch vielleicht nur geringfügig – ändern. Es ist aber mitunter äußerst vorteilhaft, wenn nicht das beste Modell allein bezogen auf seine Abbildungsgenauigkeit verwendet wird, sondern eines, das eine gute Mitte zwischen Abbildungsgenauigkeit und geeigneter Verkürzung darstellt, durch die der Einsatz geeigneter und handhabbarer Methoden möglich wird (vgl. Stachowiak, 1973; vgl. auch im übertragenen Sinn die oben genannte Faustregel nach Erickson, 2004). Verwendet man in diesem Sinne die stochastische Unabhängigkeit hinsichtlich der Farbe der eingefüllten Linsen und betrachtet man exemplarisch eine bestimmte Farbe für eine Tüte, etwa nur die roten Linsen, so ergibt sich (mathematischer Satz) durch die Verkettung von stochastisch unabhängigen Bernoulliexperimenten als endgültiges mathematisches Modell die Binomialverteilung mit $n = 18$ und $p = 1/6$.

Eine Prognose für die Verteilung der Anzahlen einer bestimmten Farbe als *mathematische Lösung* in diesem Modell kann (näherungsweise) simuliert oder aber berechnet werden (vgl. Abb. 8.8). Diese Lösung umfasst die Schätzung bzw. Berechnung von Wahrscheinlichkeiten für bestimmte Anzahlen einer Farbe in einer Tüte, wobei in Abb. 8.8 die Häufigkeitsverteilung in einer Simulation mit 1.000 Tüten grafisch dargestellt und die einzelnen Häufigkeiten den berechneten Wahrscheinlichkeiten gegenübergestellt sind.

Sowohl die Ergebnisse der Simulation als auch die Berechnungen ergaben, dass in dem gewählten Modell das Fehlen einer bestimmten Farbe – als spezifische Abweichung (Residuum) vom Muster (3 Linsen einer Farbe in einer Tüte) – möglich ist, aber selten vorkommt. Noch unwahrscheinlicher ist das Auftreten von acht oder mehr Linsen einer Farbe (in weniger als 1 % der Fälle). Aus diesen Ergebnissen der Wahrscheinlichkeitsanalyse lassen sich Kriterien für die Validierung des zugrunde liegenden probabilistischen Modells in der Realität konstruieren, etwa:

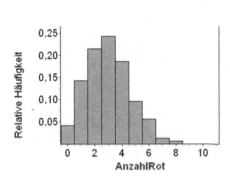

| Anzahl roter Linsen | Relative Häufigkeit | Wahrscheinlichkeit |
|---|---|---|
| 0 | 0,040 | 0,038 |
| 1 | 0,143 | 0,135 |
| 2 | 0,216 | 0,230 |
| 3 | 0,245 | 0,245 |
| 4 | 0,186 | 0,184 |
| 5 | 0,095 | 0,103 |
| 6 | 0,056 | 0,045 |
| 7 | 0,013 | 0,015 |
| 8 | 0,006 | 0,004 |
| > 8 | 0 | 0,001 |

**Abb. 8.8**  Simulation und Berechnungen im mathematischen Modell

- Das der Rechnung zugrunde liegende Modell wird abgelehnt, wenn eine neue geöffnete Tüte 0 bzw. 8 oder mehr rote Linsen enthält, wobei allerdings bei etwa 5 % der Tüten auch dann abgelehnt würde, wenn Modell richtig wäre. Bei Anzahlen zwischen 1 und 7 roter Linsen behält man das Modell bei, da es sich empirisch bewährt hat.
- Das Modell wird nur bei 8 oder mehr roten Linsen abgelehnt. Man lehnt dann nur bei weniger als 1 % der Fälle das Modell ab, falls es richtig wäre. Bei weniger als 8 roten Linsen wird das Modell beibehalten.

Die Validierung des Modells besteht also in einem hier allein in der Grundidee beschriebenen Hypothesentest. Warum sollte man aber einen Fehler bei der potentiellen Ablehnung des Modells bei dessen Validierung begehen? Die Antwort ist, dass man ohne das mögliche Begehen eines Fehlers nicht validieren könnte. So ist es etwa möglich, nur sehr unwahrscheinlich, dass bei dem hier vorgegebenen Modell nur rote Linsen in einer Tüte enthalten sind. Das heißt, nur wenn man das Modell unabhängig vom Ergebnis der Farbanalyse einer neuen Tüte *immer* akzeptiert, ist man vor dem fehlerbehafteten Ablehnen eines Modells sicher, wird aber andererseits auch nicht erkennen, wenn alternative Modelle sich in den Daten zukünftig geöffneter Tüten aufdrängen sollten.

Verkürzt man die Erläuterungen zum Schokolinsenbeispiel auf einzelne Phasen, so lässt sich zeigen, dass sich die Wahrscheinlichkeitsanalyse wie die Datenanalyse idealtypisch als Modellierungsaktivität beschreiben lässt. Entsprechend dazu lässt sich der Modellierungskreislauf nach Blum (1985) als Modellierungskreislauf der Wahrscheinlichkeitsanalyse modifizieren (Abb. 8.9).

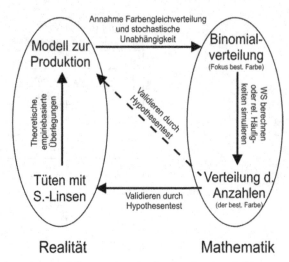

**Abb. 8.9** Probabilistischer Modellierungskreislauf zur Wahrscheinlichkeitsanalyse bei der Farbverteilung von Schokolinsen (bei Fokussierung auf eine bestimmte Farbe)

## 8.7 Daten- und Wahrscheinlichkeitsanalyse als einende Idee, die Realität zu modellieren

Das Beispiel der Farbverteilung von Schokolinsen zeigt, dass sich Daten- und Wahrscheinlichkeitsanalyse gegenseitig ergänzen. Der Unterschied in beiden Varianten des Modellierens von Daten zeigt sich in ihren unterschiedlichen Zugriffspunkten von Empirie und Theorie während des Modellierungsprozesses.

- Die Datenanalyse als Modellierungsprozess beginnt in der Empirie, nämlich bei den erhobenen Daten als Realmodell. Im Ergebnis leistet sie die Beschreibung eines Ist-Zustands und kann damit für sich selbst stehen. Jede Erweiterung oder auch Validierung im Sinne einer Verallgemeinerung des beschreibenden Modells oder der Prognose auf der Basis des beschreibenden Modells zielt aber auf eine nachgeschaltete Wahrscheinlichkeitsanalyse.
- Die Wahrscheinlichkeitsanalyse als Modellierungsprozess basiert wie im Schokolinsenbeispiel auf einem auf der Datenanalyse basierendem Modell (frequentistischer Ansatz). Die Validierung der Ergebnisse der Wahrscheinlichkeitsanalyse geschieht anschließend wiederum anhand der beschreibenden Analyse empirischer Daten. Aber auch, wenn das der Wahrscheinlichkeitsanalyse zugrunde liegende Modell theoretisch motiviert ist, basiert die Validierung eines probabilistischen Modells auf der Analyse empirischer Daten. Wird etwa das Modell der Gleichverteilung der Schokolinsen hinsichtlich ihrer Farben theoretisch motiviert (klassischer Ansatz), so benötigt man ebenso empirische Daten, um das theoretische Modell zu validieren. Wie man letzt-

lich zu den gesuchten Wahrscheinlichkeiten oder insgesamt einer Wahrscheinlichkeitsverteilung kommt, hängt von der zugrunde liegenden Problemstellung und der Entscheidung als modellbildende Person ab: Geht man von empirisch ermittelten Häufigkeiten aus oder trägt man (idealerweise begründet) ein theoretisches Modell an die Problemsituation heran – diese Entscheidung ist keine Frage der Wahrscheinlichkeitsrechnung oder Datenanalyse, es ist eine subjektive Entscheidung der Modellbildung.

Eine weitergehende Überlegung hebt die ineinander verschränkte Daten- und Wahrscheinlichkeitsanalyse über eine Variante des Modellierens in einer speziellen mathematischen Disziplin heraus, zu der die oben diskutierten Beispiele zunächst gezählt werden können. So sind Daten, entweder bei der Bildung eines Realmodells oder bei der Validierung nahezu prinzipiell in jeglichen Versuchen, die Realität zu modellieren, von Bedeutung.

Ist das Aufstellen eines Modells nicht allein auf der Basis theoretischer Überlegungen möglich, so ist eine Datengrundlage zur Entwicklung eines Modells unumgänglich. Dass aber auch manche „theoretische" Modelle ursprünglich auf der mehr oder weniger systematisch verlaufenden Analyse von Daten beruht haben, scheint plausibel zu sein, selbst wenn solch eine Datenanalyse mittlerweile im allgemeinen Konsens eines theoretischen Modells versunken ist: Gab es etwa schon immer das Modell der Gleichverteilung von Ereignissen eines symmetrischen Zufallsgenerators (z. B. eines Würfels) oder basiert nicht die Erkenntnis, dass ein symmetrischer Zufallsgenerator gleichverteilte Ereignisse erzeugt, ursprünglich auf der Analyse empirischer Phänomene? Aber selbst wenn man von der Möglichkeit rein theoretischer, datenloser Modelle ausgeht, so bleibt dennoch die Datenanalyse ein mächtiges Instrument, um empirisch gestützte Modelle in allen Bereichen der Wissenschaft konstruieren zu können.

Ist ein Modell zu einem Ausschnitt der Realität aufgestellt – ob nun theoretisch oder empirisch begründet –, so muss es sich bewähren und wird möglicherweise widerlegt oder abgelehnt. Besteht etwa in der Teilchenphysik ein theoretisches Modell zu den so genannten Higgs-Teilchen, so wird mit erheblichem Aufwand im CERN versucht, die Existenz positiv anhand von Daten zu belegen. Negativ gehen große Bereiche der Sozialwissenschaften vor, indem Modelle im Sinne des kritischen Rationalismus ausgeschlossen werden, um die Suche nach einem bestmöglichen Modell voranzutreiben – dies geschieht auf der Basis statistischer und auf der Verwendung empirischer Daten beruhender Tests (Hypothesentests). Die Evidenzbasierte Medizin erkennt nur solche Behandlungsmodelle an, deren Nutzen sich empirisch, also anhand von Daten, belegen lässt. Die Liste ließe sich nahezu beliebig verlängern mit dem einenden Ergebnis: Ohne Daten bei der Konstruktion eines Realmodells oder der Validierung eines mathematischen Modells scheint ein Modellierungsprozess in der Realität, solange dieser mathematischen Methoden zugänglich ist, kaum möglich zu sein.

## 8.8    Daten, Wahrscheinlichkeiten und Modellbildung in der Schule

Akzeptiert man die zentrale Stellung empirischer statistischer Daten im Prozess der Modellierung realer Probleme, so besteht die Frage, ob der Schul- oder Mathematikunterricht in der Lage ist, dieser zentralen Stellung gerecht zu werden.

Tatsächlich begegnen Schülerinnen und Schülern, ob nun innerhalb oder außerhalb des Mathematikunterrichts, über viele Klassenstufen hinweg Daten. Größen oder auch Zusammenhänge zwischen verschiedenen Größen sind eine Grundlage des mathematisch-naturwissenschaftlichen Unterrichts. Daten vermitteln beispielsweise physikalische Gesetzmäßigkeiten, wie das Weg-Zeit-Gesetz beim freien Fall, das Zerfallsgesetz radioaktiver Substanzen, die Grundgleichung der Dynamik und viele andere mehr. In anderen Schulfächern sind Daten ebenso allgegenwärtig: Sport (z. B. Analysen verschiedenster sportlicher Leistungen), Geographie (z. B. Analysen langjähriger Temperaturverläufe), Biologie (z. B. Wachstumsanalysen von Pilz- oder Hefekulturen). Und auch in den Fächern zu Gesellschaftswissenschaften finden sich über den schulischen Fächerkanon im engeren Sinne hinaus zahlreiche Themenfelder, die auf Daten basierend Anlässe geben nachzudenken: Risiken im Straßenverkehr, Fragen der Gesundheitsvorsorge, Armutsentwicklung, Bildungsstudien, Rentenstreit, Intelligenzentwicklung, Epidemien ... – schon beim einfachen Aufschlagen einer Zeitung oder beim Einschalten der Nachrichten begegnen Schülerinnen und Schüler Daten, die Sachverhalte berühren, die thematisch in den Bereich eine Schulfachs gehören und deren Einschätzung zu der Ausbildung von kritisch bewussten Bürgern gehört.

Lässt man die wenigen gerade genannten Beispiele Revue passieren, so fällt auf, dass diese nahezu ausschließlich auf eine beschreibende Datenanalyse zu zielen scheinen. Woran liegt das? Hier gilt der schlichte Grundsatz: die Datenanalyse ist im ersten Zugang einfacher als die Wahrscheinlichkeitsanalyse. Schaut man sich dazu das einfache Schulbeispiel zu den Schokolinsen an, so lassen sich in Bezug zu den zu analysierenden oder zu prognostizierenden Daten folgende Merkmale ausmachen:

- Für die beschreibende Analyse empirischer Daten ist der Prozess ihrer Genese zunächst unerheblich. Die Farbverteilung in den Tüten ermittelt man durch Öffnen und Auszählen einer Anzahl von Tüten. Bei der Auswertung der Daten spielt der Prozess der Befüllung keine Rolle und wird als quasi unsichtbarer Umstand belassen.
- Für die Wahrscheinlichkeitsanalyse muss dagegen der Prozess der Entstehung zukünftiger Daten in einem Modell erfasst und damit sichtbar werden. Im Beispiel der Schokolinsen gehört dazu sowohl ein Modell hinsichtlich des Befüllungsvorgangs generell wie auch hinsichtlich des Befüllens jeder einzelnen Schokolinse (Wahrscheinlichkeit für jede Farbe bei jeder Einzelbefüllung 1/6). Erst mit solch einem Modell, das hier im Modell der Binomialverteilung aufgeht, kann eine mathematische Prognose geleistet und das zugrunde liegende Modell validiert werden.

Zählt man also etwa im Rahmen der Datenanalyse eine *Häufigkeits*verteilung (bei anschließender Quotientenbildung) schlicht aus, benötigt man für die Berechnung einer *Wahrscheinlichkeits*verteilung (dem Pendant in der Wahrscheinlichkeitsanalyse) eine Fülle, zum Teil komplexer Modellierungsschritte. In der Regel gehört dazu die Überlegung, aus wie vielen Teilschritten ein zufälliger Vorgang besteht, die (theoretische oder empirische) Schätzung von Wahrscheinlichkeiten in den Teilschritten, die Überlegung, ob die Teilschritte als zufällige Vorgänge unabhängig voneinander sind oder nicht sowie die darauf beruhende anschließende Berechnung der Wahrscheinlichkeiten. Solche Modellierungsschritte basieren auf methodischem Wissen zur Wahrscheinlichkeitsrechnung, das zum Teil auch für oberflächlich einfache Probleme nicht im Stoffkanon der Sekundarstufe I liegt. Geht es dann um Verallgemeinerungen von der Stichprobe auf die Allgemeinheit (z. B. Konfidenzintervalle) oder die Validierung von Modellen durch zusätzliche empirische Daten (z. B. Hypothesentests), so befindet man sich, sofern an eine formale Ausführung der Methoden gedacht wird, spätestens jetzt am Ende der Sekundarstufe II. Kurz: Ein Modellierungsprozess im Sinne der Wahrscheinlichkeitsanalyse bedarf formaler Fertigkeiten, die komplex und erst am Ende oder gar erst nach der Schulzeit verfügbar sind. Es gibt allerdings auch Varianten, die Wahrscheinlichkeitsanalyse durch Simulation zu vereinfachen. Diese kann Schülerinnen und Schülern das Entwickeln von Wahrscheinlichkeitsverteilungen, die formale Konstruktion von Konfidenzintervallen und ebenso die Ausführung von formalen Hypothesentests abnehmen und dennoch die hinter diesen Methoden stehenden Grundgedanken vermitteln, wie es im Schokolinsenbeispiel im Ansatz dargestellt wurde (vgl. dazu auch Eichler & Vogel, 2009).

Dennoch ist aufgrund des komplexer werdenden Modellierungsprozesses das Potential an zu erwartenden Problemen bei der Wahrscheinlichkeitsanalyse deutlich größer als bei der Datenanalyse. Dieser sind, sofern Daten erhebbar oder sogar schon vorhanden sind, nur bezogen auf die Komplexität des Kontextes Grenzen gesetzt. Hier kann abgewogen werden, ob der Ärzteprotest zu komplex für eine Lerngruppe ist, die verwendeten statistischen Methoden sind es – bezogen etwa auf die Sekundarstufe I – nicht. In gleicher Weise können Daten zu komplexen Sachkontexten und tatsächlich realen, öffentlich diskutierten Problemen bereits mit elementaren Methoden untersucht werden. Sicher gibt es zwar auch manche (z. B. Krankheitsdiagnosen), aber wenige Möglichkeiten, tatsächlich öffentlich brisante Probleme mit Hilfe der Wahrscheinlichkeitsanalyse zu behandeln. Nimmt man aber den Modellierungsprozess als ganzen ernst, so beschränken sich die potentiellen Probleme auf einfache Probleme wie die Farbverteilung der Schokolinsen. Denn solche ermöglichen das empirisch gestützte Aufstellen eines Realmodells für die Wahrscheinlichkeitsanalyse, die Bewältigung der mathematischen Seite des Modellierungsprozesses und – das ist insbesondere ein Gegensatz zu öffentlich diskutierten Daten – die Möglichkeit für Schülerinnen und Schüler, über eine eigene erneute Datenerhebung das im Unterricht aufgestellte Modell zu validieren.

Ob nun auf öffentlich relevante (Ärzteprotest) oder für den Unterricht konstruierte aber dennoch reale Probleme (Schokolinsen) zurückgegriffen wird, die beschreibende oder prognostische Analyse von Daten ist aus unserer Sicht nicht allein ein wichtiges Thema, um ein wichtiges Ziel schulischer Bildung, die Entwicklung von Schülerinnen und Schülern zu kritischen Begleitern öffentlicher Entscheidungsprozesse, zu erreichen. Die Daten- und Wahrscheinlichkeitsanalyse sind vielmehr auch wesentliche Bausteine, um die inhaltsübergreifende Kompetenz des Modellierens verstehen zu können.

## 8.9   Literatur

Blum, W. (1985). Anwendungsorientierter Mathematikunterricht in der didaktischen Diskussion. *Mathematische Semesterberichte, 32*(2), 195–232.

Box, G. E. P. & Draper, N. R. (1987). *Empirical Model-Building and Response Surfaces*. New York: Wiley.

Eichler, A. & Vogel, M. (2009). *Leitidee Daten und Zufall*. Wiesbaden: Vieweg+Teubner.

Erickson, T. (2004). *The model shop. Using data to learn about elementary functions*. Oakland: eeps media. (First-Field-test Draft)

Kütting, H. (1994). Didaktik der Stochastik. Mannheim: BI-Wissenschaftsverlag.

Schupp, H. (1988). Anwendungsorientierter Mathematikunterricht in der Sekundarstufe I zwischen Tradition und neuen Impulsen. *Der Mathematikunterricht, 34*(6), 5–16.

Stachowiak, H. (1973). *Allgemeine Modelltheorie*. Berlin: Springer.

Vollrath, H.-J. (1989). Funktionales Denken. *Journal für Mathematikdidaktik, 10*, 3–37.

Wild, C. & Pfannkuch, M. (1999). Statistical Thinking in Empirical Enquiry. *International Statistical Review, 67*(3), S. 223–248.

# Modellieren mit digitalen Werkzeugen  9

Gilbert Greefrath und Jens Weitendorf

*Die meisten Anwendungen von Mathematik sind im 21. Jahrhundert nicht mehr ohne moderne Computertechnologie denkbar. Dabei findet eine weitgehende Arbeitsteilung statt: Während sich die Maschine hervorragend dazu eignet, aufwendige Berechnungen durchzuführen, wendet sich der Mensch gerade den Fragen zu, die der Computer nicht entscheiden kann. Dazu gehören Fragen wie z. B.: „Wie repräsentiere ich Zusammenhänge aus der Welt in Symbolik und Sprache der Mathematik, so dass die interessierende Frage-stellung mit Mitteln der Mathematik überhaupt bearbeitet werden kann?" (Engel, 2010, S. 23)*

## 9.1 Modellierungsaufgaben mit digitalen Werkzeugen im Unterricht

Die möglichen Modellierungstätigkeiten im Mathematikunterricht haben sich nicht zuletzt durch die Existenz von digitalen Werkzeugen in den letzten Jahren verändert. Gerade beim Umgang mit realitätsbezogenen Problemen kann der Computer oder ein entsprechend ausgestatteter grafikfähiger Taschenrechner ein sinnvolles Werkzeug zur Unterstützung von Lehrenden und Lernenden sein. So werden digitale Werkzeuge bei solchen Problemen häufig eingesetzt, um z. B. mit komplexen Funktionstermen zu arbeiten oder den Rechenaufwand zu vermindern. Digitale Werkzeuge können im Unterricht unterschiedlichste Aufgaben übernehmen (Barzel, Hußmann & Leuders, 2005, S. 42 ff., Hischer, 2002, S. 116 ff.). Im Folgenden wird ein Überblick über unterschiedliche Einsatzmöglichkeiten von Computern bzw. Taschencomputern bei der Bearbeitung von Modellierungsproblemen gegeben.

Eine dieser Einsatzmöglichkeiten ist das **Experimentieren**. Beispielsweise kann man mit Hilfe einer dynamischen Geometriesoftware oder einer Tabellenkalkulation eine reale Situation in ein geometrisches Modell übertragen und darin experimentieren. Sucht man beispielsweise einen Ort für die bestmögliche Stationierung eines Rettungshubschraubers (siehe Abschnitt 13.3.5), so kann man die vorhandenen Daten über Unfallhäufigkeiten mit Hilfe einer Tabellenkalkulation erfassen und zunächst experimentell nach einem Ort suchen, der möglichst nahe an allen vorhandenen Unfallorten liegt. Dies bietet dann den Ausgangspunkt für weitere Überlegungen.

Eine sehr ähnliche Tätigkeit wie das Experimentieren ist das **Simulieren** von Realsituationen mit dem digitalen Werkzeug. Dabei werden Experimente an einem Modell durchgeführt, wenn die Realsituation zu komplex ist. So wären beispielsweise Voraussagen über die Population einer bestimmten Tierart bei unterschiedlichen Umweltbedingungen nur mit Hilfe einer Simulation möglich. Nach Experiment oder Simulation kann über mathematische Begründungen für die gewonnene Lösung nachgedacht werden. Auch dazu sind digitale Werkzeuge wie Computeralgebrasysteme geeignete Hilfsmittel (Henn, 2004).

Eine verbreitete Verwendung von digitalen Werkzeugen, speziell Computeralgebrasystemen, ist die **Berechnung** von numerischen oder algebraischen Ergebnissen, die Schülerinnen und Schüler ohne diese Werkzeug nicht oder nicht in angemessener Zeit erhalten können. Ein Beispiel ist die Berechnung von optimalen komplexen Verpackungsproblemen wie etwa einer Milchverpackung (Böer, 1993). Wird dieses Problem mit Hilfe von Funktionsgleichungen und der Differenzialrechnung bearbeitet, so kommt man leicht auf gebrochen-rationale Funktionen, bei denen die Nullstellen der ersten Ableitung mit Methoden der Schulmathematik ohne digitale Werkzeuge nicht mehr zu bestimmen sind.

In den Bereich der Berechnungen mit dem Computer gehört auch das Finden von algebraischen Darstellungen aus gegebenen Informationen. Wenn beispielsweise eine Funktionsgleichung aus vorhandenen Daten ermittelt wird, wird der Computer ebenfalls als Rechenwerkzeug verwendet. Dieses so genannte **Algebraisieren** ist dadurch charakterisiert, dass reale Daten in den Computer eingegeben werden und der Rechner eine algebraische Darstellung liefert. Bakterien in einer Bakterienkultur beispielsweise wachsen in unterschiedlichen Phasen. In einer dieser Phasen vermehren sich die Bakterien sehr schnell, bis schließlich die Nährstoffe erschöpft sind und sich Stoffwechselprodukte im Nährmedium angesammelt haben. Stellt man solche Daten in einem Diagramm dar, so kann man erkennen, dass sich das Bakterienwachstum gut durch eine Exponentialfunktion beschreiben lässt. Mit Hilfe eines Computeralgebrasystems lässt sich auch direkt eine passende Funktionsgleichung erstellen. Aus den realen Daten wird also eine algebraische Darstellung hergestellt. Das verwendete funktionale Modell kann allerdings nicht allein durch die Passung der Daten gerechtfertigt werden, sondern muss auch im verwendeten Kontext hinterfragt werden.

Digitale Werkzeuge können außerdem die Aufgabe des **Visualisierens** im Unterricht übernehmen (Weigand & Weth, 2002, S. 36 f.). Beispielsweise können gegebene Daten mit Hilfe einer Computeralgebra- oder einer Statistikanwendung in einem Koordinatensystem dargestellt werden. Dies ist dann z. B. der Ausgangspunkt für die Entwicklung von mathematischen Modellen. Ebenso können aber auch die Ergebnisse der Berechnungen visualisiert werden.

Im **Kontrollieren** finden digitale Werkzeuge ebenfalls eine sinnvolle Verwendung. So können digitale Werkzeuge beispielsweise bei der Arbeit mit diskreten funktionalen Modellen Kontrollprozesse unterstützen. Dazu kann man noch einmal das Wachstum einer Bakterienkultur betrachten (siehe Hinrichs, 2008, S. 268 ff.) und davon ausgehen, dass das Wachstum rascher erfolgt, wenn mehr Bakterien vorhanden sind. Da es sich um eine Bakterienkultur handelt, können weitere Wechselwirkungen, z. B. mit der Außenwelt, in diesem Modell vernachlässigt werden. Die Zunahme der Bakterien im Zeitintervall also wird proportional zum vorhandenen Bestand und zur verstrichenen Zeit angenommen. In diesem Modell kann bei festem Zeitschritt der jeweils folgende Funktionswert nach Kenntnis des Proportionalitätsfaktors ermittelt werden. Ebenso ist noch ein Startwert vorauszusetzen. Durch die Berechnung der Summe der quadratischen Abweichungen von realen Daten und Modellwerten kann die Qualität des Modells kontrolliert und beurteilt werden. Das mathematische Modell kann hier also numerisch kontrolliert werden. Es ist aber ebenso eine grafische Kontrolle mit Hilfe des modellierten Graphen und er realen Daten oder – in anderen Fällen – auch eine algebraische Kontrolle denkbar.

Verwendet man im Mathematikunterricht nicht grafikfähige Taschenrechner, sondern Computer mit Internetanschluss, so können diese auch zum **Recherchieren** von Informationen, beispielsweise im Zusammenhang mit den Anwendungskontexten, verwendet werden. Auf diese Weise können die realen Probleme zunächst verstanden und schließlich vereinfacht werden.

Digitale Werkzeuge können im Zusammenhang mit Modellierungsproblemen wichtige und vielfältige Aufgaben übernehmen. Allerdings ersetzen sie nicht das Verstehen der außermathematischen Probleme und der mathematischen Modelle. Mit digitalen Werkzeugen kann aber dieses Verständnis unterstützt werden, da sie durch das Experimentieren, Visualisieren und Berechnen von Beispielen Hilfestellungen geben können.

Die unterschiedlichen Funktionen des Rechners im Mathematikunterricht kommen bei Modellierungsproblemen an unterschiedlichen Stellen im Modellbildungskreislauf zum Tragen. So sind Kontrollprozesse in der Regel im letzten Schritt des Modellbildungskreislaufs anzusiedeln. Die Berechnungen finden mit Hilfe des erstellen mathematischen Modells statt, das beispielsweise in der Analysis in der Regel eine Funktion ist. Einige Möglichkeiten für den Einsatz digitaler Werkzeuge in einem Modellierungsprozess sind in folgendem Modellierungskreislauf (Blum & Leiß, 2005) dargestellt (siehe Abb. 9.1).

Betrachtet man den Schritt des Berechnens mit digitalen Werkzeugen genauer, so erfordert die Bearbeitung von Modellierungsaufgaben mit einem Computeralgebrasystem zwei Übersetzungsprozesse. Zunächst muss die Modellierungsaufgabe verstanden, vereinfacht und in die Sprache der Mathematik übersetzt werden. Das digitale Werkzeug, hier das Computeralgebrasystem, kann jedoch erst angewendet werden, wenn die mathematischen Ausdrücke in die Sprache des Computers übersetzt worden sind.

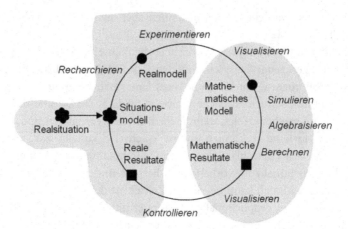

**Abb. 9.1**  Möglicher Einsatz digitaler Werkzeuge im Modellierungskreislauf

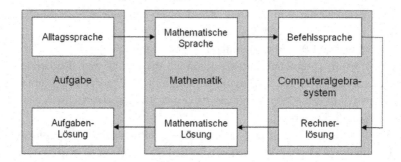

**Abb. 9.2**  Übersetzungsprozesse beim Modellieren mit Computeralgebrasystem (Greefrath &
Mühlenfeld 2007, vgl. Savelsbergh et al. 2008)

Die Ergebnisse des Computers müssen dann wieder in die Sprache der Mathematik zu-
rücktransformiert werden. Schließlich kann dann das ursprüngliche Problem gelöst
werden, wenn die mathematischen Ergebnisse auf die reale Situation bezogen werden
(siehe Abb. 9.2).

Dieser weitere Schritt im Modellierungskreislauf kann zu unterschiedlichen Schwierigkeiten führen. So muss beispielsweise in Prüfungen darauf geachtet werden, dass die
verwendeten Computeralgebrasysteme auch vergleichbare Funktionalitäten besitzen und
die Handhabung sowie die Rechenzeit für bestimmte Probleme nicht zu Vorteilen führen können. Auch die durch den Einsatz digitaler Werkzeuge bedingte größere Lösungs-
vielfalt von Aufgaben muss sowohl im Unterricht als auch in Prüfungen berücksichtigt
werden. Ein entsprechender Kreislauf kann für andere digitale Werkzeuge wie dynamische Geometriesoftware oder Tabellenkalkulation erstellt werden (Greefrath, 2010,
S. 222 ff.).

## 9.2    Modellierungsaufgaben mit digitalem Werkzeugeinsatz in Prüfungen

Während im Unterricht immer häufiger Modellierungsaufgaben verwendet werden, ist dies in Prüfungen seltener anzutreffen. Schriftliche Prüfungen können nicht direkt den Unterricht bzw. das gesamte Kompetenzspektrum eines allgemeinbildenden Mathematikunterrichts abbilden. Es ist insbesondere schwierig, authentische Anwendungen in Prüfungsaufgaben zu verwenden, da Aufgaben für eine schriftliche Prüfung in der Regel kleinschrittiger aufgebaut sind, als das für Aufgaben in Lernsituationen notwendig wäre, und experimentelles Arbeiten aufgrund der Prüfungssituation häufig nicht möglich ist. Daher sind Modellierungsaufgaben in Prüfungen nicht ohne Weiteres durchführbar, und es können häufig nur Teilschritte des Modellierungskreislaufs in Prüfungsaufgaben aufgenommen werden. Wenn man vermeiden will, dass nur bloße Einkleidungen statt echter Anwendungen verwendet werden, führt dies in der Praxis zu einer stärkeren Trennung von Kalkül und Modellierung in Prüfungsaufgaben (Greefrath, Leuders, & Pallack, 2008).

Es gibt aber Versuche, offene und realitätsbezogene Prüfungsszenarien zu entwickeln und zu erproben. In der Schweiz wurde für das Ende der Sekundarstufe I ein Konzept für offene Testaufgaben entwickelt (Matter, 2007). Dabei zeigten die Schülerinnen und Schüler eine große Bearbeitungsvielfalt, fanden die Aufgaben interessant und arbeiteten sehr intensiv. Der Korrekturaufwand war allerdings erheblich. Die Verwendung von offeneren Aufgaben kann jedoch die Reliabilität der Prüfung verringern, da die unsystematischen Einflüsse durch die unterschiedliche Korrektur solcher Aufgaben groß sein können (Büchter & Leuders, 2005, S. 186 f.).

Die Akzeptanz von Prüfungsaufgaben mit Computereinsatz ist sehr unterschiedlich. Hier muss man unterscheiden zwischen Schulen, die Erfahrungen mit digitalen Werkzeugen haben, und solchen, die keine Erfahrung haben. Für Lehrerinnen und Lehrer mit (Taschen-)Computererfahrung ist die Akzeptanz in Prüfungen sehr hoch. Dies zeigen beispielsweise Erfahrungen aus einem bayrischen Modellversuch (Bichler, 2007). Untersucht wurden dort 26 Klassen, die mit Taschencomputer arbeiten. 90 % der Lehrkräfte waren der Meinung, dass Taschencomputer auch unbedingt in Prüfungen zur Verfügung stehen sollten. Dabei stellt sich auch die Frage, ob die digitalen Werkzeuge die gesamte Prüfung über zur Verfügung stehen sollen. Von den Lehrkräften im Modellversuch waren etwa zwei Drittel der Meinung, dass *händische* Grundfertigkeiten durch geschickte Aufgabenstellungen auch mit digitalen Werkzeugen überprüft werden können. In der Praxis haben die gleichen Lehrkräfte aber nur etwa zu einem Drittel den Taschencomputer in den gesamten Prüfungen zugelassen. Sowie man beim sinnvollen Taschenrechnereinsatz in der Sekundarstufe I beispielsweise Kopfrechnen, Schätzen und Überschlagen regelmäßig fordern und fördern sollte, so sollte man auch in der Sekundarstufe II festlegen, welche Fertigkeiten rechnerfrei beherrscht werden sollen. Einige Bundesländer sind konsequenterweise im Abitur dazu übergegangen, in einem rechnerfreien Teil der schriftlichen Prüfung mathematische Grundfertigkeiten abzufragen.

Viele Algorithmen (z. B. Lösen von Gleichungen) können digitale Werkzeuge ausführen. Daher entfallen viele übliche Inhalte durch den Computereinsatz in Prüfungen. Bezogen auf Modellierungsaufgaben in Prüfungen bedeutet dies mehr Gewicht auf Aufgaben zum Vereinfachen, Mathematisieren, Interpretieren und Validieren. Schülerinnen und Schüler müssen außerdem in die Lage versetzt werden, *mathematische Aufsätze* zur Dokumentation der Lösung und des Lernprozesses anzufertigen (Schmidt, 2004).

Alle Beteiligten brauchen klare Vorgaben, welche Funktionalitäten der eingesetzten digitalen Werkzeuge verwendet werden dürfen bzw. sollen. Dies könnte in die Richtung gehen, die das Land Niedersachsen bereits beschritten hat (vgl. das Kerncurriculum für die Oberstufe sowie die Ergebnisse des Modellprojektes CALiMERO). Dieser Ansatz ist eine Weiterführung der Ideen von Herget et al. (Herget, Heugl, Kutzler, & Lehmann, 2001).

Des Weiteren ist zu diskutieren, ob es zur Überprüfung von mathematischen Kompetenzen, die im Unterricht mit digitalen Werkzeugen erworben wurden, in der Prüfungssituation der digitalen Werkzeuge unbedingt bedarf. In der Prüfung kann in der Regel – allein aus Zeitgründen – kein Lernprozess mehr stattfinden. Es geht vielmehr darum, durch Standards geforderte Kompetenzen zu überprüfen. Dabei sollten Bedienungskompetenzen nicht im Vordergrund stehen, denn sie dienen letztlich dem Erwerben fachbezogener mathematischer Kompetenzen und sollten nicht als Selbstzweck gesehen werden.

In jedem Fall darf sich ein guter Unterricht nicht allein an Prüfungsaufgaben orientieren, sondern muss vielfältige Lerngelegenheiten zu einem nachhaltigen Kompetenzerwerb bieten. Auch ist festzustellen, dass prozessbezogene Kompetenzen, die im Unterricht eine wichtige Rolle spielen müssen, in der schriftlichen Prüfung oft so nicht abgeprüft werden können. Es sollte daher auch über individuelle, nicht-zentrale Prüfungsformate nachgedacht werden, die in ihrem Kompetenzspektrum über die schriftlichen Aufgaben des Zentralabiturs hinausgehen (Greefrath, Elschenbroich & Bruder, 2010, Greefrath, Leuders & Pallack, 2008).

## 9.3    Beispiele für Computereinsatz bei Modellierungsproblemen

Wir möchten anhand von Beispielen zeigen, dass der Rechner gerade im Zusammenhang mit Modellierungsprojekten viel mehr als in kleineren Aufgaben für Unterricht und Prüfungen leisten kann; nämlich, dass jede Phase des Modellierungskreislaufes durch den Einsatz geeigneter Software unterstützt werden kann (vgl. Abb. 9.1). Das hat natürlich zur Folge, dass der Kreislauf komplexer wird und von den Schülerinnen und Schülern weitere Kompetenzen verlangt werden. Bevor Beispiele für die einzelnen Teile des Kreislaufes diskutiert werden, gehen wir zunächst am Beispiel der Bevölkerungsentwicklung in Deutschland auf eine Software für dynamische Systeme ein, mit deren Hilfe es möglich ist, Teile des Modellierungskreislaufes in das digitale Werkzeug zu verlagern.

## 9.3.1 Die Entwicklung der deutschen Bevölkerung

Nach einer Meldung vom 27.07.2010 bildet Deutschland bezüglich der Geburten mit acht Geburten auf 1.000 Einwohner das Schlusslicht in Europa. Die geringe Geburtenzahl führt dazu, dass die Bevölkerung in Deutschland schrumpft. Daraus ergibt sich die gesellschaftspolitisch relevante Frage, wie sich die Bevölkerung in den nächsten 50 Jahren weiter entwickeln wird.

Diese Frage lässt sich mit Hilfe von *Dynasys*, einer Software für dynamische Systeme, beantworten. Die folgende Abbildung zeigt ein Modell, das mit Dynasys erstellt worden ist. Eine ähnliche Software haben Meadows und Meadows auch für ihre Prognosen benutzt, die der *Club of Rome* in Auftrag gegeben hat.

Das in Abb. 9.3 dargestellte Modell ist folgendermaßen zu interpretieren. Man stellt sich das Leben wie einen Fluss vor, der in drei Abschnitte eingeteilt ist (Kinder – Eltern – Alte). Die Übergänge werden durch „Ventile" geregelt (Babies – Kind_Eltern – Eltern_Alte – Sterbefälle_Alte). Die Pfeile geben an, wenn Größen auf andere wirken. Die folgenden Gleichungen beschreiben das Modell. Diese werden automatisch von der Software erzeugt; der Anwender braucht nur auf der oben abgebildeten grafischen Ebene zu arbeiten.

Die jeweiligen numerischen Werte wie Startwerte usw. sind natürlich von Hand einzugeben. Relevante Daten für Deutschland erhält man über den Server des Landes Brandenburg. Das gezeigte Modell kann noch weiter der Realität angepasst werden, indem z. B. eine Zuwanderung berücksichtigt wird. Das Ergebnis ist in Abb. 9.5 dargestellt.

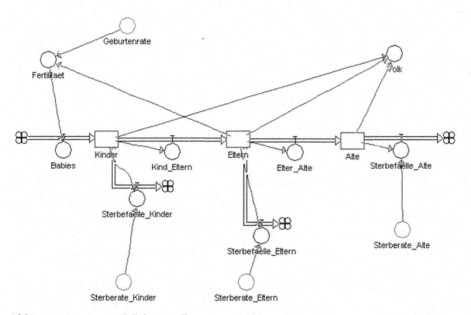

**Abb. 9.3** Dynasys-Modell der Bevölkerungsentwicklung der BRD

**Abb. 9.4** Die dem Modell zu Grunde liegenden Gleichungen

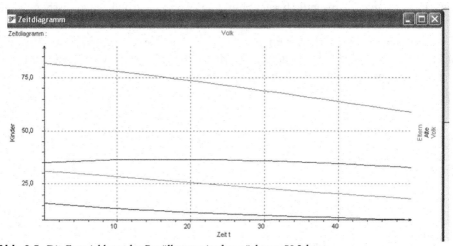

**Abb. 9.5** Die Entwicklung der Bevölkerung in den nächsten 50 Jahren

Man erkennt deutlich den auch vom statistischen Bundesamt prognostizierten Bevölkerungsrückgang um ca. 20 Millionen Menschen in den nächsten 50 Jahren. Noch deutlicher ist die Überalterung der Bevölkerung aus der Grafik zu erkennen. Auch wenn der Rechner die Hauptarbeit leistet, macht es für Schülerinnen und Schüler einen großen Unterschied, ob sie die Zahlen des Bundesamtes zur Kenntnis nehmen oder die Ergebnisse ihrer Simulation diskutieren.

Die hier vorgestellte Software verlagert einen Teil der Erstellung des mathematischen Modells und die Arbeit im Modell in den Computer. Die Schülerinnen und Schüler arbeiten bei der Modellerstellung nur auf der graphischen Ebene. Die Software wird hier insbesondere zur Simulation eines realen Problems verwendet.

Im Folgenden werden drei Beispiele diskutiert, die zeigen, dass der Rechnereinsatz für einzelne Phasen des Kreislaufes nicht nur hilfreich sondern teilweise unerlässlich ist.

### 9.3.2   Der Traummann

Schon der Volksmund weiß, dass frau nicht den erstbesten wählen soll. Daher ergibt sich die Frage, wie viele Männer abgelehnt werden sollten, bevor das „Ja-Wort" gegeben wird. Wobei es natürlich selbstverständlich ist, dass das „Ja-Wort" nur gegeben wird, wenn der Kandidat besser als die vorher abgelehnten Kandidaten ist. Um das Problem mathematisch zu fassen, muss die Anzahl der möglichen Kandidaten festliegen. Diese Annahme ist nicht sehr realistisch, lässt sich aber leider nicht umgehen. Zunächst wollen wir uns einen Überblick des Problems verschaffen. Dazu gehen wir davon aus, dass es 10 Kandidaten gibt und die ersten 5 abgelehnt werden. Dieses Verfahren lässt sich z. B. mit Hilfe des *ClassPads* (Damköhler, 2005) realisieren. Mit Hilfe eines Programms lassen sich Daten erzeugen, die man danach im Statistik-Modul des Rechners weiter bearbeiten und grafisch darstellen kann.

Abbildung 9.6 zeigt das Ergebnis. Wie es nicht anders zu erwarten war, bleibt die Frau mit einer Wahrscheinlichkeit von 50 % allein. Auf der anderen Seite wird deutlich, dass diese Methode aber auch mit großer Wahrscheinlichkeit einen mittelmäßigen Ehemann ausschließt. Wenn man nun wissen möchte, ob es bei 10 Kandidaten sinnvoll ist, 5 abzulehnen, lassen sich natürlich beim Programm die Daten entsprechend ändern. Sinnvoller ist es aber das Problem jetzt mathematisch anzugehen.

Ist der Traummann der 6., dann wird die Frau ihn mit Sicherheit bekommen. Die Wahrscheinlichkeit für diesen Fall beträgt $p_6 = 0{,}1$. Wenn der Traummann die Nr. 7 ist, stellt sich die Frage, an welcher Stelle der zweitbeste kam. Wenn der zweitbeste die Nr. 6 war, dann wurde er geheiratet usw. Für eine vollständige Betrachtung sind mehrere Fälle zu unterscheiden. Um eine Ordnung in diese verschiedenen Möglichkeiten zu bekommen, ist die Benutzung einer Tabellenkalkulation sehr hilfreich.

Die Tabelle in Abb. 9.7 ist so aufgebaut, dass zunächst nach der Stelle unterschieden wird, zu der ein Kandidat gewählt wird. So kommen z. B. als 8. nur der beste, zweitdrittbeste in Frage. Die Wahrscheinlichkeiten, dass der 6., 7. usw. gewählt werden, stehen in Zeile 17. Addiert man diese Werte (A19), so erhält man den Wert 0,5. Das bedeutet auf der anderen Seite, dass die Frau mit einer Wahrscheinlichkeit von 0,5 solo bleibt. Dies wird dadurch verständlich, dass dieser Fall nur eintreten kann, wenn der beste Kandidat unter den ersten 5 abgelehnten Kandidaten ist, und die Wahrscheinlichkeit dafür beträgt eben 0,5.

Interessant ist nun die Frage, wie viele Bewerber erstmal abgelehnt werden, um mit größter Wahrscheinlichkeit den Traummann zu bekommen. Um dieses zu klären, sind Verallgemeinerungen erforderlich. Trotzdem ist es zunächst hilfreich von konkreten Zahlen auszugehen. Wir nehmen also zunächst an, dass es insgesamt 20 Kandidaten gibt und die ersten 7 abgelehnt werden.

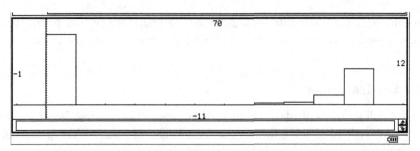

**Abb. 9.6** Balkendiagramm für die Wahrscheinlichkeiten der möglichen Kandidaten

```
W  Datei Edit Graph Aktion
```

|     | A       | B      | C      | D       | E      | F | G |
|-----|---------|--------|--------|---------|--------|---|---|
| 1   | 6.er wird gewählt | | | 7.er wird gewählt | | | |
| 2   | 6       | 7.9E-4 |        | 7       | 4.0E-4 | | |
| 3   | 7       | 4.8E-3 |        | 8       | 2.8E-3 | | |
| 4   | 8       | 0.0167 |        | 9       | 0.0111 | | |
| 5   | 9       | 0.0444 |        | 10      | 0.0333 | | |
| 6   | 10      | 0.1    |        |         |        | | |
| 7   |         |        |        |         |        | | |
| 8   | 8.er wird gewählt | | | 9.er wird gewählt | | | |
| 9   | 8       | 2.4E-3 |        | 9       | 8.7E-3 | | |
| 10  | 9       | 0.0190 |        | 10      | 0.0786 | | |
| 11  | 10      | 0.0857 |        |         |        | | |
| 12  |         |        |        |         |        | | |
| 13  | 10 als 10.er | | |         |        | | |
| 14  | 10      | 0.0913 |        |         |        | | |
| 15  |         |        |        |         |        | | |
| 16  | 6       | 7      | 8      | 9       | 10     | | |
| 17  | 7.9E-4  | 5.2E-3 | 0.0218 | 0.0833  | 0.3889 | | |
| 18  |         |        |        |         |        | | |
| 19  | 0.5     |        |        |         |        | | |
| 20  |         |        |        |         |        | | |

**Abb. 9.7** Wahrscheinlichkeiten der einzelnen Kandidaten

Mit einer Wahrscheinlichkeit von 1/20 ist dann der 8. der beste. Ist dies nicht der Fall, so könnte es der 9. sein:

$$p(b = 9) = \frac{7}{8} \cdot \frac{1}{20}.$$

Man muss mit 7/8 multiplizieren, da vorauszusetzen ist, dass dieser Fall nur eintreten kann, wenn der 8. nicht der beste war. Entsprechend erhält man

$$p(b = 10) = \frac{7}{9} \cdot \frac{1}{20}$$

und insgesamt, dass der 8., 9. oder 10. der beste ist:

$$p(b = 8.9,10) = \left[1 + \frac{7}{8} + \frac{7}{9}\right] \cdot \frac{1}{20}.$$

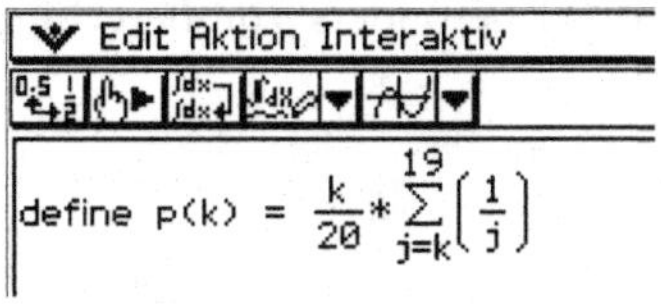

```
▼ Edit Aktion Interaktiv
```

$$\text{define } p(k) = \frac{k}{20} * \sum_{j=k}^{19}\left(\frac{1}{j}\right)$$

**Abb. 9.8** Definition der Wahrscheinlichkeit

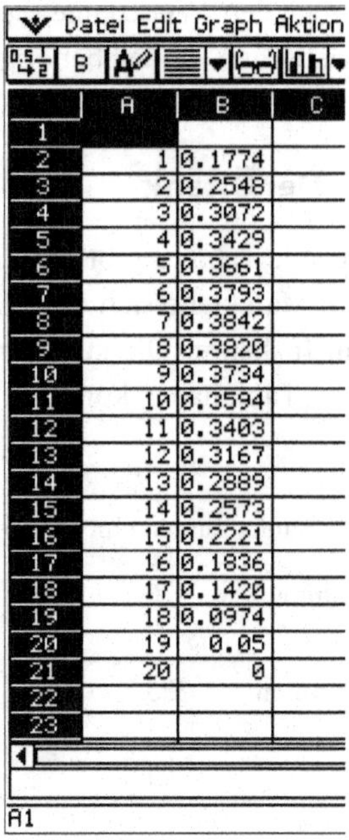

```
▼ Datei Edit Graph Aktion
           A     B      C
 1
 2        1   0.1774
 3        2   0.2548
 4        3   0.3072
 5        4   0.3429
 6        5   0.3661
 7        6   0.3793
 8        7   0.3842
 9        8   0.3820
10        9   0.3734
11       10   0.3594
12       11   0.3403
13       12   0.3167
14       13   0.2889
15       14   0.2573
16       15   0.2221
17       16   0.1836
18       17   0.1420
19       18   0.0974
20       19    0.05
21       20    0
22
23
A1
```

**Abb. 9.9** Wahrscheinlichkeiten
für den besten Kandidaten in
Abhängigkeit der Abgelehnten

Verallgemeinert man dies auf alle Möglichkeiten von 8 bis 20, so erhalten wir: $p$(bester nach 7 Ablehnungen)

$$=\left[1+\frac{7}{8}+\frac{7}{9}+\frac{7}{10}+\ldots+\frac{7}{18}+\frac{7}{19}\right]\frac{1}{20}$$

Verallgemeinert man dies jetzt in Bezug auf die mögliche Anzahl der Traummänner insgesamt ($n$) und die Anzahl der Ablehnungen $k$, so ergibt sich:

$$P(\text{bester von } n \text{ nach } k \text{ Ablehnungen}) = \frac{k}{n}\cdot\sum_{i=k}^{n-1}\frac{1}{i}.$$

Diese Formel versetzt uns jetzt in die Lage zu klären, wie viele Kandidaten abgelehnt werden sollten. Die Anzahl der möglichen Kandidaten insgesamt bleibt natürlich nach wie vor spekulativ.

Abbildung 9.8 verdeutlicht die Definition der Wahrscheinlichkeit in Abhängigkeit für die Ablehnung. Es ist hilfreich sich mit Hilfe der Tabellenkalkulation einen Überblick zu verschaffen.

Abbildung 9.9 zeigt, dass es offenbar optimal ist, bei einer Anzahl von 20 Kandidaten die ersten 7 abzulehnen, wenn man den besten auswählen will. Das gleiche Problem ist in der Literatur als Sekretärinnen-Problem bekannt. In dieser Situation hat man den Vorteil, dass die Anzahl der Kandidatinnen vorher bekannt ist.

Die digitalen Werkzeuge werden in diesem Beispiel besonders zur Berechnung im mathematischen Modell benötigt.

### 9.3.3 Der Öltank

Die folgende Tab. 9.1 gibt das Tankvolumen eines Öltanks in Abhängigkeit der Peilstab-höhe an. Man stelle sich vor, dass der Tank unterirdisch ist, und man deswegen seine Form nicht kennt. Die zu lösende Frage lautet nun, welche Form ein zu den Werten passender Tank haben könnte.

**Tab. 9.1** Tankvolumen eines Öltanks in Abhängigkeit der Peilstabhöhe

| Peilstabhöhe in cm | 20 | 40 | 60 | 80 | 100 | 120 | 140 | 159 |
|---|---|---|---|---|---|---|---|---|
| Tankvolumen in Liter | 355 | 983 | 1.747 | 2.547 | 3.398 | 4.158 | 4.776 | 5.105 |

Für die Lösung des Problems gibt es verschiedene Herangehensweisen, von denen eine im Folgenden ausführlicher vorgestellt wird. Eine zweite Möglichkeit, die sich auf mögli-che Tankformen wie Kugel, Zylinder usw. bezieht, wird von Greefrath (2007, S. 113) diskutiert.

Zunächst ist es immer hilfreich, sich die gegebenen Werte graphisch zu veranschau-lichen.

Aus der Graphik 9.10 ist abzulesen, dass der Tank bezüglich der Höhe symmetrisch ist. Daraus ergibt sich, dass Formen wie Kugel, Zylinder usw. in Frage kommen. Dieser Ansatz wird hier aber nicht weiter diskutiert. Für die weiteren Berechnungen bietet es sich an, den Wert (0/0) zu ergänzen. Die gegebenen Werte lassen sich durch eine ganzra-tionale Funktion dritten Grades approximieren (siehe Abb. 9.11).

Wir nehmen an, dass der Tank rotationssymmetrisch ist. Volumina lassen sich dann mit Hilfe des Integrals bestimmen, wenn die Randfunktion bekannt ist.

$$V(h) = \pi \cdot \int_0^h f(x)^2 \, dx$$

In unserem Fall ist aber die Randfunktion zu bestimmen, während die Volumenfunktion bekannt ist. Dies erreichen wir dadurch, dass wir die Funktion

$$r(h) = \sqrt{\frac{V'(h)}{\pi}}$$

bilden.

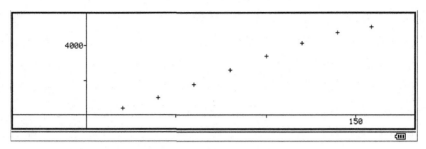

**Abb. 9.10**  Grafische Veranschaulichung der gegebenen Werte

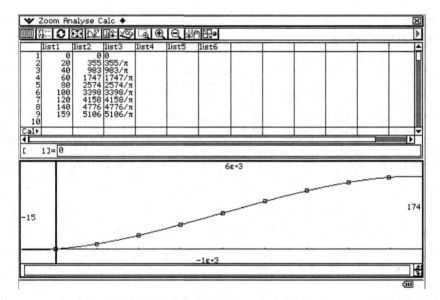

**Abb. 9.11**  Kubische Regression der gegebenen Werte

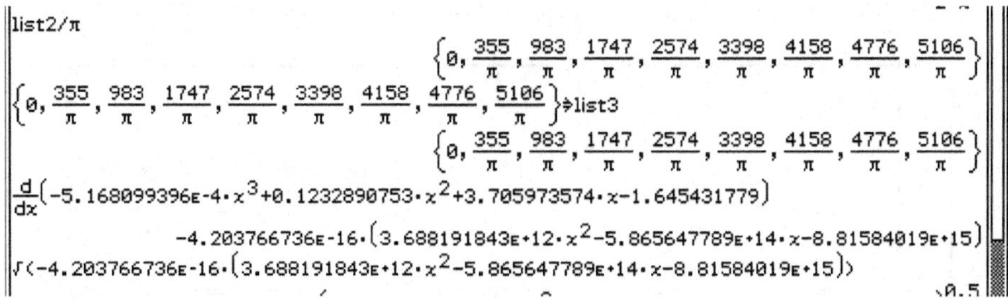

$$\text{list2}/\pi$$

$$\left\{0, \frac{355}{\pi}, \frac{983}{\pi}, \frac{1747}{\pi}, \frac{2574}{\pi}, \frac{3398}{\pi}, \frac{4158}{\pi}, \frac{4776}{\pi}, \frac{5106}{\pi}\right\}$$

$$\left\{0, \frac{355}{\pi}, \frac{983}{\pi}, \frac{1747}{\pi}, \frac{2574}{\pi}, \frac{3398}{\pi}, \frac{4158}{\pi}, \frac{4776}{\pi}, \frac{5106}{\pi}\right\}\Rightarrow\text{list3}$$

$$\left\{0, \frac{355}{\pi}, \frac{983}{\pi}, \frac{1747}{\pi}, \frac{2574}{\pi}, \frac{3398}{\pi}, \frac{4158}{\pi}, \frac{4776}{\pi}, \frac{5106}{\pi}\right\}$$

$$\frac{d}{dx}\left(-5.168099396\text{E-}4 \cdot x^3 + 0.1232890753 \cdot x^2 + 3.705973574 \cdot x - 1.645431779\right)$$

$$-4.203766736\text{E-}16 \cdot \left(3.688191843\text{E+}12 \cdot x^2 - 5.865647789\text{E+}14 \cdot x - 8.81584019\text{E+}15\right)$$

$$\int\left(-4.203766736\text{E-}16 \cdot \left(3.688191843\text{E+}12 \cdot x^2 - 5.865647789\text{E+}14 \cdot x - 8.81584019\text{E+}15\right)\right)$$

**Abb. 9.12**  Bestimmung der Randfunktion

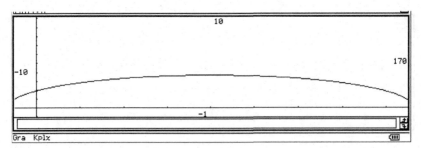

**Abb. 9.13** Graph der Randfunktion

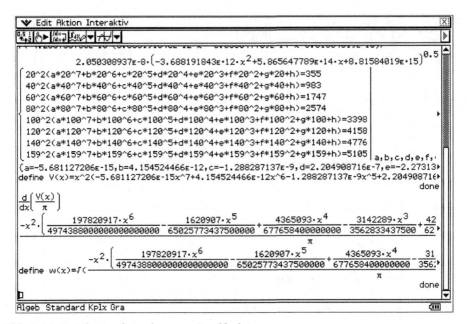

**Abb. 9.14** Berechnung der verbesserten Randfunktion

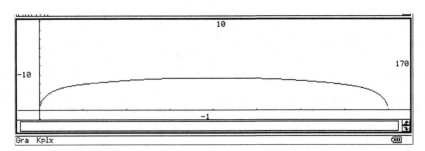

**Abb. 9.15** Graph der verbesserten Randfunktion

Zur Veranschaulichung lassen wir den Graphen der gefundenen Funktion zeichnen (siehe Abb. 9.13). Das Ergebnis ist allerdings unbefriedigend, da der Graph die x-Achse in den Punkten (0/0) und (159/0) schneiden sollte. Wir wählen als einen neuen Ansatz

$$V(x) = x^2(ax^7 + bx^6 + cx^5 + dx^4 + ex^3 + fx^2 + gx + h).$$

Der Faktor $x^2$ sichert die Nullstellen der Funktion und der ersten Ableitung im Punkt (0/0).

Man lässt das Gleichungssystem lösen, bildet die Ableitung und definiert die Rand-funktion, deren Graph in Abb. 9.15 dargestellt ist. Man erkennt, dass durch diese Rand-funktion die Verhältnisse besser dargestellt sind.

Insofern ergibt sich hier ein typisches Beispiel für einen Modellierungskreislauf. Da die erste Lösung die Realität nur sehr unvollständig widerspiegelt, wird das mathemati-sche Modell verändert, was in unserem Fall zu einer besseren Lösung führt. Das digitale Werkzeug wird hier zur Visualsierung, zur Berechnung und zur Kontrolle an unter-schiedlichen Stellen des Modellierungskreislaufs verwendet.

### 9.3.4   Die Abwasserleitung

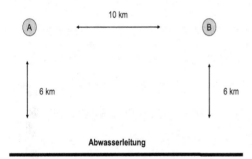

**Abb. 9.16**  Das Abwasserproblem

Die Orte A und B sollen an die Abwas-serleitung angeschlossen werden. Da nur eine Verbindung zur Leitung ent-stehen soll, müssen zunächst A und B verbunden werden. Danach wird eine gemeinsame Verbindung zur Abwas-serleitung hergestellt. Gesucht ist also der Punkt, an dem die beiden Leitun-gen von A und B verbunden werden, so dass die Leitungen insgesamt möglichst kurz sind.

Es erscheint sinnvoll zu sein, den Sachverhalt zunächst mit Hilfe einer DGS zu veran-schaulichen (siehe Abb. 9.17). Die Summe der drei Streckenlängen lässt sich als Funktion zweier Variablen darstellen. Dazu wählen wir ein Koordinatensystem mit dem Ursprung A. Dann hat der Punkt E die Koordinaten (x|y). Die Funktion, die die obige Summe beschreibt, ist in Abb. 9.18 dargestellt.

Man könnte jetzt einfach die beiden partiellen Ableitungen bilden und diese gleich Null setzen, woraus sich ein nicht lineares Gleichungssystem ergibt, das aber von einem Handheld wie z. B. dem ClassPad nicht gelöst werden kann. Aus der zeichnerischen Darstellung im Geometrie-Modul ist aber leicht abzulesen, dass der Punkt E aus Sym-metriegründen bezüglich der x-Richtung in der Mitte liegen muss; d. h.: $x = 5$. Diese Annahme lässt sich mit Hilfe der Ableitung nach x bestätigen (siehe Abb. 9.18). Bezüg-lich der y-Richtung sind die Verhältnisse komplizierter. Wir bilden zunächst die partielle Ableitung nach y (siehe Abb. 9.19).

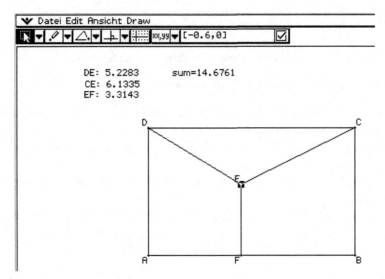

**Abb. 9.17**  Veranschaulichung des Abwasserproblems mit Hilfe einer DGS

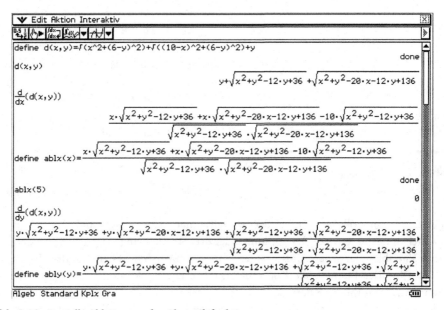

**Abb. 9.18**  Partielle Ableitungen der Abstandsfunktion

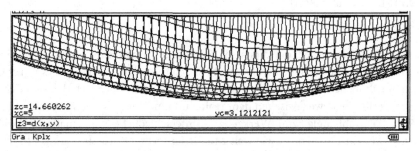

**Abb. 9.19** Lösung des vereinfachten Problems

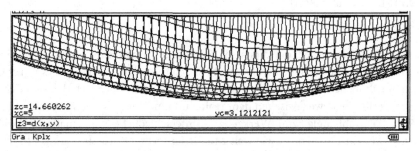

**Abb. 9.20** Grafische Veranschaulichung der Abstandsfunktion

Abb. 9-19 zeigt zunächst, dass $y = 3$ nicht zu einer optimalen Länge führt. Die Lösung erhält man, indem man $x = 5$ in die Funktion einsetzt und diese Funktion dann ableitet. Setzt man diese Ableitung gleich Null, so erhält man den Wert für die y-Koordinate. Aus der Fragestellung ergibt sich automatisch, dass es sich bei den gefundenen Werten um ein Minimum handelt. Durch die Darstellung des Graphen im 3d-Modus wird diese Aussage gestützt.

Mit Hilfe der Abb. 9.20 lässt sich zumindest zeigen, dass für den y-Wert $y_E$ für das Optimum $3{,}04\ldots < y_E < 3{,}2\ldots$ gelten muss.

Wie schon oben erwähnt, lässt sich das Problem mit einem technisch hochwertigeren CAS wie z. B. *MuPAD* direkt lösen, da solche Software in der Lage ist, nichtlineare Gleichungssysteme numerisch zu lösen. Die folgende Abb. 9.21 zeigt eine Lösung mit MuPAD.

$$f := \text{sqrt}(x\texttt{\^{}}2 + (6-y)\texttt{\^{}}2) + \text{sqrt}((10-x)\texttt{\^{}}2 + (6-y)\texttt{\^{}}2) + y$$

$$y + \sqrt{x^2 + (y-6)^2} + \sqrt{(x-10)^2 + (y-6)^2}$$

$$\texttt{float(subs(f, x=5, y=3))}$$
$$14.66190379$$

$$\texttt{f1 := diff(f, x)}$$
$$\frac{x}{\sqrt{x^2 + (y-6)^2}} + \frac{2 \cdot x - 20}{2 \cdot \sqrt{(x-10)^2 + (y-6)^2}}$$

$$\texttt{f2 := diff(f, y)}$$
$$\frac{2 \cdot y - 12}{2 \cdot \sqrt{(x-10)^2 + (y-6)^2}} + \frac{2 \cdot y - 12}{2 \cdot \sqrt{x^2 + (y-6)^2}} + 1$$

$$\texttt{numeric::fsolve([f1=0, f2=0], [x=0..10, y=0..10])}$$
$$[x = 5.0, \; y = 3.113248654]$$

$$\texttt{float(subs(f, x=5, y=3.113248654))}$$
$$14.66025404$$

**Abb. 9.21** Lösung mit MuPAD

In diesem Beispiel wurden die digitalen Werkzeuge insbesondere zum Visualisieren, Experimentieren und Berechnen verwendet. Es zeigt sich außerdem, dass es unter Umständen ein ähnliches Wechselspiel zwischen dem mathematischen Modell und der eingesetzten Technologie wie zwischen dem realen und mathematischen Modell gibt (siehe Abb. 9.2), da – abhängig vom Werkzeug – unterschiedliche mathematische Modelle verwendet werden mussten. In wie weit Modifizierungen erforderlich sind, ist von der benutzten Hardware und Software abhängig. Einen noch größeren Einfluss der Technologie auf das mathematische Modell, zeigt das folgende Beispiel.

### 9.3.5 Das Hubschrauberproblem[1]

Dieses Beispiel zeigt, dass der Rechner nicht nur hilfreich im Rahmen des Modellierungsprozesses ist, sondern dass auch der Fall eintreten kann, dass der Computer zunächst keine Lösung liefert. Die Lösung erfolgt dann durch eine Veränderung des mathematischen Modells.

Die Schülerinnen und Schüler bekamen eine Karte von Südtirol und eine Excel-Tabelle mit Skiorten und der Anzahl von Unfällen in einer Saison. Die Aufgabe war, einen optimalen Standort für drei Rettungshubschrauber zu finden.

Die schwarzen Punkte stellen die relevanten Orte dar. Die Koordinaten wurden den Schülerinnen und Schülern zusätzlich in der Excel-Tabelle gegeben.

---

[1] Dieses Problem wird ausführlich in Ortlieb, von Dresky, Gasser & Günzel (2009) diskutiert.

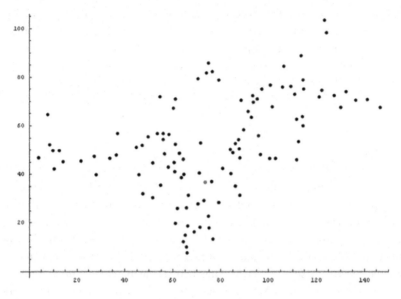

**Abb. 9.22**   Die Lage der Skiorte (Abbildung nach Ortlieb et al. (2009, S. 69))

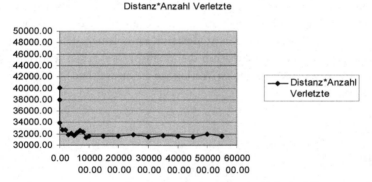

**Abb. 9.23**   Die kürzeste Gesamtstrecke in Abhängigkeit der Anzahl der zufälligen Berechnungen

Eine Schülergruppe verstand die Optimierung in dem Sinne, dass die gesamte Flugstre-
cke aller drei Hubschrauber zu optimieren war. Da diese Gruppe mit der Programmie-
rung von Delphi vertraut war, lag es nahe, das Problem mit Hilfe eines entsprechenden
Programms zu lösen. Sie teilten dazu das Gebiet in diskrete Pixel ein und wollten die
Gesamtstrecke für alle möglichen Lagen der Hubschrauber berechnen lassen und die
kürzeste so bestimmen lassen. Das Problem war, dass es zu viele Möglichkeiten gab und
es daher nicht möglich war, in einer sinnvollen Zeit zu einer Lösung zu kommen. Die
Gruppe hatte daraufhin die Idee, nicht mehr systematisch die Hubschrauber zu verteilen,
sondern dies durch den Zufall steuern zu lassen.

Die Tabelle in Abb. 9.23 zeigt, dass sich die Rechnung nach ca. 1 Million Durchläufen stabilisiert und man deswegen davon ausgehen kann, das Problem gelöst zu haben.

In diesem Beispiel wird der Computer sowohl zur Visualisierung und zum Experimentieren, als auch zur Berechnung und zur Kontrolle verwendet. Die Lösung dieses Problems ist ohne Einsatz digitaler Werkzeuge praktisch nicht möglich.

## 9.4   Fazit

Die Beispiele zeigen, dass der Einsatz von digitalen Werkzeugen in jeder Phase des Modellierungsprozesses sinnvoll und nützlich sein kann. Auf Grund der Individualität von Modellierungsprozessen sind zwar allgemeine Aussagen zu Lösungswegen nicht möglich; die Erfahrungen mit den Beispielen lassen aber vermuten, dass ähnliche Lösungswege auch von anderen Schülerinnen und Schülern gewählt werden. Es wird deutlich, dass digitale Werkzeuge sehr viel mehr Aufgaben als das Berechnen im mathematischen Modell übernehmen können. Mögliche weitere Funktionen der digitalen Werkzeuge können sinnvoll in den Modellierungskreislauf integriert werden (siehe Abb. 9.2). Dabei spielt die Berechnung eine besondere Rolle, da unterschiedliche digitale Werkzeuge auch verschiedene mathematische Modelle erfordern können (siehe Abschnitt 9.3.4). Die Verwendung digitaler Werkzeuge spielt in den aufgeführten Beispielen eine entscheidende Rolle. Die Möglichkeit der Nutzung von Computern oder Taschencomputern sollte daher bei der Bearbeitung von Modellierungsproblemen ständig vorhanden sein. Nur so wird Schülerinnen und Schülern die Möglichkeit gegeben selbstständig zu entscheiden, wann bzw. welche digitalen Werkzeuge sie an welcher Stelle im Lösungsprozess einsetzen wollen.

## 9.5   Literatur

Barzel, B., Hußmann, S. & Leuders, T. (2005). *Computer, Internet & Co im Mathematikunterricht.* Berlin: Cornelsen Scriptor.

Bichler, E. (2007). Computer und Prüfungen – geht cas auch? Erfahrungen aus dem bayrischen Modellversuch. *Beiträge zum Mathematikunterricht 2007*, S. 98–101.

Blum, W. & Leiß, D. (2005). Modellieren im Unterricht mit der „Tanken"-Aufgabe. *mathematik lehren*(128), S. 18–21.

Böer, H. (1993). Extremwertproblem Milchtüte. In W. Blum (Hrsg.), *Anwendungen und Modellbildung im Mathematikunterricht.* Hildesheim: Franzbecker.

Büchter, A. & Leuders, T. (2005). *Mathematikaufgaben selbst entwickeln. Lernen fördern Leistung überprüfen.* Berlin: Cornelsen Scriptor.

Damköhler, J. (2005). *Der ClassPad 300 in der Schule.* Troisdorf: Bildungsverlag EINS.

Engel, J. (2010). *Anwendungsorientierte Mathematik: Von Daten zu Funktionen.* Berlin: Springer.

Greefrath, G. (2007). Mathematisch Modellieren lernen – ein Beispiel aus der Integralrechnung. *Materialien für einen realitätsbezogenen Mathematikunterricht, 11*, S. 113–122.

Greefrath, G. (2010). *Didaktik des Sachrechnens in der Sekundarstufe.* Heidelberg: Spektrum.

Greefrath, G., Elschenbroich, H.-J. & Bruder, R. (2010). Empfehlungen für zentrale Prüfungen in Mathematik. Betrachtet aus der Perspektive der Schnittstelle Schule-Hochschule. *MNU*, S. 172–176.

Greefrath, G., Leuders, T. & Pallack, A. (2008). Gute Abituraufgaben (ob) mit oder ohne Neue Medien. *Der mathematische und naturwissenschaftliche Unterricht*, S. 79–83.

Greefrath, G., Mühlenfeld, U. (2007): Realitätsbezogene Aufgaben für die Sekundarstufe II, Troisdorf: Bildungsverlag EINS.

Henn, H.-W. (2004). Computer-Algebra-Systeme – Junger Wein oder neue Schläuche? *Journal für Mathematik-Didaktik, 25*(4), S. 198–220.

Herget, W., Heugl, H., Kutzler, B. & Lehmann, E. (2001). Welche handwerklichen Rechenkompetenzen sind im CAS-Zeitalter unverzichtbar? *MNU, 54*(8), S. 458–464.

Hinrichs, G. (2008). *Modellierung im Mathematikunterricht.* Heidelberg: Springer.

Hischer, H. (2002). *Mathematikunterricht und Neue Medien.* Hildesheim: Franzbecker.

Kratz, H. (2006). Sperrige Extremwertaufgaben in Leistungsüberprüfungen mit CAS. *PM, 12*, S. 42–43.

Kroll, W. (2005). Über den Einsatz des Computers bei schriftlichen Leistungsüberprüfungen. *PM, 2*, S. 38–39.

Matter, U. (2007). Offene Aufgaben in Tests? Ja bitte! *Praxis der Mathematik, 18*, S. 38-41.

Ortlieb, C.-P., von Dresky, C., Gasser, I. & Günzel, G. (2009). *Mathematische Modellierung.* Wiesbaden: Vieweg & Teubner.

Savelsbergh, E.R., Drijvers, P.H.M., Giessen, C. van de, Heck, A., Hooyman, K., Kruger, J., Michels, B., Seller, F., & Westra, R.H.V. (2008): Modelleren en computer-modellen in de β -vakken: advies op verzoek van de gezamenlijke β – vernieuwingscommissies. Utrecht: Freudenthal Instituut voor Didactiek van Wiskunde en Natuurwetenschappen.

Schmidt, R. (2004). Schriftliche Abiturprüfung mit PC. *Praxis der Mathematik, 4*, S. 179–184.

Schupp, H. (1998). Einige Thesen zur so genannten Kurvendiskussion. *Der Mathematikunterricht, 4/5*, S. 5–21.

Weigand, H.-G. (2010). Computer in den MINT-Fächern – Ja, natürlich, aber wie viel darf's denn sein? *Der mathematische und naturwissenschaftliche Unterricht, 63*(5), S. 259.

Weigand, H.-G. & Weth, T. (2002). Computer im Mathematikunterricht. Neue Wege zu alten Zielen. Heildelberg: Spektrum.

# Von der Welt ins Modell und zurück          10

Hans-Wolfgang Henn und Jan Hendrik Müller

## 10.1 „Nicht für die Schule, sondern für das Leben modellieren wir"

Das bekannte Zitat „Non scholae, sed vitae discimus"[1] beschreibt schon immer Wünschenswertes, aber kaum Erreichtes. Als „anwendungsorientierte" Lehrer und Mathematikdidaktiker freut es uns sehr, dass Heinrich Winter mit seiner ersten Grunderfahrung im Sinne der Kapitelüberschrift argumentiert (Winter, 1995/2004). Wenn wir allerdings die deutsche Schullandschaft betrachten, so haben wir eher den Eindruck, dass (wie im Originalzitat von Seneca) die Wörter „Leben" und „Schule" ausgetauscht werden müssen.

Prägend für die deutschen und die internationalen Bemühungen nach mehr realitätsnahem Unterricht ist die schöne Metapher von Henry Pollak (Pollak, 1979), der die Welt in die disjunkten Gebiete „Mathematik und Rest der Welt" geteilt sieht. Mathematisches Modellieren ist die gegenseitige Befruchtung von Mathematik und dem „Rest der Welt". Gemäß der ersten Winter'schen Grunderfahrung benutzen wir die Hilfe der Mathematik, um Probleme aus der Welt, in der wir leben, zu lösen.

Dazu wird man einmal oder mehrmals von der Welt in die Mathematik und wieder zurück gehen müssen, bis man eine zufriedenstellende Lösung für ein Problem der Realität gefunden hat. Der linke Teil von Abb. 10.1 visualisiert die Pollak'sche Idee. Diese Version werden Sie aber noch nicht gesehen haben; bekannt ist nur die Visualisierung mit der rechten Figur.

---

[1] In Wirklichkeit ist dies eine „pädagogisierte Vertauschung" von Senecas Originalzitat „Non vitae, sed scholae discimus".

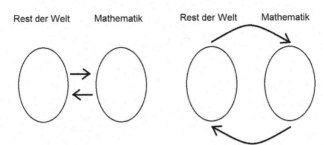

**Abb. 10.1**  Die Pollak'sche Metapher

Diese Visualisierung kann den Eindruck eines „Kreislaufs" implizieren. Das ist natürlich auch durchaus sinnvoll: Wir haben ein Problem in der Realität. Die reale Situation muss genauer beschrieben werden: Um was geht es, was ist wesentlich, was ist unwesentlich, wie kann ein Ingenieur sein Problem einem angewandten Mathematiker erklären? usw., und schon kommt man – vornehm gesprochen – von der „realen Situation" zum „realen Modell". Die Mathematik kann nur helfen, wenn man sein Problem in der Sprache der Mathematik ausdrücken kann, es also z. B. durch irgendwelche Gleichungen beschrieben werden kann – und das „mathematische Modell" entsteht. Gleichungen kann der Mathematiker – exakt oder näherungsweise – lösen, und wir bekommen die „mathematische Resultate". Liefern diese Lösungen eine sinnvolle und brauchbare Antwort für das Ausgangsproblem? Sicher nicht, wenn „mathematisch exakt", aber wenig sinnvoll die negative Länge s = –3 m resultiert, dann muss man schauen, wo etwa eine unzulässige Vereinfachung o. ä. passiert ist. Natürlich behauptet auch diese ausdifferenzierte Darstellung nicht, dass der Gesamtvorgang genau in dieser Reihenfolge passiert; es geht stets um das Wechselspiel Welt – Mathematik, hin und her bis zu einem befriedigenden Resultat; dieses Wechselspiel entspricht der Pollak'schen Metapher.

Wer allerdings die Pollak'sche Metapher ohne weitere Erklärung in der wohlbekannten Darstellung von Abb. 10.2 kennen lernt, sieht möglicherweise den „Kreislauf" als wesentlich an. Da kaum eine Modellierung so schön „linear kreisförmig" verlaufen dürfte, der Kreislauf also zu vereinfachend ist, führte dies dann zu immer ausdifferenzierteren Darstellungen der Kreislauf-Idee – was dann nicht mehr der ursprünglichen Pollak'schen Metapher entspricht.

Was sind genauer Modelle und Modellieren? Modelle sind vereinfachende, nur gewisse, einigermaßen objektivierbare Teilaspekte berücksichtigende Teile der Realität, die in die Sprache der Mathematik übersetzt werden; Modellieren ist das zugehörige Abbilden. Ein einfaches Beispiel für ein Modell ist eine Landkarte. Wesentlich ist, dass Modelle für etwas dienen müssen und dass irgendwelche Folgerungen bezüglich der Realität gezogen werden können. Allerdings zeigt dies schon die unvermeidbare Subjektivität beim Modellieren: Der Modellierer bestimmt, welche Teilaspekte berücksichtigt werden, und er zieht die Folgerungen aus den Ergebnissen. Damit ist beim Modellieren stets die Gefahr bewusster oder unbewusster Manipulationen immanent. Hierüber Schülerinnen und Schüler aufzuklären, ist ein wichtiger Aspekt bei der schulischen Erziehung zu mündigen Bürgern und zukünftigen Entscheidungsträgern.

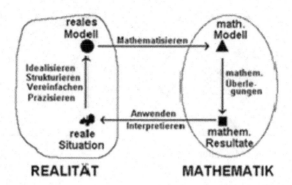

**Abb. 10.2**  Modellierungskreislauf

## 10.2  Modelltypen

Man unterscheidet üblicherweise die folgenden Modell-Typen:

### 10.2.1  Deskriptive Modelle

■ Modelle, die vorhersagen (z. B. die Wettervorhersage; die Anzahl von HIV-Infizierten in den nächsten 5 Jahren; …),
■ Modelle, die erklären (z. B. wieso sehen wir einen Regenbogen; …),
■ Modelle, die beschreiben (z. B. die Form eines hängenden Stromkabels; …).

### 10.2.2  Normative Modelle

Modelle, die etwas festlegen (z. B. Einkommensteuer; Wahlmethoden; Regeln für die Fußball-Europa-Meisterschaft; …)

Modelle für ein Problem der Realität können mehr oder weniger geeignet sein. Man sollte aber nicht von „richtigen" oder von „falschen" Modellen sprechen. Beispielsweise sollte man nicht Newtons Modell der Physik „falsch" und Einsteins Modell „richtig" nennen. Beide Modelle beschreiben zufrieden stellend die Natur in ihren jeweiligen Grenzen. Natürlich können verschiedene Arten der Mathematisierung desselben Problems auf verschiedene Modell-Typen führen.

Für Heinrich Hertz waren Vorhersagen die wichtigste Aufgabe von Modellen – und dies ist gar nicht einfach: Die Aussage „Prognosen sind schwierig, besonders wenn sie die Zukunft betreffen", wird mehreren Autoren (unter anderem dem Physiker Niels Bohr (1885–1962) in einer Rede während eines Kopenhagener Seminars zum Thema

Quantenphysik) zugeschrieben. Ein Beispiel sind die Prognosen des Club of Rome[2] aus dem Jahr 1972, die Gott-sei-dank so nicht eingetreten sind. Dagegen liefern die physikalischen Modelle der Raumfahrt sehr genaue Vorhersagen – sonst hätte man den Mond nicht getroffen!

Leider sind die meisten der so genannten Modellierungsaufgaben in der Schule und insbesondere in der Abiturprüfung in keiner Weise Modellierungen in unserem Sinn. Fast immer geht man von einer mehr oder weniger komplizierten Funktionsgleichung aus, die angeblich eine Skischanze, einen Turm, einen Spielplatz oder ein anderes Konstrukt beschreibt. Nun muss mit dieser Funktion eine übliche Funktionsuntersuchung gemacht werden. Das Ganze ist dann aber keine Modellierungsaufgabe, sondern spielt sich ganz auf der Seite der Mathematik ab. Für die Schülerinnen und Schüler ist die Bearbeitung solcher Probleme darauf reduziert, die „Mathematik" zu finden, die der böse Lehrer in dem Aufgabentext versteckt hat. Damit entsprechen diese Aufgaben eher reinen „Kapitänsaufgaben" (Baruk, 1989). Ein tröstliches Beispiel, das von Arnold Kirsch (Kirsch, 1991) stammt, zeigt, dass man auch aus solchen Aufgaben etwas machen kann; wir meinen die „Sportvereinsaufgabe". In ihrer Originalformulierung ist sie eher eine unglaubwürdige eingekleidete Aufgabe: Die Mitgliederzahl von Erwachsenen und von Jugendlichen eines Sportvereins, der jeweilige Monatsbeitrag und die benötige Summe für einen Neubau, die durch Erhöhung des Monatsbeitrags finanziert werden soll, sind gegeben. Die Erwachsenen sollen einen Euro mehr bezahlen als die Jugendlichen. Man bestimme die neuen Beiträge. Viel mehr Sinn macht diese Aufgabe – und wird zu einer echten normativen Modellierungsaufgabe – wenn man den vorletzten Satz ersetzt durch die Frage „wie sollen die neuen Beiträge aussehen". Weitere Beispiele normativer Modellierungen, die aus der Erfahrungswelt der Kinder stammen, sind „wie sollten die Klassensprecher bestimmt werden?", „wie könnte eine einfache und gerechte (was ist das?) Besteuerung aussehen?", „wie sollte Hartz IV besser geregelt werden?", „wie sollten in einem Mietblock ohne Einzelzähler die Kosten für den Wasserverbrauch verteilt werden?"

Oft gibt es eine Wechselwirkung zwischen deskriptiver und normativer Modellbildung; Heinrich Winter nennt dies „doppelte Modellbildung" (Greefrath, 2006, S. 20f). Insbesondere ist der nicht selten anzutreffende *Aspekt-Wechsel* eines Modells bemerkenswert. Ein schönes Beispiel ist unser Abitur: Es sollte beschreiben, was der Mathematikunterricht in der Schule bei den Lernenden erreicht hat, ist also ein deskriptives Modell. In der Realität wird aber das Abitur zum normativen Modell: Die Aufgaben der letzten Jahre werden zur Norm des Unterrichts; nur auf ein „gutes Abitur" hin wird gearbeitet. Aber auch in der Technik kann man solche Paradigmenwechsel beobachten. Ein Beispiel hierfür ist HIC, das Head Injury Criterion, das als beschreibendes Modell die Verletzungsgefahr des Kopfes bei einem Autounfall beschreiben soll (Henn, 1997).

---

[2] In der von Dennis Meadows verfassten Studie „Die Grenzen des Wachstums" wurden mit Computerhilfe zum Teil bedrückende Szenarien und Prognosen für die Weiterentwicklung der Welt erstellt.

Die Gefährdung des Kopfes hängt sicherlich von vielen Parametern ab. Einer ist die Höhe der Bremsverzögerung beim Crash. Nach der erfolgreichen Idee Galileis hält man beim Crash-Test alle Parameter fest und betrachtet nur die Bremsverzögerung $b$ in Abhängigkeit von der Zeit $t$ als Verursacher potentieller Schäden. Es ist plausibel, dass die Gefahr von beidem abhängt, was zu einem ersten Ansatz „Bremsverzögerung $b$ mal Dauer $T$ des Crashs" führt. Da die Bremsverzögerung nicht konstant ist, wird das zu $\int_0^T b(t)dt$ . Dann wären aber eine sehr lange Crashzeit und eine sehr kleine Bremsverzögerung genauso bewertet wie ein sehr kurzer und sehr starker Crash, was sicher nicht sinnvoll ist. Die Höhe der Verzögerung muss also stärker gewichtet werden, aber wie? Soll man $b$ hoch 2, hoch 3, hoch 4,…. ansetzen? Zurück in die Realität! Unfallexperten (Mediziner, Ingenieure, …) haben sehr viele empirische Daten zu Unfällen, es gibt Versuche mit Leichen und es gibt Daten von Kopfverletzungen von Boxern (Boxen ist also ein sehr nützlicher Sport …). Das qualitative Ergebnis ist, hoch 2 reicht nicht, hoch 3 ist aber eine zu starke Gewichtung. Was macht der Ingenieur? Man nimmt einfach das arithmetische Mittel, also 2,5. Dies führt (nach einigen weiteren definierenden Schritten) zu einem wohldefinierten, aber NUR qualitativen Modell, das die Crash-Gefahr beschreibt. Die „exakte" Zahl, die der Computer ausrechnet, hat allenfalls qualitative Bedeutung, d. h. HIC = 270 ist nicht a priori schlechter als HIC = 280. Die Kaufleute der Firmen merkten aber, dass ein kleiner HIC ein gutes Verkaufsargument ist. Daher wurden die Ingenieure angewiesen, das Fahrzeug so zu konstruieren, dass es (bei dem wohldefinierten und wohlbekannten) HIC-Test gut abschneidet. Damit wird das beschreibende Modell a posteriori auf einmal zum normativen!

## 10.3  „Fang erst mal an" – Beschreibende Modelle

Man kann in der Schule gar nicht früh genug damit anfangen, Schülerinnen und Schüler zum Modellieren anzuleiten. Durch Modellieren können sie eine Brücke bauen zwischen der Mathematik als Hilfe, die Welt um uns herum besser zu verstehen, und der Mathematik als abstrakter Struktur. Hierzu sind geeignete Lernsituationen unabdingbar. Lyn English (2003) fordert „rich learning experiences", d. h. authentische Situationen, Gelegenheiten für eigene Explorationen, vielfache Interpretationsmöglichkeiten und soziale Kompetenz von der Verantwortung für das eigene Modell bis hin zur Kommunikation mit den anderen Lernenden. Lehrerinnen und Lehrer sind oft zögerlich, mathematisches Modellieren in ihren Unterricht aufzunehmen. „Der vollständige Modellierungsprozess ist zeitaufwendig und schwierig" (Maaß, 2003). Jedoch zeigt Katja Maaß – und unsere später dargestellten Beispiele aus dem Unterricht werden das bestätigen – , dass auch in einer ganz normalen Klassensituation Modellierungsaktivitäten erfolgreich angestoßen werden können. Die Schwierigkeiten und Anstrengungen darf man den Lernenden nicht ersparen. Wichtige Aktivitäten sind das Sammeln von Daten, das Schreiben von Berichten über die eigene Arbeit und das Begründen und Verteidigen selbst gewonnener Folgerungen. Gruppenarbeit ist ein oft angemessener Arbeitsstil. Man kann nicht früh genug mit einfachen Modellierungsbeispielen beginnen. Nur gilt auch hier: Aller Anfang ist schwer; Schülerinnen und Schüler müssen lernen, die Welt auch mit „mathematischen" Augen zu sehen.

So wünschenswert *erklärende Modelle* auch sein mögen, sie sind kaum in der Schule angemessen zu behandeln, da sie in der Regel viel mehr Theorie erfordern als in der Schule zur Verfügung steht. „Echte" für die Schule geeignete Beispiele sind schwer zu finden und in der Schule seltener als die sprichwörtliche Nadel im Heuhaufen. Ein interessantes und schulgeeignetes (aber auch nicht ganz einfaches Beispiel) ist z. B. der Regenbogen (Henn, 2002).

*Beschreibende Modelle* sind aus vielerlei Gründen für die Schule didaktisch wünschenswert. Die Schülerinnen und Schüler erkunden eigenständig Phänomene aus der Welt, in der sie leben, und versuchen, sie mathematisch zu beschreiben. Sie diskutieren die Passung des Modells in der beschriebenen Situation und beachten auch von Anfang an die Möglichkeit bewusster oder unbewusster Manipulation bei der Festlegung der Modellannahmen. Die heute schon in der Sekundarstufe I zur Verfügung stehenden digitalen Werkzeuge ermöglichen die Erkundung vermuteter funktionaler Zusammenhänge. Wesentlich ist, dass die Schüler den Weg von der Realität in die Mathematik gehen und ihr Modell in ihre Welt zurücktragen. Kern unseres Beitrags ist die Beschreibung, wie unsere Schülerinnen und Schüler modelliert haben. Viele Modellbildungsaufgaben führen im Kern auf das Problem, eine Funktion zu gegebenen Eigenschaften zu finden. Die Schülerinnen und Schüler erheben hierfür reale Daten, z. B. mit einfachen Experimenten, und diskutieren qualitativ und gegebenenfalls quantitativ funktionale Zusammenhänge. Solche Experimente (z. B. mit Hilfe von Messwerterfassungssystemen oder GPS) liefern nicht nur Daten für Modellbildungen, sondern können einen handlungsorientierten und anschaulichen Zugang zu verschiedenen Phänomenen der Mathematik ermöglichen.

Kinder spielen *selbst* mit Legosteinen; es ist sinnlos, dass Erwachsene dem Kind etwas „vor-bauen" (was nicht ausschließt, dass auch Erwachsene mit Legosteinen spielen dürfen!). Demzufolge ist „Modellieren" etwas, was man selbst tun muss; es bringt nichts, wenn die Lehrerin oder der Lehrer etwas „vor-modelliert". Ein Mathematikunterricht, der Realitätsnähe sucht, muss folglich automatisch auch ein handlungsorientierter Unterricht sein. Dieser Wissensaufbau als konstruktiver und kumulativer Prozess wird dann besonders erfolgreich sein, wenn ausreichend Möglichkeiten geboten werden, vorhandenes und neues Wissen zu integrieren.

Wenn Schüler das durchhängende Kabel einer Hochspannungsleitung als Parabel beschreiben, so ist das keineswegs falsch, wie manche Autoren behaupten. Erhard Cramer und Sebastian Walcher (2010) beklagen für das Land Nordrhein-Westfalen zu Recht, dass „bis zum Ende der Klasse 10 im Wesentlichen nur noch lineare und quadratische Funktionen gefordert werden. Diese werden in alle möglichen und unmöglichen Sachzusammenhänge gezwängt, so etwa bei hängenden Kabeln (eigentlich Kettenlinien)." In südlicheren Bundesländern mag die Auswahl der vorkommenden Funktionen etwas umfangreicher sein; die damit behandelten „Anwendungsaufgaben" sind dafür oft noch sinnloser. Allerdings gibt das Beispiel von Cramer und Walcher einen falschen Eindruck. Erstens ist ein hängendes Kabel weder eine Parabel noch eine Kettenlinie; das Kabel gehört in den „Rest der Welt", die Funktion in die davon nach Pollack disjunkte Mathematik. Wenn Lernende in der Sekundarstufe I SELBST Phänomene der Welt, in der sie leben, mathematisch beschreiben und bei einem hängenden Kabel eine Parabel als beschreibendes Modell wählen, so ist das selbstverständlich sinnvoll und akzeptabel. In jedem Fall wertvoll ist die zur Beschreibung nötige Wahl eines angemessenen Koordinatensystems – und Koordinatisieren ist eine fundamentale Idee der Mathematik! Erst wenn man ein erklärendes Modell sucht, dann muss man die Modellannahmen präzisieren und kommt dann in einem Fall zur Kettenlinie (man betrachtet ein freihängendes Kabel, dessen Masse gleichmäßig verteilt ist), im anderen Fall aber in der Tat zu einer Parabel (jetzt denkt man an eine Hängebrücke, bei der das ganze Gewicht gleichmäßig über den Straßenteil der Brücke verteilt ist, während die tragenden Kabel gewichtslos gedacht werden). Beides sind natürlich wieder Idealisierungen der Realität. Diese erklärenden Modelle sind allerdings für die Sekundarstufe I zu anspruchsvoll.

Auch in der außerschulischen Realität sind „echte" deskriptive Modelle oft nur qualitativ und nur beschreibend. Modellannahmen zur Beschreibung der Realität werden oft mangels besseren Wissens per „rule of thumb" oder im schlimmeren Fall nach dem, was man als Ergebnis wünscht, festgelegt[3]. Ein Beispiel ist das jährliche Gutachten der Wirtschaftsweisen zur Wirtschaftsentwicklung. Allerdings sind die dortigen Modellannahmen besser begründet als die fragwürdigen Modellformeln vieler Abituraufgaben.

## 10.4  Parabeln, ein Projekt im Mathematikunterricht

Im Mathematikunterricht der frühen Sekundarstufe I werden Geraden behandelt; im Geometrieunterricht kommen als erste nicht lineare Objekte Kreise vor. Die Welt, in der die Schülerinnen und Schüler leben, ist aber voll von vielen unterschiedlichen Beispielen für „krummlinig" begrenzte oder verlaufende Objekte, die sich für beschreibende Modellierungen in der Schule geradezu aufdrängen – und zwar *bevor* entsprechende Funktionstypen wie z. B. quadratische Funktionen mit ihren Graphen, die Parabeln sind, im Unterricht behandelt worden sind: Wasserfontänen, durchhängende Kabel von Hochspannungsleitungen, Regenbogen, Brückenbogen (Abb. 10.3 zeigt einige der unterschiedlichen Beispiele, die auf unseren Euro-Scheinen abgebildet sind), Kreuzbogen in den Gewölben von Kirchen und vieles mehr.

---

[3] Eine hier nicht zu nennende Ministerin hat einmal stolz berichtet, sie habe ein ergebnisoffenes Gutachten in Auftrag gegeben.

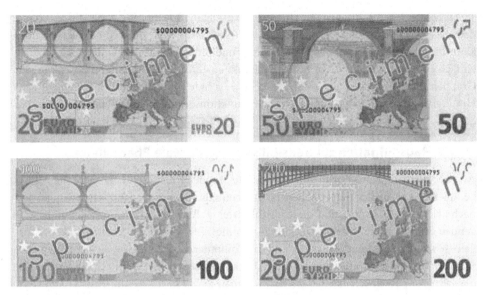

**Abb. 10.3** Brücken auf Euro-Scheinen

Warum man die Krümmung dieser Objekte so oder so gewählt hat, ob das etwa techni-sche oder künstlerische Gründe sind, das ist meistens nicht bekannt. Insbesondere über-steigen *erklärende* Modelle etwa für die Form eines Brückenbogens die Möglichkeiten der Sekundarstufe I (und in der Regel auch der Sekundarstufe II). Dies erklärt unter anderem, warum die entsprechenden Kurven selten zum Thema des Mathematikunter-richts werden. Die folgenden Überlegungen sollen Mut machen, dies zu ändern. Mit Hilfe des Computers können Schülerinnen und Schüler schon in der frühen Sekundar-stufe I nach *beschreibenden* Modellen suchen und dabei ihre „Kompetenz mit Funktio-nen" erweitern.

Nach den Geraden, die als (affin-)lineare Funktionen beschrieben werden, sind Para-beln und antiproportionale Zuordnungen die ersten Funktionen mit „krummen" Gra-phen, die Lernende in der Sekundarstufe I kennenlernen. Oft wird jedoch die antipro-portionale Zuordnung eher in Form von Dreisatz-Aufgaben und weniger unter funktio-nalen Aspekten betrachtet werden. Wir unterstellen, dass vor der Einführung der quad-ratischen Funktionen (in den meisten Bundesländern bisher in Klasse 9, in Zukunft schon früher) Schülerinnen und Schüler schon einmal mit einem dynamischen Geomet-riesystem (DGS) gearbeitet haben. In den Kernlehrplänen unseres Bundeslandes Nord-rhein-Westfalen wird dies verlangt; allerdings zeigt die Unterrichtsrealität, dass dies keinesfalls immer schon geschehen ist. In diesem Fall bietet sich das Thema „beschrei-bende Modelle für krummlinige Objekte der Realität" zur Einführung eines DGS an. Vorbereitet durch solche Aktivitäten erwerben die Schülerinnen und Schüler mit dem Instrument der Regression in späteren Schuljahren mächtigere mathematische Hilfsmit-tel zur Erstellung beschreibender Modelle.

Im Folgenden beschreiben wir einen solchen Zugang in einer 9. Klasse, die schon mit dem DGS GeoGebra[4] gearbeitet hatte. Mit diesem DGS (mit anderen geht das analog) kann man einerseits leicht Bilder als Hintergrundbild einfügen und andererseits ebenso einfach ein Koordinatensystem festlegen, Funktionsterme eingeben und die zugehörigen Graphen zeichnen lassen und so zu versuchen, „gerade" oder „krumme" Linien auf dem Hintergrundbild möglichst gut durch einen Funktionsgraphen anzunähern.

### 10.4.1  Hausaufgaben zur Sensibilisierung für reale Phänomene

Als vorbereitende Hausaufgabe für die nächste Stunde erhielt die Lerngruppe die Aufgabe, im Internet, in der persönlichen Fotosammlung oder in der häuslichen Umgebung nach „Kurven" zu suchen und diese als Bilddatei (z. B. auf einem USB-Stick) in der folgenden Stunde mitzubringen. Sie sollten also die Welt *auch* mit „mathematischen Augen" sehen. Diese folgende Stunde fand im Computerraum statt, wobei wir immer zwei Schülerinnen oder Schüler zwecks Ideenaustauschs an einem Rechner platzierten. Mit der Lerngruppe wurde zunächst geklärt, wie man Bilder in das Grafik-Fenster von GeoGebra importiert und deren Größe, Position und Ausrichtung formatiert:

In der Werkzeugleiste findet man unter dem Icon für Schieberegler ein Symbol für das Einfügen von Bildern (Abb. 10.4).

Anschließend legt man mit einem Mausklick auf die Zeichenfläche die linke untere Ecke des Bildes fest. Um die Größe der Bilder im Grafikfenster der besseren Vergleichbarkeit wegen zu normieren, haben wir mit einem rechten Mausklick auf das Bild (Abb. 10.5) die Eigenschaften der Bilder so festgelegt, dass sich die linke untere Ecke im Ursprung und die rechte untere Ecke im Punkt (10,0) befindet (Abb. 10.6) – GeoGebra erhält bei dieser Veränderung die Proportion des Bildes.

Nach diesen technischen Hinweisen ließen wir zunächst alle Schülerinnen und Schüler das gleiche Bild (Abb. 10.7) einfügen und erteilten ihnen die Aufgabe einen Term zu suchen, mit dem die Form der „vorderen" Wasserfontäne möglichst gut beschrieben werden kann.

Informationen über die Art des Terms erhielten sie nicht. Nach einigen Minuten „trial and error" erwuchs die Einsicht, dass mit linearen Termen zwar Kanten und Fugen im Bild gut beschrieben werden können aber eben keine Bögen – es ergab sich also die Notwendigkeit ein Gespräch zu führen, wie man dies bewerkstelligen könnte. Einige Schüler hatten z. B. die Idee, mehrere lineare Terme zu addieren, was aber zu keinem brauchbaren Ergebnis führte. Falls es in den Gesprächen innerhalb der Klasse keine weiterführenden Ideen gibt, kommt man als Lehrperson mit Hilfe der Idee der Aufgabenvariation (Schupp, 2002) mit minimalem Impuls aus, um den Schülerinnen und Schülern eine Vielfalt an Möglichkeiten für weiteres eigenständiges Forschen zu geben.

---

[4]  Dieses Programm erhält man kostenlos unter www.geogebra.org.

**Abb. 10.4** Bilder einfügen mit GeoGebra

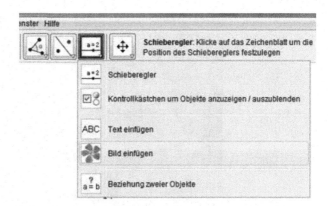

**Abb. 10.5** Bildeigenschaften festlegen mit GeoGebra

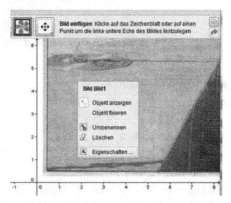

**Abb. 10.6** Bildposition festlegen mit GeoGebra

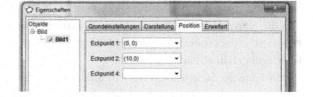

Man kann sie z. B. ermutigen, die bisher benutzten Terme nicht nur zu addieren, sondern auch weitere Rechenarten und Klammern zu benutzen. So minimal der Impuls auch ist, er kann sehr ertragreich sein. Es dauerte nun nicht mehr lange, bis die ersten Parabeln am Bildschirm erschienen. Die Terme wurden sparsamer eingesetzt, um mehr Überblick darüber zu bekommen, welche Zahl im Term welchen Einfluss auf die Form und Position der Kurve hat – es war schön zu beobachten, wie die Untersuchung des Einflusses von Parametern genetisch aus der Sache heraus erwuchs!

In unserer Stunde haben die verschiedenen Teams auch erfreulicherweise unterschiedliche Darstellungen für ihre Parabeln gefunden, die aus „späterer Sicht" der Normalform

$$y = a \cdot x^2 + b \cdot x + c$$

**Abb. 10.7** Wasserfontäne

bzw. der Scheitelform

$$y = a \cdot (x - s)^2 + t$$

entsprachen[5]. Die einzelnen Teams blieben zunächst „ihrer" Darstellung treu (vgl. Abb. 10.8). Da wir eine Doppelstunde zur Verfügung hatten, stand uns genug Zeit zur Verfügung, zwischen den Gruppen zu vermitteln. Es ist wohl nicht überraschend, dass sich die Normalform schnell als wenig praktikabel im Sinne der Aufgabe „eine Parabel anpassen" erwies (obwohl sie doch in Schulbüchern in der Regel der Ausgangspunkt von Überlegungen über Parabeln ist).

Mit Hilfe der Scheitelform war ein offensichtlich gut passendes Modell schnell gefunden, wenn die Koordinaten des Scheitelpunkts der Parabel „ordentlich" (also möglichst genau) ermittelt wurden. Die Güte der Modellierung wurde vom kritischen Auge des Schülers beurteilt: Dies konnte gut an der breitesten Stelle der Wasserfontäne beurteilt werden, da hier kleine Ungenauigkeiten beim Ablesen der Scheitelpunktkoordinaten und der Festlegung des Faktors, der die Öffnung der Parabel beeinflusst, große Auswirkung auf die Lage und den Verlauf der Parabel haben. Auf diese Weise wurden Parameter noch einmal verändert, um die Kurve sukzessive noch ein klein wenig besser anzupassen – ein Modellbildungskreislauf par excellence!

---

[5] Möchte man weniger Zeit in die selbstentdeckende Phase investieren, so ist es ebenso möglich, wenn man die Normal- oder Scheitelform vorgibt, damit die Lernenden damit experimentieren können. Dieser Zeitgewinn wird aber durch einen Verlust an Kreativität im Kontext der Algebraisierung von Funktionstermen erkauft.

 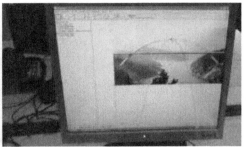

**Abb. 10.8**  Parabeln in Normalform und in Scheitelform

Da wir die Koordinaten des Bildes am Anfang der Stunde standardisierten, konnten die
Schülerinnen und Schüler ihre Erfahrungen im anschließenden Unterrichtsgespräch gut
vergleichen – so einfach kann eine beschreibende Modellbildung in erster Näherung
sein! Da die Schüler eigene Bilder mitbringen sollten, konnten sie in der folgenden Zeit
eigenständig auf die Suche nach Graphen gehen, die die Kurven auf ihren Bildern gut
beschreiben.

### 10.4.2  Von „trial and error" zu mathematischen Überlegungen

Was kann man tun, wenn kein PC und kein GeoGebra mehr zur Verfügung stehen? Wir
gaben der Lerngruppe am Ende der Doppelstunde ein Arbeitsblatt (Abb. 10.9), auf dem
wieder Wasserfontänen abgebildet waren. Die Aufgabe war, zu prüfen, ob sich Terme
zur Beschreibung der Fontänen auch ohne PC finden lassen. Es ergab sich nun die Notwendigkeit, das mehr oder weniger systematische Probieren am PC durch andere mathematische Überlegungen zu ersetzen. Im Rahmen eines vom Lehrer gelenkten Unter-
richtsgesprächs wurden in der Folgestunde zunächst verschiedene Ideen gesammelt,
verglichen und ausprobiert. Man einigte sich darauf, die Koordinaten $(x_s/y_s)$ des Schei-
telpunktes eines Bogens zu schätzen[6]. Auf diese Weise wurde die Scheitelgleichung

$$y = a \cdot (x - x_s)^2 + y_s$$

aufgestellt. Um nun den fehlenden Wert des Parameters $a$ zur Anpassung der Öffnung
der Parabel zu ermitteln, wurden die Koordinaten eines weiteren Punktes benötigt, der
auf der Parabel liegt. Kommt keine Schülerin oder kein Schüler auf diese Idee, so kann
dies natürlich auch die Lehrperson vorschlagen und zur Diskussion stellen. Die Lösung
der Gleichung führt dann zwar auf einen Wert für $a$, offen bleibt jedoch die Frage, ob die
ermittelte Gleichung die Wasserfontäne „gut" beschreibt – das „Auge" half hier nicht
weiter! Wir thematisierten verschiedene Möglichkeiten:

---

[6] Da dieser Scheitelpunkt aber auf dem Bild nur schwer erkennbar ist, wurden hilfreiche Überlegungen über eine mögliche Symmetrie der Kurve geführt.

**Abb. 10.9**  Modelle für Wasser-fontänen ohne PC

- Die Klasse erinnerte sich, dass es oft an der breitesten sichtbaren Stelle der Parabel zu Abweichungen kam. Um zu prüfen, ob die Gleichung die Fontäne dort gut beschreibt, bedeutet diese Idee in der Sprache der Mathematik die Berechnung, ob für $y = 0$ die errechneten $x$-Werte mit denen im Bild in etwa übereinstimmen.
- Dieses Verfahren konnte natürlich auch für andere positive $y$-Werte genutzt werden. Es dauerte übrigens nicht lange, bis die ersten Schülerinnen und Schüler bemerkten, dass zu einem vorgegebenen $y$-Wert doch eigentlich zwei $x$-Werte gehören müssen, sie aber nur einen $x$-Wert berechneten. Der negative Wurzelast bei der hier implizit auftretenden Umkehrfunktion erschloss sich hierdurch auf natürliche Weise!
- Umgekehrt konnte natürlich auch zu jedem vorgegebenen $x$-Wert geprüft werden, ob die errechneten $y$-Werte näherungsweise zur Fontäne passen.
- Steht im Klassenraum ein Beamer zur Verfügung, so ist es naheliegend, den berechneten Term der Parabel einzugeben und „das Auge entscheiden zu lassen".

Um diese Strategien zu üben, kann folgendes wettkampforientiertes Spiel durchgeführt werden: Man bildet Tischgruppen und lässt von den Tischgruppen arbeitsgleich prüfen, ob sich die Kurve auf einem Bild „gut"[7] mit einer quadratischen Gleichung beschreiben

---

[7]  Man beachte, dass die Entscheidung darüber, was „gut" ist, auf ein normatives Modell führt!

lässt. Innerhalb der einzelnen Gruppen wird kooperativ gearbeitet, Ansporn der Arbeit ist der anschließende Vergleich und die Beurteilung der Ergebnisse.

## 10.5  Wie kann es weitergehen?

Ziel der Unterrichtssequenz war im Sinne der Winter'schen Grunderfahrungen sowohl die Weiterentwicklung des mathematischen Apparats, hier der verschiedenen Aspekte von Parabelfunktionen (Grunderfahrung 2), als auch die Erkundung weiterer Probleme aus unserer Welt, die mit diesen Funktionen modelliert und so besser verstanden werden konnten (Grunderfahrung 1). In der Regel sind die Schülerinnen und Schüler leichter für ein Problem aus ihrer Lebenswelt zu motivieren; als implizites Ziel der Lehrenden wird auch das mathematische Wissen weiter entwickelt.

Hier, im Anschluss an die Bildanalyse, gibt es verschiedene Möglichkeiten, wie es weitergehen kann. Neben der Scheitelform der Parabel soll (laut Lehrplan) auch die Normalform der Parabel im Mathematikunterricht thematisiert und untersucht werden. Beides wurde ansatzweise schon bei unseren beschreibenden Modellen gemacht. Für die nötige Vertiefung haben wir als Lehrende ein ganz anderes Problem aus der Realität aufgegriffen, das einen sehr relevanten Bezug zur Lebenswelt von Schülern der Klasse 9 hat und das zum mathematischen Umfeld „Parabeln" gehört: Es ist das Thema Verkehrssicherheit. Genauer werden wir die Problematik des Bremsweges mit einem *erklärenden Modell* modellieren. Unser Ziel ist eine Erhöhung der Sensibilität für die Auswirkung hoher Geschwindigkeit auf die Länge des Bremsweges beim Auto- oder Motorrollerfahren sein (vgl. auch Meyer, 1995; Humenberger, 2008; Humenberger & Müller, 2009). Hierzu haben wir zwei Arbeitsblätter entwickelt, die sukzessive in die Komplexität dieser Thematik einführen[8].

Auf dem ersten Arbeitsblatt „Wie lang ist der Bremsweg?" geht es um die Herleitung der Formel

$$B = \frac{v^2}{2 \cdot a} \, ,$$

die die Bremsweglänge $B$ in Meter in Abhängigkeit von der Geschwindigkeit $v$ in Meter pro Sekunde und der Bremsverzögerung $a$ in (Meter pro Sekunde) pro Sekunde beschreibt. Wesentlich hierfür ist die Erkundung der dieser Formel zugrunde liegenden Modellannahmen. Der Schwerpunkt dieser Unterrichtsidee liegt folglich zunächst auf der Herleitung eines mathematischen Modells zur Erklärung des quadratischen Zusammenhangs zwischen Bremsweg und Geschwindigkeit; die meisten Menschen gehen hierbei fälschlicherweise von einem linearen Zusammenhang „doppelte Geschwindigkeit, also doppelter Bremsweg" aus.

---

[8]  Die Arbeitsblätter sind über http://www.dqime.uni-dortmund.de/ erhältlich.

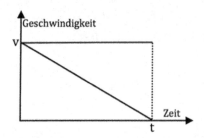

**Abb. 10.10**  Ein Vergleich des Verlaufs der Geschwindigkeiten

Wir finden diese Thematik didaktisch besonders wertvoll, weil die Kernidee des zugrundeliegenden mathematischen Modells die Möglichkeit bietet, von den Schülerinnen und Schülern auf verschiedene Arten erklärt und veranschaulicht werden zu können: Nimmt man (unter Abwägung der Vor- und Nachteile dieser Annahme) an, dass sich die Geschwindigkeit eines Autos bei einer Vollbremsung gleichmäßig verringert, so kann man diesen Vorgang wie in Abb. 10.10 dargestellt idealisieren.

Fährt ein Fahrzeug, wie der konstant verlaufende Graph in Abb. 10.10 zeigt, mit gleichbleibender Geschwindigkeit $v$ über einen definierten Zeitraum $t$, so errechnet sich der dabei zurückgelegte Weg $s$ durch $s = v \cdot t$. Dieses Produkt kann man im geometrischen Sinne als Formel zur Berechnung des Flächeninhalts eines Rechtecks deuten, das in Abb. 10.10 auch gut erkennbar ist. Da die uns interessierende Geschwindigkeit aber derart gleichmäßig sinkt, dass sie dieses Rechteck halbiert, ist der dabei zurückgelegte Weg auch nur halb so groß.

Alternativ könnte man natürlich auch die Durchschnittsgeschwindigkeit der gleichmäßig sinkenden Geschwindigkeit beim Bremsen bestimmen. Würde man dies in Abb. 10.10 darstellen, so könnte man eine konstant verlaufende Geschwindigkeit auf „halber Höhe" einzeichnen.

Wünschenswert wäre eine Überprüfung der Theorie des quadratischen Zusammenhangs in der Realität. So könnten z. B. statistisch Werte zur Bremsweglänge bei Vollbremsungen mit dem Fahrrad auf dem Schulhof gesammelt und ausgewertet werden. Dies wäre in jedem Fall eine sinnvolle, aber sicher keine notwendige Maßnahme, um eine Sensibilität für die Thematik zu erzeugen. In unserem Fall hat z. B. die winterliche Wetterlage über Wochen derartige Aktivitäten auf dem Schulhof leider verhindert.

Mit den Aufgaben auf dem zweiten Arbeitsblatt „Übungsaufgaben zum Thema Bremsweg" soll die zuvor ermittelte Formel zunächst aus verschiedenen Blickwinkeln analysiert und genutzt, aber auch im Sinne eines weiteren Durchlaufens des Modellbildungskreislaufs modifiziert werden.

Das Bild (vgl. Abb. 10.11) zu Aufgabe 6 auf dem zweiten Arbeitsblatt zeigt Schülerinnen und Schüler, die unsere bisherige Formel „formelfrei" um den so genannten Reaktionsweg erweitern. Auf diese Weise wird unsere bisherige Formel zu

$$A = \frac{v^2}{2 \cdot a} + r \cdot v$$

modifiziert, wobei $A$ nun der Anhalteweg in Meter und $r$ die Reaktionszeit in Sekunden ist.

**Abb. 10.11**   Eine Anhalteweg-
„Formel"

Die Aufgabe 7c) des zweiten Arbeitsblatts fragt, mit welcher maximalen Geschwindigkeit
ein Auto in eine Spielzone fahren kann, damit es in jedem Fall innerhalb von 10 m zum
Stehen kommt. Diese Aufgabe bietet nun die Möglichkeit, in die Idee der quadratischen
Ergänzung einzuführen, etwa um die Gleichung

$$10 = \frac{v^2}{12} + 0,8 \cdot v$$

zu lösen[9]. Mathematische Überlegungen im Modellbildungskreislauf können also auch
„Motor" zur Einführung neuer mathematischer Rechenverfahren sein. Natürlich könnte
man diese quadratische Gleichung auch vom Rechner als *black box* lösen lassen. Aber
nicht wenige Lernende wollen wissen, wie das der Rechner eigentlich macht!

## 10.6   Warum nicht immer so?

Was wir für die Parabeln vorschlugen, lässt sich auch auf die Einführung anderer Funktionstypen übertragen. Auf den Euro-Scheinen in Abb. 10.3 findet man neben Bögen, die
zu Kreisen bzw. Parabeln führen, auch Steinkanten und Fugen, die mit linearen Funktionen beschrieben werden können. Im Unterricht haben wir das zur integrativen Wiederholung linearer Funktionen genutzt – Steigung und $y$-Achsenabschnitt leisten hier
wertvolle Hilfe!

Bilder, die mit trigonometrischen Funktionen beschrieben werden können, lassen
sich relativ leicht finden; Abb. 10.12 zeigt ein Beispiel, das von einem unserer Schüler
angefertigt und wir nach einer Idee von Menze/Ringel (2007) zweckdienlich genutzt
haben. Den zum Anpassen einer Kurve nötigen Befehl „sin($x$)" kann der Lehrer seiner
Lerngruppe vorab mitteilen.

---

[9] Wenn man dabei, wie von unseren Schülern vorgeschlagen wurde, eine Verzögerung von 6 m/s$^2$
und eine Reaktionszeit von 0,8 s annimmt.

**Abb. 10.12**  Ein 360° Panoramafoto der Landschaft am Dortmunder Phönix-Werk

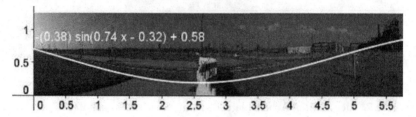

**Abb. 10.13**  „Sinus-förmiger" Verlauf des Straßenrandes bei Panoramafotos

Schwieriger ist es, in der Realität Kurven zu finden, zu deren qualitativer Beschreibung weitere Funktionstypen, z. B. Exponentialfunktionen, nötig sind. Ein Beispiel, das wir im Internet gefunden haben, ist das Foto einer möglichst wenig in die Tiefe gekrümmten Panflöte[10], das in Abb. 10.14 abgebildet ist. Wir haben zunächst „intuitiv" versucht, die Kurve mit Hilfe einer Parabel (gestrichelte Kurve) und einer exponentiell verlaufenden Funktion (gepunktete Kurve) zu beschreiben. Weitere Bemühungen, z. B. mit der Variation der Formparameter oder mit Hilfe von Regression[11] Kurven zu erzeugen (Abb. 10.15), führte zu der Einsicht, dass die Anpassung einer Exponentialfunktion mit geringerem zeitlichen Aufwand zu dem Auge nach besseren Ergebnissen führte – probieren Sie es selbst einmal aus. Gibt es ein einfaches mathematisches Argument hierfür?

In jedem Fall wird die Wirkung der in den Gleichungen der verwendeten Funktionen enthaltenen Parameter auf die Gestalt der Funktionsgraphen in motivierenden Kontexten untersucht. Im „normalen" Unterricht erscheint diese Untersuchung den Schülern oft als Selbstzweck. Die Methode trägt weit; bis zum Ende der Oberstufe können so anspruchsvolle, aber nicht zu anspruchsvolle Modellierungsaktivitäten angeregt werden.

---

[10]  http://www.pan-floeten.ch/pi1/pd9.html
[11]  Man kann z. B. Punkte A, B, …, E auf die „Panflötenkurve" zeichnen, mit „L = {A,B,C,D, E}" in der Eingabezeile von GeoGebra eine Liste erzeugen, dann mit dem Befehl „TrendPoly[L,2]" eine zugehörige Regressionsparabel erzeugen und anschließend mit der Lage der Punkte experimentieren.

**Abb. 10.14** Panflöte exponentiell und quadratisch modelliert

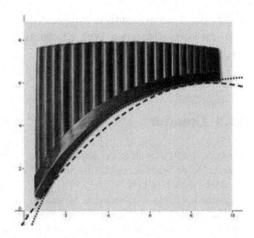

**Abb. 10.15** Panflöte mit einer Regressionsparabel modelliert

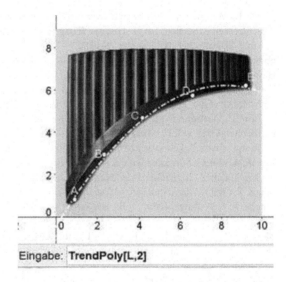

## 10.7 Rückblick

Die zuvor genannten Beispiele sollten aufzeigen, dass Modellieren nicht kompliziert sein muss und insbesondere durch Computereinsatz sinnvoll unterstützt wird. Der Einsatz von DGS ermöglicht das Finden beschreibender Modelle unter Zuhilfenahme aller elementaren Funktionstypen auf einfache Art. Da Modellbildung und insbesondere der Computereinsatz im alltäglichen Mathematikunterricht immer noch keine Selbstverständlichkeiten sind, war es das Ziel dieses Aufsatzes Anregungen zu geben, wie ein Einstieg in dieses Thema gestaltet werden kann. Einfache Kontexte und Bilder aus der Tageszeitung, aus dem Internet oder von den Lernenden selbst mitgebracht bieten genügend Anlass, um auf motivierende Art einen ersten Schritt zu machen. Probieren Sie den von uns vorgeschlagenen Weg einmal aus; Ihre Schüler werden es ihnen sicher nicht nachtragen!

## 10.8 Literatur

Baruk, S. (1989). *Wie alt ist der Kapitän?* Basel, Boston, Berlin: Birkhäuser Verlag.

Cramer, E. & Walcher, S. (2010). Schulmathematik und Studierfähigkeit. In: *Mitteilungen der DMV*, 18, S. 110–114.

Englisch, L. (2003). Mathematical Modelling with Young Learners. In: Lamon, S. J. et al. (Eds): *Mathematical Modelling: A Way of Life.* Chichester: Horwood Publishing 2003, S. 3–17.

Greefrath, G. (2006). *Modellieren lernen mit offenen realitätsnahen Aufgaben.* – Köln: Aulis Verlag Deubner.

Henn, H.-W. (2000). Warum manchmal Katzen vom Himmel fallen oder von guten und von schlechten Modellen. In: H. Hischer (Hrsg.): *Modellbildung, Computer und Mathematikunterricht.* Franzbecker, Hildesheim, 9–17.

Henn, H.-W. (2002). Der Regenbogen. In: *mathematik lehren* 113, S. 13–18.

Henn, H.-W. (1997). Der HIC-Koefffizient bei Crashtests. In: *MU*, H. 5, S. 50–60.

Humenberger, H. (2008). Brake applications and the „remaining velocity". In: Henn, H.-W. & Meier, S. (Eds). Planting Mathematics. EU-Project „Developing Quality in Mathematics Education II". Dortmund: TU Dortmund, S. 67–82.

Humenberger, H. & J. H. Müller (2009). Wie schätzt du die Verkehrssituation ein? Bremswege und Restgeschwindigkeiten erarbeiten. In: *mathematik lehren* 153, S. 50–55.

Kirsch, A. (1991). Formalismen oder Inhalte. Schwierigkeiten mit linearen Gleichungssystemen im 9. Schuljahr. – In: *Didaktik der Mathematik,* 19, 4, S. 294–308.

Maaß, K. (2003). *Mathematisches Modellieren im Unterricht.* Hildesheim: Franzbecker.

Menze, R. & B. Ringel (2007). Oh, wie schön sind Panoramen! In: *mathematik lehren* 140, S. 55–59.

Meyer, J. (1995): Geschwindigkeit und Anhalteweg. In: Graumann, G. et al. (Hrsg.). ISTRON Materialien für einen realitätsbezogenen Mathematikunterricht, Band 2. Hildesheim: Franzbecker, S. 22–29.

Pollak, H. (1979). The Interaction between Mathematics and other School Subjects. In UNESCO (Ed.): *New Trends in mathematics teaching,* Vol IV. Paris, p. 232–248.

Schupp, H. (2002): *Thema mit Variationen. Aufgabenvariation im Mathematikunterricht.* Hildesheim: Franzbecker.

Winter, H. (1995/2004). Mathematikunterricht und Allgemeinbildung. Mitteilungen der Gesellschaft für Didaktik der Mathematik, Nr. 61, Dez. 1995, S. 37–46. Überarbeitete Fassung in Henn, H.-W & Maaß, K. (Eds.), *ISTRON Materialien für einen realitätsbezogenen Mathematikunterricht,* Band 8. Hildesheim: Franzbecker, S. 6–15.

Die zitierten Web-Adressen sind zum letzten Mal am 31.05.2012 kontrolliert worden.

# Blockabfertigung im (Tauern-)Tunnel

**11**

Ein aktuelles Thema aus dem Problemkreis
der Verkehrserziehung

Hans-Stefan Siller

*Regelmäßig zu Ferienbeginn gleicht die Verbindungsstrecke von Salzburg in Richtung
Süden im Bereich des Tauerntunnels einem Nadelöhr. Zahllose Urlauber nutzen den
(noch) einröhrigen Tauerntunnel und den (inzwischen zweiröhrigen) Katschbergtunnel als
direkte Verbindung, um vom Norden in die Urlaubsländer des Südens zu gelangen, wodurch in Extremfällen Staulängen von bis zu 40 km zustande kommen. Diesem enormen
Verkehrsaufkommen wird von Seiten der (österreichischen) Autobahn- und Schnellstra-
ßen-Finanzierungs-Aktien-Gesellschaft (ASFINAG) durch die Regelung der Blockabfertigung begegnet. Fahrzeuge der beiden Fahrtrichtungen werden abwechselnd angehalten,
womit zwei Spuren für die Benutzung in eine bestimmte Fahrtrichtung zur Verfügung
stehen. Diese Maßnahme dient vor allem der Aufrechterhaltung der Verkehrssicherheit. Es
werden im Wesentlichen die Ziele Minimierung der Staugefahr und Minimierung der
Wartezeit verfolgt, sodass in weiterer Folge die Staulängen vor den beiden Tunnelportalen
auf ein akzeptables Maß reduziert werden können. Im vorliegenden Artikel wird ein möglicher Zugang für Schülerinnen und Schüler zu dieser Thematik vorgestellt. Mit Hilfe ele-
mentar-mathematischer Methoden wird gezeigt, wie es gelingen kann, zum einen möglichst viele Fahrzeuge durch den Tunnel zu schleusen sowie zum anderen übliche Zeitintervalle der Blockabfertigung zu berechnen.*

## 11.1 Einführung

Das vorliegende Unterrichtskonzept ist in seiner methodischen Aufbereitung an die
Struktur des Projektunterrichts im Sinne von Bastian & Gudjons (1997), bm:bwk (2001),
Ludwig (1997) oder Reichel (1991) angelehnt. Damit soll gezeigt werden, dass Vorschlä-

ge zu einem solchen Projektunterricht im (Mathematik-)Unterricht, mit Hilfe von Modellierungstätigkeiten, in gewünschter Weise verwirklicht werden können. Beispiele dafür findet man auch in Frey (2005), Möhringer (2008) oder Siller & Maaß (2009). Verständnisvolles Lernen, welches nach Prenzel et al. (2004, S. 318) „ein aktiver individueller Konstruktionsprozess, in dem Wissensstrukturen verändert, erweitert, vernetzt, hierarchisch geordnet oder neu generiert werden", ist möglich.

Das Thema Blockabfertigung soll in diesem Artikel einer gründlichen, didaktisch orientierten Sachanalyse unterzogen werden. Die Frage, was mit der behandelten Theorie an Einsichten gewonnen werden kann, soll in einer Reflexionsphase mit dem realen Geschehen in Verbindung gebracht werden. Vorschläge für eine kritische Interpretation sollen diesen Artikel schlussendlich abrunden. In der methodischen Umsetzung, welche in diesem Artikel ausführlicher dargelegt und behandelt wird, können nicht nur didaktischen Leitlinien, wie beispielsweise

- „Differenzierung nach den individuellen Möglichkeiten, Ansprüchen und Bedürfnissen der Lernenden innerhalb der Lerngruppe
- Erkenntnisgewinn und Bewusstmachung von Zusammenhängen und Strukturen anhand von Beispielen (exemplarisches Lernen)
- Vermittlung der Fähigkeit selbstständig zu lernen und mit Wissen umzugehen (Lernen lernen, Anwenden lernen, Vermitteln lernen)
- Verbindung von theoretisch-begrifflichem Lernen und Lernen durch Handeln und Experimentieren" (vgl. bm:bwk, 2001)

sondern vor allem auch die typischen Merkmale des Projektunterrichts angeführt und diskutiert werden sowie in geeigneter Weise bedient werden. Erkenntnisse dazu hat bereits Kilpatrick (1918) festgehalten.

Hierzu wurde als Ausgangspunkt bzw. als Problemstellung die nachstehende Zeitungsmeldung (vgl. Salzburger Nachrichten, 2010), wie dies Herget & Scholz (1998) darstellen, verwendet.

> „... Bereits gegen 1.30 Uhr musste die Blockabfertigung aktiviert werden. ‚Der Zenit ist damit aber sicher noch nicht erreicht‘, prognostiziert ÖAMTC-Experte Harald Lasser. ‚Da könnte im Laufe des Vormittags noch Einiges auf uns zurollen.‘ Gegen 11 Uhr waren es dann noch ca. 12 Kilometer Rückstau zwischen Altenmarkt und dem Tauerntunnel bei einer Wartezeit von bis zu zwei Stunden. ..."

Das Aufgreifen von Thematiken zur Verkehrsproblematik wurde wiederholt zur Diskussion im Mathematikunterricht vorgeschlagen. Die Arbeiten von Brendl (1961), Christmann (1985a, 1985b), Henn (1994), Kirsch (1996), Lergenmüller & Schmidt (1991), Meyer-Lerch (1985), Rohrberg (1960), Schmidt (o. J.; 1986), Volk (1986) und weitere Arbeiten geben Zeugnis über eine intensive Auseinandersetzung auch aus mathematikdidaktischer Perspektive. Die Aktualität dieses Themas gibt aber auch immer wieder Anlass um im Unterricht Geschehnisse rund um die Problematik Verkehr aufzugreifen.

Zudem wird in den verschiedenen Lehrplänen „vorgeschrieben", in den jeweiligen Fächern eine entsprechende Auseinandersetzung mit Unterrichtsprinzipien seitens der Lehrerinnen und Lehrer als auch der Schülerinnen und Schüler zu gewährleisten. Eines dieser Unterrichtsprinzipien (vgl. bm:ukk, 2010) lautet „Verkehrserziehung" (vgl. DVD, 2007; Lang & Arnold, 1993; Echterhoff, 1993; Warwitz, 2009).

Die Frage, die sich viele Mathematik-Lehrende stellen, ist nun, wie man sich mit der Problematik der Verkehrserziehung sinnvoll auseinandersetzen kann. Durch die Berücksichtigung realitätsbezogener Unterrichtsinhalte kann eine solche Diskussion in dem gewünschten Maße erfolgen (vgl. Blum, 2006). Die Probleme zur Thematisierung im Unterricht sind in manchen Ländern, wie beispielsweise Österreich, deren Bewohner insbesondere zu Ferienzeiten an bestimmten Nadelöhren mit entsprechenden Staulängen konfrontiert sind, relativ einfach aufzufinden. Besonders bei der Urlaubsreise Richtung Süden und zurück, müssen viele Urlauber den Tauern- bzw. Katschbergtunnel passieren. Diese sind bzw. waren lange Zeit nur einspurig befahrbar, da es sich um so genannte Gegenverkehrstunnel handelte. Um die Staulängen, bei einem entsprechenden Verkehrsaufkommen zu reduzieren, wird das System der Blockabfertigung aktiviert. Dieses System ist auch aus mathematischer Sicht interessant. Neben dem Realitätsbezug spielt in der Auseinandersetzung mit diesem Thema auch der (mathematische) Modellierungsgedanke, unter Berücksichtigung eines sinnvollen Anwendungsbereichs für den Analysisunterricht (vgl. Kirsch, 1996), eine Rolle. Das Problem des „Verkehrsdurchsatzes" wird von Blum (1996) als ein Musterbeispiel für das Mathematisieren einer realen Situation genannt, um hieran Aspekte des Modellbildens deutlich zu machen.

Im Rahmen eines Projekts erhielten Schülerinnen und Schüler die Gelegenheit, Überlegungen anzustellen, wie die Staulängen auf der Tauernautobahn zu Ferienbeginn verringert werden könnten. Hier sind nicht nur Überlegungen rein mathematischer Natur erwünscht – die Ideen sollten vielmehr aus den unterschiedlichsten Bereichen (z. B. Politik, Umweltschutz) stammen, wodurch dem Merkmal der Interdisziplinarität von Projektunterricht entsprochen wird und typische Charakteristika mathematischer Modellbildung, beispielsweise die Verknüpfung und der Zusammenhang von Realität und mathematischen Modellen, deutlich gemacht werden. Diesbezüglich könnten die Schülerinnen und Schüler politische Maßnahmen, wie beispielsweise eine Erhöhung der Mautgebühren zu den Hauptreisezeiten oder aber auch eine weitere Untergliederung der Ferienstarts in den einzelnen (deutschen) Bundesländern mitsamt den daraus resultierenden Effekten für die Bevölkerung diskutieren. Thematisiert werden könnten in diesem Zusammenhang auch die Auswirkungen des Baus der zweiten Tunnelröhre, die voraussichtlich 2012 in Betrieb genommen wird.

## 11.2 Die Projektphasen – Teil 1

### 11.2.1 Phase 1: Projektidee/Themenfindung

„Wichtig ist, dass das Interesse aller Beteiligten geweckt werden kann und genügend Zeit zur Verfügung steht, damit sich Lehrende und Lernende gemeinsam auf ein Thema, das sie bearbeiten, oder auf ein Problem, das sie lösen wollen, einigen können." (bm:bwk, 2001, S. 4).

Aufgrund der Aktualität der Problemstellung hinsichtlich der Ferienzeiten bietet sich die Bearbeitung der Aufgabenstellung zu Beginn oder gegen Ende des Schuljahres an. Der Zeitaufwand zur Umsetzung einer solchen Problemstellung ist im Vorfeld abzuschätzen. Für dieses Projekt kann dieser, vorausgesetzt eine Bearbeitung ist ohne Unterbrechung – d. h. Auflösung des Regelunterrichts – möglich, mit etwa zwei Schultagen zu je 6 Stunden prognostiziert werden. Jedenfalls ist im Projekt(unterricht) eine „Wirkung nach außen" (bm:bwk, 2001, S. 4) zu erzielen. Dieser Projektunterricht soll gewährleisten, dass sich Schülerinnen und Schüler aktiv an der Gestaltung des gesellschaftlichen Umfelds beteiligen. Gudjons (1997, S. 20) betont diese gesellschaftliche Praxisrelevanz: „Ein gleichsam hobby-artiges, privates Bedürfnis allein reicht aber für ein Projekt nicht aus, soll Projektunterricht nicht der völligen Beliebigkeit und Zufälligkeit verfallen." Durch die Ausarbeitung von Vorschlägen zur Reduktion der Staulänge wird die gesellschaftliche Relevanz dieser Thematik deutlich.

Bereits bei der Suche nach der Problemstellung sollte insbesondere darauf geachtet werden, dass diese so offen wie möglich gehalten wird. Damit gewährleistet man zudem, dass die Überlegungen der Schülerinnen und Schüler nicht a priori in eine bestimmte Richtung gelenkt werden. So werden zusätzlich zwei wesentliche Aspekte von Projektunterricht umgesetzt – einerseits die Orientierung (des Unterrichts) an den Interessen der Schülerinnen und Schüler sowie die Selbstorganisation und Selbstverantwortung der Lernenden gegenüber ihrem Wissenserwerb.

Bei Gesprächen mit Schülerinnen und Schülern kurz vor Ferienbeginn werden immer wieder Befürchtungen hinsichtlich der Staulängen – insbesondere vor Mautstellen, einröhrigen Tunnelabschnitten oder Baustellen (mit Gegenverkehrsbereich) – auf der Urlaubsreise mit dem Auto Richtung Süden geäußert. In ähnlicher Weise kann dies auch am Schulbeginn beobachtet werden, wenn Schülerinnen und Schüler von ihren Erfahrungen bei An- bzw. Abreise zum Urlaubsort berichten. Somit kann man als Lehrender dieses (zu diesem Zeitpunkt aktuelle und interessante) Thema aufgreifen, um die Problemstellung der Blockabfertigung aus Sicht der Mathematik zu diskutieren, zu untersuchen und entsprechend zu modellieren. Fragestellungen, welche hilfreich sein können, lauten „Was hat man erlebt?" oder „Wie sollte es nächstes Jahr (bei der An- bzw. Abreise) besser laufen?".

## 11.2.2 Phase 2: Zielformulierung und Planung

„Durch die Formulierung von Zielen werden auch die unterschiedlichen Interessen sichtbar, können Unterthemen diskutiert und ein anzustrebendes Ergebnis festgelegt werden. Die vorhandenen Rahmenbedingungen und Ressourcen müssen analysiert werden und in der Planung Berücksichtigung finden, die Verantwortlichkeiten für die einzelnen Teilbereiche müssen festgelegt werden." (bm:bwk, 2001, S. 4)

Es sollen jene Vorschläge gesammelt, geordnet und strukturiert werden, die von den Lernenden in der ersten Phase bezüglich der gewünschten Herangehensweise geäußert wurden (Lang, 2009, S. 574). Aus diesem Themenpool greift die Lehrperson gemeinsam mit den Schülerinnen und Schülern passende Ideen heraus, welche im Rahmen des Projektunterrichts eingehend behandelt werden sollen. Durch die von den Schülerinnen und Schülern vor Ferienbeginn geäußerten Bemerkungen hinsichtlich der Staulänge vor dem Tauern- bzw. Katschbergtunnel konnte diese Phase sehr konstruktiv gestaltet werden.

Das Hauptaugenmerk ist dabei auf jene Lösungsansätze der Blockabfertigung zu legen, die mathematisch umgesetzt werden können. Schülerinnen und Schüler lernen durch die Problemstellung unterschiedliche Ansätze mathematischer Optimierungsmöglichkeiten anhand eines realen Vorgangs kennen. So kann man ihnen den Eindruck vermitteln, dass sie durch ihre (mathematischen) Überlegungen direkt in das „Geschehen" eingreifen. Dies kann man dadurch unterstützen, dass man Experten zur (Nach-) Besprechung der Ergebnisse einlädt, um mit den Lernenden Vor- und Nachteile der jeweiligen Modellierung zu besprechen. Es wird einsichtig, dass der Schwerpunkt hier auf der mathematischen Betrachtung der Zugänge zur Regelung des Verkehrs liegt. Vorschläge aus anderen Bereichen, die von Schülerinnen und Schülern stammen, sollten keineswegs unberücksichtigt bleiben – diese können im Plenum oder im Rahmen der abschließenden Projektpräsentationen diskutiert werden.

## 11.2.3 Phase 3: Vorbereitungszeit

„Diese Zeit dient der umfassenden Informationsbeschaffung, der Besorgung notwendiger Arbeitsmaterialien, der Planung von Exkursionen, Diskussionen mit Fachleuten, Filmvorführungen u. ä. Im Zuge dieser Vorbereitungsarbeiten können sich organisatorische oder inhaltliche Änderungen am Projektplan als notwendig erweisen." (bm:bwk, 2001, S. 4–5)

Die Schülerinnen und Schüler erheben die für ihre Herangehensweise relevanten Daten – beispielsweise durch eine Internetrecherche bei den Autobahngesellschaften oder die Durchsicht von Zeitungen. Geprägt ist diese Phase des Projektunterrichts hauptsächlich von der Informationsbeschaffung mithilfe Neuer Medien. Daher ist es empfehlenswert für eine ausreichend große Anzahl an modernen Geräten (z. B. Computern) zu sorgen. Sinnvollerweise sollte auch die (Schul-)Bibliothek, v.a. die Sammlung mathematischer und physikalischer (Fach-)Literatur, für diverse Recherchearbeiten zur Verfügung stehen.

### 11.2.4 Phase 4: Projektdurchführung

„In diesem Abschnitt wird die inhaltliche Hauptarbeit geleistet. Die geplanten Vorhaben werden von den Schülerinnen und Schüler in unterschiedlichen Sozialformen möglichst selbstständig durchgeführt, die Lehrenden stehen dabei als koordinierende Beraterinnen und Berater und Expertinnen und Experte und als „Konfliktmanagerinnen und -manager" zur Verfügung. Während dieser Zeit ist es besonders wichtig, in (kurzen) Reflexionsphasen („Fixpunkten") Erfahrungen und Zwischenergebnisse auszutauschen, aufgetretene Probleme zu besprechen, koordinierende Maßnahmen zu setzen und den Verlauf des Projekts und die emotionale Befindlichkeit der Projektmitarbeiterinnen –und mitarbeiter zu überprüfen." (bm:bwk, 2001, S. 5)

Die Arbeiten von Gudjons (2001), Hänsel (1999) oder Ludwig (1997) bieten eine gute Orientierung für die Projektdurchführung. Wenn die Planung gut gelungen ist, gibt es bei der Umsetzung weniger Pannen und Probleme. Wenn Schwierigkeiten auftreten, sollte die Lehrkraft sie nicht einfach aufgrund der eigenen Erfahrung und Führungsqualität beheben, sondern den Schülerinnen und Schülern die Gelegenheit geben, selbst Lösungen zu finden. Zudem soll in den erwähnten Reflexionsphasen auch über den Zusammenhang von Planung und Umsetzung gesprochen werden.

Nachdem sich die Lehrperson zusammen mit den Lernenden auf bestimmte Zugänge zur Behandlung der Aufgabenstellung geeinigt hat, besteht die Möglichkeit, offene Fragen zu klären, um etwaige Unklarheiten bereits zu Beginn der Arbeitsphase zu beseitigen. Dabei soll die Lehrperson im Speziellen darauf achten, dass sie nicht zu viel des Lösungsprozesses vorwegnimmt bzw. keine Hilfestellungen inhaltlicher Natur gibt. Der Charakter bzw. die Vorteile des Projektunterrichts würden dadurch verloren gehen.

Die Problemstellung „Blockabfertigung im Tauerntunnel" verlangt grundsätzlich die Beantwortung der Frage: „Wie kann der Tauerntunnel in einer gewissen Zeitspanne von einer maximalen Anzahl an Fahrzeugen passiert werden?"

Im folgenden Teil dieses Unterrichtsvorschlags werden nun zwei verschiedene Ansätze zur Lösung des Problems vorgestellt. Die beiden ersten Ansätze sind auf einen mathematischen Zugang zur Lösung der Aufgabenstellung ausgerichtet, wobei sich der erste Vorschlag auf die optimale Geschwindigkeit der Verkehrsteilnehmer und der zweite auf die wechselseitige Freigabe der Tunnelröhre durch eine entsprechende Ampelregelung bezieht. Eine weitere Verbesserung des Modells scheint sinnvoll, würde jedoch zu komplex werden. Darauf wird im abschließenden Ausblick hingewiesen. Anschließend werden die noch nicht ausgeführten Projektschritte noch ausführlich dargelegt.

## 11.3 Umsetzung über die Durchfluss-Geschwindigkeit der Fahrzeuge

Ein erster Ansatz zur Erstellung einer sinnvollen Blockabfertigung stützt sich auf die Ermittlung einer entsprechenden Geschwindigkeit für die Verkehrsteilnehmer. Die Randbedingung, welche es zu beachten gilt, ist die Sicherheit der Verkehrsteilnehmer bzw. -teilnehmerinnen. Halten die Fahrzeuge eine bestimmte Geschwindigkeit gemeinsam mit dem zugehörigen Sicherheitsabstand zum nächsten Fahrzeug ein, ist es möglich, die maximale Anzahl an Verkehrsteilnehmern, durch den Tauerntunnel, innerhalb einer bestimmten Zeitspanne durchzuschleusen.

### 11.3.1 Variante 1 – Ermittlung der (optimalen) Geschwindigkeit

Um die optimale Geschwindigkeit berechnen zu können, müssen zuerst die beeinflussenden Faktoren, die bei der Berechnung der Geschwindigkeit eine Rolle spielen, dargelegt werden:

■ *Sicherheitsabstand zwischen zwei Fahrzeugen:*

Der Sicherheitsabstand zwischen zwei Fahrzeugen kann so modelliert werden, dass er dem Anhalteweg des hinteren Fahrzeugs entspricht. Dieser setzt sich aus dem Reaktionsweg und dem Bremsweg zusammen (vgl. Kirsch, 1995, S. 153). Der Sicherheitsabstand hängt von der Anfangsgeschwindigkeit $v_0$, der Reaktionszeit $t_r$ sowie der Bremsverzögerung $b$ ab. Als Formel ergibt sich somit durch entsprechende Überlegung: $d_s(v_0) = \frac{v_0^2}{2b} + v_0 \cdot t_r$. Es gilt für den Reaktionsweg $s_R = v_0 \cdot t_r$ und für den Bremsweg $s_B = \int_0^{t_B} v_0 - b \cdot t = \frac{v_0^2}{2b}$ mit $t_B = \frac{v_0}{b}$.

■ *Verkehrsdichte:*

Die Verkehrsdichte gibt die Anzahl der Fahrzeuge an, die sich zu einem bestimmten Zeitpunkt auf einem Streckenabschnitt befinden [Fahrzeuge/Meter] (vgl. Schmidt, o. J., S. 4). Die graphische Umsetzung in Abb. 11.1 zeigt den Sachverhalt.

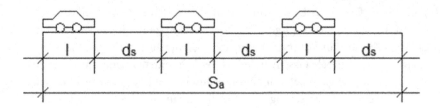

**Abb. 11.1** Verkehrsdichte

Mit den zu berücksichtigenden Größen durchschnittlicher Länge eines Fahrzeugs (L), Sicherheitsabstand ($d_s$) sowie dem Streckenabschnitt $S_a$ ergibt sich als Formel für die Verkehrsdichte $c(v) = \frac{S_a}{L+d_s}$.

- *Verkehrsfrequenz:*

Die Verkehrsfrequenz $q(v)$ gibt die Anzahl der Fahrzeuge an, die innerhalb einer Stunde eine Zählstelle auf der Strecke passieren [Fahrzeuge/Stunde]. Sie ist direkt proportional zur Verkehrsdichte und kann als $q(v) = \frac{3600 \cdot v_0}{S_a} \cdot c(v)$ angegeben werden. Die Formel kann so begründet werden, dass man zunächst jene Anzahl an Fahrzeugen betrachtet, die sich zu einem bestimmten Zeitpunkt im Tunnel befinden – den so genannten „Block". Nun wird die Anzahl der den Tunnel passierenden Blöcke pro Stunde betrachtet, indem die innerhalb einer Stunde zurückgelegte Strecke (3600 · v) durch die Länge eines Streckenabschnitts $S_a$ dividiert werden und mit der Anzahl der Fahrzeuge pro Tunnelblock ($c(v)$) multipliziert wird.

Die Einflussfaktoren wirken sich auf die Berechnung der optimalen Geschwindigkeit aus. Um erste modelltheoretische Überlegungen bzw. Berechnung durchführen zu können, ist es ratsam die folgenden Annahmen, unter Zuhilfenahme einer entsprechenden Begründung, zu treffen:

- Durchschnittliche Fahrzeuglänge:    8,30 m
  Für dieses Modell wird die durchschnittliche Länge eines PKW mit 4,40 m angenommen, die durchschnittliche Länge eines LKW beträgt hier 20,00 m. Zudem wird angenommen, dass ca. ¾ der Fahrzeuge, die den Tauerntunnel passieren, PKW sind, der Rest sind LKW. Somit ergibt sich die durchschnittliche Fahrzeuglänge (vgl. Kirsch, 1996) als gewichtetes arithmetisches Mittel dieser beiden Werte.
- Reaktionszeit $t_r$:                      2 s
  Die Reaktionszeit beträgt typischerweise 1 Sekunde. Dies findet man auch in gängigen Faustformeln wieder. In solchen gilt innerhalb von Ortschaften ein Sicherheitsabstand von 1 Sekunde als ausreichend, außerhalb dieser in etwa 2 Sekunden.
- Bremsverzögerung $b$:              $8 \frac{m}{s^2}$

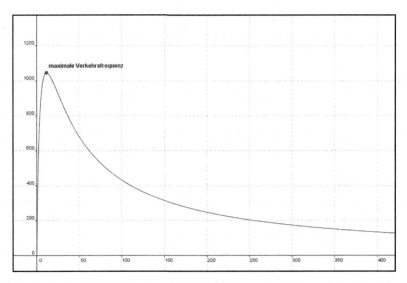

**Abb. 11.2**  Graph der Verkehrsfrequenz mit möglichem Maximum

Ziel der Rechnung soll es nun sein, jene Geschwindigkeit $v$ zu finden, bei welcher die Verkehrsfrequenz $q(v)$ ihr Maximum erreicht. Dafür kann man entweder den Graphen der Funktion betrachten oder man verwendet Methoden der Differentialrechnung, um zur gewünschten Lösung zu gelangen. Die zugrundeliegende Umsetzung wird stark vom Alter bzw. vom Wissensstand und den zur Verfügung stehenden digitalen Werkzeugen (vgl. Siller & Greefrath, 2010) der Schülerinnen und Schüler abhängen.

a) Graphischer Zugang

Aus dem obigen Ansatz erhält man für die Verkehrsfrequenz

$$q(v) = \frac{57600 \cdot v}{v^2 + 32 \cdot v + 132{,}8}$$

Den Graph der Funktion kann man zeichnen und das gesuchte Maximum finden (vgl. Christmann, 1985a, S. 95).

Man erkennt, dass bei einer Geschwindigkeit von 11,5 m/s (entspricht ca. 42 km/h) eine maximale Anzahl an Fahrzeugen (rund 1046 Fahrzeuge) den Tauerntunnel passieren kann.

b) Operativer-analytischer Zugang:

$$q(v) = \frac{57600 \cdot v}{v^2 + 32 \cdot v + 132{,}8}$$

Mit $\frac{dq}{dv} = 0$ erhält man als Lösung für die Geschwindigkeit $v = 11{,}52\,m/s$ oder $v = 41{,}49\,km/h$

Die Ergebnisse aus a) sind somit auch rechnerisch bestätigt.

c)  Eine allgemeine (nicht-numerische) Variante von b):

Ein interessanter Aspekt der bei allgemeiner Betrachtung des obigen Zugangs auffällt ist der folgende: Ersetzt man $S_a$ durch den äquivalenten Term

$$c(v) \cdot (L + d_S) \quad \text{erhält man } q(v) = \frac{3600 \cdot v}{\frac{v^2}{2 \cdot b} + v \cdot t_r + L}$$

Optimiert man die Verkehrsfrequenz, erhält man als Ergebnis $v = \sqrt{2 \cdot b \cdot L}$. Das interessante daran ist, dass die Reaktionszeit $tr$ im Ergebnis verschwindet. Dies kann damit begründet werden, dass die Reaktionszeit keinen Einfluss auf die Lage des Optimums hat, denn Verkehrsfluss muss stattfinden, allerdings auf die Höhe, d. h. die Anzahl der Fahrzeuge. Vergrößert sich die Reaktionszeit, verringert sich die Anzahl der Fahrzeuge, die den Tunnel passieren und umgekehrt. Anhand des Modells der Verkehrsfrequenz ist diese Interpretation möglich und kann Anlass zu interessanten Diskussionen mit Schülerinnen und Schülern bieten.

## 11.3.2  Variante 2 – Regelung der Blockabfertigung über die Ampelschaltung

Der zweite Ansatz berücksichtigt die Ampel einer Fahrrichtung, welche den Tunnel für die entsprechende Richtung freigibt. Das Kriterium ist dabei die Anzahl der ankommenden Fahrzeuge vor dem jeweiligen Tunnelportal. Laut ASFINAG kann angenommen werden, dass an einem durchschnittlich frequentierten Tag am Tunnelportal pro Stunde ungefähr 700 Fahrzeuge ankommen. Diese Zahl kann an stark frequentierten Tagen auf bis zu 1600 Fahrzeugen pro Stunde steigen. Bei der Regelung der Blockabfertigung findet ca. alle 15 bis 30 Minuten ein Richtungswechsel statt. Dieses Zeitintervall wird von der ASFINAG computerunterstützt berechnet und hängt neben der Verkehrsfrequenz auch von der Anzahl der passierenden LKW und Wohnmobile ab, da diese eine längere Anfahrtszeit als PKW aufweisen.

Um das Zeitintervall berechnen zu können, nach welchem die Durchfahrtsrichtung gewechselt werden soll, müssen wiederum Annahmen (zur Vereinfachung) getroffen werden:

- Die Anzahl der ankommenden Fahrzeuge betrage 1300 Fahrzeuge pro Stunde, was in etwa 0,3611 Fahrzeugen pro Sekunde entspricht.
- Die durchschnittliche Geschwindigkeit der Fahrzeuge betrage aufgrund der im Tunnel vorherrschenden Geschwindigkeitsbegrenzung ca. 80 km/h ($\cong 22{,}22$ m/s).

Auf Basis der folgenden Überlegungen kann eine Berechnung erfolgen:

- Für eine bestimmte Zeitspanne soll die Anzahl der ankommenden Fahrzeuge gleich der Anzahl der durch den Tunnel fahrenden Fahrzeuge sein: $0{,}36611 = q(v)$.
- Zum Durchfahren des Tunnels stehen zwei Spuren zur Verfügung, daher wird die Anzahl der durch den Tunnel fahrenden Fahrzeuge verdoppelt: $2 \cdot q(v)$

- Die Verkehrsfrequenz wird mit der zur Verfügung stehenden Zeit multipliziert. Dabei wird für die Anzahl der durchfahrenden Autos von $t$ jene Zeit abgezogen, die das letzte KFZ benötigt, um den Tunnel ganz zu durchfahren $(t_d)$:

$$2 \cdot q(v) \cdot (t - t_d) = 0,3611 \cdot t$$

Somit gilt bei einer Geschwindigkeit von $80 \frac{km}{h} \approx 22 \frac{m}{s}$ für die Verkehrsfrequenz $q(v)$:

$$q(22,22) = 956,86 \cong 956 \; Fahrzeuge/h = 0,2657 \; Fahrzeuge/s$$

Jene Zeit, die ein Fahrzeug benötigt, um den Tunnel ganz zu durchfahren, kann nun folgendermaßen berechnet werden:

$$t_d = \frac{S_a + l}{v}$$

$$t_d = \frac{6401 + 8,3}{\frac{80}{3,6}}$$

$$t_d = 288,42$$

Durch das Gleichsetzen der Anzahl der ankommenden Fahrzeuge mit der Anzahl der durch den Tunnel fahrenden Fahrzeuge erhält man als Ergebnis die Dauer der Ampelschaltung – man erkennt hier zudem das eine Veränderung der Geschwindigkeit auch entsprechenden Einfluss auf die Zeitdauer der Ampelschaltungen hat, also die Zeitdauer dieser von der Durchfahrtsgeschwindigkeit abhängt:

$$2 \cdot q(v) \cdot (t - t_d) = 0,3611 \cdot t$$

$$t = 899,34 \, s = 14,99 \, min$$

Das bedeutet, dass es für den Verkehrsfluss optimal wäre, wenn die freigegebene Fahrtrichtung jeweils nach 14,99 Minuten gewechselt werden würde. Dies wird in der Realität kaum möglich sein, da eine gewisse Sicherheitszeit noch hinzukommen muss. Zudem wird die genaue Einhaltung des Sicherheitsabstandes (vgl. Kirsch, 1996, S. 221) in der Realität nicht immer so umgesetzt, wie das theoretisch vorausgesetzt wird. Daher ist eine Ampelschaltung mit ca. 16 Minuten Umschaltphase wahrscheinlich als Ergebnis dieser Berechnung realistischer.

Wählt man – unter gleichen Bedingungen, d. h. 1300 ankommende Fahrzeuge – als Geschwindigkeitsbegrenzung hingegen 40 km/h (anstatt der 80 km/h vorhin) erhält man die numerischen Werte der Einflussgrößen $q(11,11)$ und $t_d$ analog:

$$q(11,11) = 0,2906 \; Fahrzeuge/s$$

$$t_d = 576,837$$

Bei einer Geschwindigkeit von ca. 40 km/h wäre es also notwendig, die freigegebene Fahrtrichtung nach 25,39 Minuten zu wechseln. Rechnet man noch ca. 1 Minute Sicherheitszeit hinzu, erhält man als Intervall für die Ampelschaltung eine Zeit von ca. 27 Minuten.

Vergleicht man die Ergebnisse mit der vorgegebenen Ampelschaltung der ASFINAG (15–30 Minuten) erkennt man, dass die hier zugrundeliegenden Annahmen und Berechnungen zu einem mit der Realität hinreichend übereinstimmenden Ergebnis führen. Die angegebenen Zeitintervalle können trotzdem als gültiges Ergebnis dieser Modellberechnung interpretiert werden. Somit wird zumindest eine schlüssige Erklärung für das Zustandekommen des Ampelschaltungsintervalls gegeben, obwohl eine Validation im Sinne des Modellierungskreislaufes nach Blum & Leiß (2005) nicht möglich ist, da die Berechnung(en) der ASFINAG auf einem nicht näher bekanntem Computerprogramm beruhen.

## 11.4  Ausblick – weitere Verbesserungen

Obwohl sich die beiden unterschiedlichen Varianten inhaltlich ergänzen, ist es nicht so einfach diese beiden miteinander zu kombinieren. Um sie (trotzdem) miteinander in Beziehung zu setzen, muss den Lernenden verständlich gemacht werden, dass die Zeit bis zum jeweiligen Umschalten der Ampeln, auch von der Geschwindigkeit abhängig ist. Da diese optimiert wurde, müsste man also auch ein entsprechend optimiertes Zeitintervall der Ampelschaltung in diesem Modell berücksichtigen. Das wäre jedoch aus schulmathematischer Sicht in der Aufbereitung zu komplex für Schülerinnen und Schüler. Daher wird diese Möglichkeit an dieser Stelle zwar erwähnt, aber nicht ausgeführt.

Möchte man das Modell dennoch verfeinern, ist es zunächst sinnvoll die Anfahrtszeiten der Autos im Stau und die Zeit bis zur Beschleunigung auf die Geschwindigkeit (von etwa 40 km/h bzw. 80 km/h) zu berücksichtigen. Bei genauerer Betrachtung des Staus erkennt man, dass nicht alle Fahrzeuge dort gleichzeitig anfahren können. Geht man davon aus, dass eine Wartezeit von ca. 20 Minuten einzuplanen ist und ca. 1300 Fahrzeuge pro Stunde ankommen, entspricht dies in etwa einer Staulänge von $\frac{1300}{3} \approx 433$ Fahrzeugen. Bei einer durchschnittlichen Fahrzeuglänge von $L = 8,3$ m entspricht dies einer Staulänge von ca. 3,5 km. Bei einer Anfahrt (der Fahrzeuge) mit 2,5 Sekunden Verzögerung bedeutet das, dass das letzte Fahrzeug erst nach 1082 Sekunden ($\approx$ 18 Minuten) anfahren kann. Bis dieses Fahrzeug das Tunnelportal erreicht vergehen in etwa 5 Minuten, vorausgesetzt das Fahrzeug bewegt sich mit einer Geschwindigkeit von 40 km/h. Eine entsprechende Anfahrtszeit wurde hier aus Einfachheitsgründen (noch) gar berücksichtigt.

Durch den Tunnel benötigt das Auto weitere 290 Sekunden ($\approx$ 4,8 Minuten). Das heißt ein Auto, dass 3,5 Kilometer hinter dem Tunnelportal im Stau steht, schafft es gerade im eingeplanten Zeitfenster durch den Tunnel. Man kann daraus erkennen, dass solche Zeitintervalle keinesfalls zu großzügig bemessen sind. Die genaue Betrachtung der Anfahrtszeiten von Fahrzeugen bei einem Stau bzw. Betrachtungen über Vorteile des Kolonnenverkehrs könnten als sinnvolle Fortsetzung bzw. Erweiterung aufgegriffen werden.

## 11.5 Die Projektphasen – Teil 2

Um eine entsprechende Abrundung im Projektunterricht zu ermöglichen werden die (noch) fehlenden Projektphasen ergänzend dargelegt.

### 11.5.1 Phase 5: Projektpräsentation/Projektdokumentation

„Projektunterricht ist durch einen klar erkennbaren Abschluss gekennzeichnet. Dabei haben alle Beteiligten die Gelegenheit, ihre Arbeitsergebnisse einander vorzustellen und wenn möglich einer breiteren Öffentlichkeit zugänglich zu machen. Entscheidend für die Wahl des Projektabschlusses muss sein, dass die Schülerinnen und Schüler durch die Präsentation Anerkennung und (konstruktive) Kritik ihrer Arbeit erfahren und dass die Ergebnisse des Projekts kommunizierbar werden. Die Dokumentation ist Teil des Projekts und eine wesentliche Grundlage für Präsentation, Öffentlichkeitsarbeit, Reflexion und Evaluation. Sie sollte daher Informationen über alle wichtigen Ergebnisse, Stadien des Arbeitsprozesses und Erfahrungen der Projektmitarbeiterinnen und -mitarbeiter liefern." (bm:bwk, 2001, S. 5)

Um den Ertrag des Unterrichtsprojekts am Ende der Arbeitsphase zu sichern, bietet sich die Durchführung von Präsentationen an. Die Schülerinnen und Schüler stellen ihren Kolleginnen und Kollegen sowohl ihre Ergebnisse als auch die zugehörigen Lösungswege vor, wobei insbesondere darauf geachtet werden soll, dass die Schülerinnen und Schüler nicht nur die richtigen Resultate zeigen, sondern den gesamten Lösungsprozess an sich. Wichtig ist in diesem Zusammenhang, dass die Präsentatoren alle Überlegungen nennen – insbesondere jene, die nicht unmittelbar zum Ergebnis führten, bzw. einfach falsch waren. Dadurch erhalten die anderen Beteiligten einen Einblick in die Denkweise der vortragenden Gruppenmitglieder, was bei der anschließenden Reflexion der Endergebnisse eine entscheidende Rolle spielt (vgl. Fthenakis, 2000, S. 231). Zusätzlich soll die Präsentation Erfahrungsberichte der Schülerinnen und Schüler enthalten, damit die Lehrperson die Sichtweisen der Lernenden zu dieser Form des Unterrichts kennen lernt. Werden die berechneten Ergebnisse vor einem Klassenplenum präsentiert, werden diese dadurch auch gleichzeitig in schriftlicher Form festgehalten, was als Teil der Projektarbeit gewertet werden soll und als Ausgangspunkt für die nachfolgende Evaluation dient.

## 11.5.2  Phase 6: Projektevaluation

„Die Evaluation dient der Überprüfung der Projektergebnisse und der Weiterentwicklung der Qualität künftiger Projekte. Grundlage für die Zielformulierungen in
der Planungsphase sind die Fragestellungen: Was wollen wir zu welchem Zweck
und mit welchen Mitteln erreichen? Prozessbegleitend und am Ende des Projekts
werden diese Ziele auf Basis der gesammelten Daten hinsichtlich ihrer Erreichung
bzw. Umsetzung systematisch bewertet. In den Phasen der Projektreflexion werden
die Erfahrungen der Beteiligten und die laufenden Prozesse besprochen. Die Projektreflexion ist ein unabdingbares Element der Evaluation. Sie erfolgt grundsätzlich durch die Akteurinnen und Akteure selbst; um die Gefahr „blinder Flecken" in
der eigenen Wahrnehmung zu vermeiden, ist es jedoch in manchen Bereichen der
Evaluation unerlässlich, auch eine Außensicht einzubeziehen („kritische Freun-
dinnen und Freunde", Projektpartnerinnen und Projektpartner)." (bm:bwk, 2001,
S. 5)

In dieser letzten Phase des Projektunterrichts findet ein Rückblick auf den Beginn der
Arbeit statt. Am Anfang des Arbeitsprozesses wurden Überlegungen bezüglich der Ziele
des Projekts angestellt. Diese anfänglich formulierten Ziele werden nun mit den tatsächlichen Endergebnissen verglichen. Des Weiteren sollten die Schülerinnen und Schüler in
dieser Phase die mathematischen Ergebnisse und die Lösungsansätze der anderen Gruppenmitglieder auf deren Sinnhaftigkeit und Gültigkeit überprüfen, wodurch deren Verständnis für die gesamte Problemstellung und für die Mathematik, die zur Lösung der-
selbigen benötigt wird, erhöht werden soll.

## 11.6  Literatur

Bastian, J. & Gudjons, H. (Hrsg.) (1997). Theorie des Projektunterrichts. Hamburg: Bergmann &
    Helbig.
Prenzel, M.; Baumert, J.; Blum, W.; Lehmann, R.; Leutner, D.; Neubrand, M.; Pekrun, R.; Rost, J.;
    Schiefele, U. (2003). PISA 2003: Der Bildungsstand der Jugendlichen in Deutschland – Ergeb-
    nisse des zweiten internationalen Vergleichs, Münster: Waxmann.
Brendl, H. (1961)..Zum Schluckvermögen einer Straße. In: Praxis der Mathematik, Heft 4, S. 100–
    101.
Blum W. (1996). Anwendungsbezüge im Mathematikunterricht – Trends und Perspektiven. In
    Kadunz, G., et al.: Trends und Perspektiven. Schriftenreihe der Mathematik, Bd. 23. Wien: hpt,
    S. 15–38.
Blum, W.; Leiß, D. (2005). Modellieren im Unterricht mit der „Tanken"-Aufgabe. In mathematik
    lehren, 128, S. 18–21.

Blum, W. (2006). Modellierungsaufgaben im Mathematikunterricht – Herausforderung für Schüler und Lehrer. In: Realitätsnaher Mathematikunterricht – vom Fach aus und für die Praxis. (Hrsg., gem. mit A. Büchter, St. Hußmann, S. Prediger). Festschrift zum 60. Geburtstag für H.-W. Henn. Hildesheim: Franzbecker, S. 8–24.

bm:bwk (2001). Rundschreiben Nr.44/2001 (verfügbar unter: http://archiv.bmbwk.gv.at/ ministerium/04/GZ_10.0775-14a2001_Grund5411.xml).

bm:ukk (2010). Unterrichtsprinzip Verkehrserziehung (verfügbar unter: http://www.bmukk.gv.at/schulen/unterricht/prinz/verkehrserziehung.xml#toc3-id1)

Christmann, N. (1985a). Anregungen zur Aktualisierung physikalischer Anwendungen im Eingangskurs zur Analysis (Teil I), In mathematica didacta, Heft 3, S. 149–164.

Christmann, N. (1985b). Anregungen zur Aktualisierung physikalischer Anwendungen im Eingangskurs zur Analysis (Teil I), In mathematica didacta, Heft 1/2, S. 83–99.

DVD (2007). Hupe und Vollgas – wie die Deutschen Autofahren lernten. Geschichte der Verkehrserziehung, 55 Minuten, Tacker Film.

Echterhoff, W. (1993). Vorgaben an die Verkehrsplanung – Anforderungen an den Menschen aus der Sicht einer erweiterten Verkehrserziehung. In: Lang, E.; Arnold, K. (Hrsg.): Der Mensch im Straßenverkehr. Stuttgart: Enke, S. 123–134.

Fthenakis, W. E. (2000). Kommentar zum Projektansatz, In: Fthenakis, W. E. ; Textor, M. R. (Hrsg.): Pädagogische Ansätze im Kindergarten, Weinheim: Beltz, S. 224–233.

Frey, K. (2005): Die Projektmethode. 10. überarb. Aufl. Weinheim: Beltz.

Gudjons, H. (2001). Handlungsorientiert Lehren und Lernen. Projektunterricht und Schüleraktivität. 6., überarb. Aufl. Bad Heilbrunn: Klinkhardt.

Hänsel, D. (Hrsg.) (1999). Handbuch Projektunterricht, 2. Auflage, Weinheim: Beltz.

Henn, H.-W. (1994). Verkehrsfluß und Geschwindigkeit. In: Materialien zum anwendungsorientierten Unterricht, Mathematik M31. Stuttgart: Landesinstitut für Erziehung und Unterricht.

Herget, W.; Scholz, D. (1998). Die etwas andere Aufgabe. Mathematik-Aufgaben Sek I – aus der Zeitung Seelze: Kallmeyer.

Kilpatrick, W. H. (1918). Die Projektmethode. Die Anwendung des zweckvollen Handelns im pädagogischen Prozeß. In: Dewey, J.; Kilpatrick,W. H. (1935): Der Projekt-Plan. Grundlegung und Praxis. Weimar, S. 161–179.

Kirsch, A. (1995). Anfahren und Bremsen mit dem Auto. Anregungen zu einer elementaren und einsichtigen Behandlung im Unterricht. In: Praxis der Mathematik, 37, Jg. 1995, S. 151–158.

Kirsch, A. (1996). Kritisches und Konstruktives zum Extremumproblem „Verkehrsdurchsatz". In: Praxis der Mathematik, 5/38, Jg. 1996 (Schwerpunktthemenheft 15: Sekundarstufe I/4), S. 220–225.

Lang, E.; Arnold, K. (1993). Der Mensch im Straßenverkehr. Stuttgart: Thieme.

Lang, C. (2009). Projektunterricht – was ist das?. In: Erziehung und Unterricht, 5–6/2009, Wien: öbv, S. 570–579.

Lergenmüller, A.; Schmidt, G. (1991). Computer Zusatzband zu Lambacher-Schweizer SI, Stuttgart 1991, S. 29–30.

Ludwig, M. (1997). Projekte im Mathematikunterricht des Gymnasiums. Dissertation. Würzburg.

Meyer-Lerch, J. (1985). Verkehrsfluss und Geschwindigkeit – Ein Beitrag zur Verkehrserziehung im Rahmen des Analysis-Unterrichts der Sekundarstufe II, In: Beiträge zum Mathematikunterricht, Hannover: Franzbecker, S. 226–229.

Möhringer, J. (2008). Projektarbeit im Mathematikunterricht der gymnasialen Unterstufe – ein Beitrag zur Förderung verständnisvollen Lernens. In: Nürnberger Kolloquium zur Didaktik der Mathematik.

Reichel, H.-C. (1991). Fachbereichsarbeiten und Projekte im Mathematikunterricht. Mathematik für die Schule und Praxis, Bd.2, Wien: hpt.

Rohrberg, A. (1960). Das Schluckvermögen einer Straße. In: Praxis der Mathematik, Heft 11, Jg. 1960, S. 296–298.

Salzburger Nachrichten (2010). Zwei Stunden Wartezeit vor Tauerntunnel. In: Online-Ausgabe der Salzburger Nachrichten, 24.07.2010 (verfügbar unter: http://search.salzburg.com/articles/ 12012859).

Schmidt, G. (o.J.). Fahrzeugdurchsatz im Kolonnenverkehr. In: Materialien und Sequenzen zum Modellbilden, Bildungsserver Rheinland-Pfalz (verfügbar unter: http://mathematik.bildung-rp.de/sekundarstufe-ii/mathag-sii/materialien-fuer-computer-und-cas/materialien-und-sequenzen-zum-modellbilden.html).

Schmidt, G. (1986). Fahrzeugdurchsatz auf Autobahnen. In. Hahn, J.; Dzewas, O. (Hrsg.): Analysis Grundkurse Gesamtausgabe, Braunschweig, S. 260–262.

Siller, H.-St.; Maaß, J. (2009). Fußball EM mit Sportwetten. In: Brinkmann, A.; Oldenburg, R. (Hrsg.): ISTRON-Materialien für einen realitätsbezogenen Mathematikunterricht, Franzbecker, Hildesheim, S. 95-112.

Siller, H.-St.; Greefrath, G. (2010). Mathematical Modelling in Class regarding to Technology, in: Durand-Guerrier, V.; Soury-Lavergne, S.; Arzarello, F. (Hrsg.): Proceedings of CERME 6, Lyon: INRP, S. 2136–2145.

Volk, D. (1986) (unter Mitarbeit von Meyer-Lerch, J.). Verkehrsfluß und Geschwindigkeit. In: MUED-Schriftenreihe Unterrichtsprojekte 7, Appelhülsen/Mühlheim: Die Schulpraxis.

Warwitz, S. (2009). Verkehrserziehung vom Kinde aus: Wahrnehmen – Spielen – Denken – Handeln. Baltmannsweiler: Schneider-Verlag.

# Sachverzeichnis

Printed in the United States
By Bookmasters